化学工业出版社“十四五”普通高等教育规划教材

Introduction to Thermal Energy Storage Technology

热能储存技术概论

周国兵 编

化学工业出版社

·北京·

内容简介

《热能储存技术概论》结合节能减排和新能源开发利用的时代背景，深入浅出地介绍了热能储存的基本概念、原理、方法、材料，以及主要领域的热能储存技术和应用。

《热能储存技术概论》共10章，包括绪论、热能储存基础、热能储存方法及材料、蒸汽蓄热器技术、工业余热储存技术、太阳能热储存技术、建筑节能中的热储存技术、蓄冷空调技术，以及航天、电子设备及电池、纺织服装、家用电器、汽车工业、生物医学、农产品和食品等其他领域热储存技术和水合盐稳定过冷储热触发释热技术。本书编写突出基本概念，明晰技术内涵，触及领域前沿，力求深入浅出、图文并茂，面向能源与电力学科体系、紧密结合时代背景和应用实际是本书的特色。

《热能储存技术概论》为能源与动力工程、新能源科学与工程、储能科学与工程、能源与环境系统工程、建筑环境与能源应用工程、农业建筑环境与能源工程、制冷及低温工程等专业本科生教学用书，也可作为相关专业教师、研究生及科研工作者的参考用书。

图书在版编目（CIP）数据

热能储存技术概论 / 周国兵编 .—北京：化学工业出版社，2023.9

ISBN 978-7-122-44236-9

Ⅰ. ①热… Ⅱ. ①周… Ⅲ. ①热能 - 能量贮存 - 研究 Ⅳ. ① TK116

中国国家版本馆 CIP 数据核字（2023）第 181965 号

责任编辑：任睿婷　杜进祥　　文字编辑：黄福芝
责任校对：李露洁　　装帧设计：张　辉

出版发行：化学工业出版社（北京市东城区青年湖南街 13 号　邮政编码 100011）
印　　装：三河市延风印装有限公司
787mm×1092mm　1/16　印张 14¼　字数 340 千字　　2024 年 6 月北京第 1 版第 1 次印刷

购书咨询：010-64518888　　售后服务：010-64518899
网　　址：http://www.cip.com.cn
凡购买本书，如有缺损质量问题，本社销售中心负责调换。

定　　价：49.00 元

前言 — PREFACE

能源紧张是当今世界的热点话题。作为合理、高效、清洁利用能源的一个重要手段，储能技术是在能量富余的时候把能量储存起来，在能量不足时把能量释放出来，以调节能量供求在时间、强度和形态上不匹配的技术，已越来越引起人们的高度重视。在各种能量形式中，所有其他形式的能量都可以完全转换为热能，而且大多数的一次能源都是首先经过热能形式而被利用的，因此作为有效利用能源的关键环节，热能储存技术具有重要意义。目前国内外已有介绍热能储存技术的专著，但由于具有较强的学术性，或深涩或单一，不适合本科生学习使用。为适应这一需要，在华北电力大学全面贯彻落实党的教育方针，落实党的二十大关于加快建设中国特色、世界一流大学和优势学科以及加强教材建设和管理的精神指引下，编者结合构建能源、电力学科体系的契机和新能源开发利用的时代背景，坚持立德树人的培养目标，总结多年的科研成果，查阅参考大量文献，编写了《热能储存技术概论》一书，旨在使学生认识热能储存技术，拓宽知识视野，提升科学素养。

本书共十章，前三章介绍热能储存的基本概念、原理、方法和材料，第四至九章介绍热能储存技术在各领域的应用，第十章作为专题系统介绍了一种跨季节灵活性储热技术——水合盐稳定过冷储热。针对显热、潜热和化学热储存的方法，介绍相应储热材料及装置，应用领域涵盖了从蒸汽蓄热器、工业余热、太阳能、建筑节能、蓄冷空调到航天、电子设备及电池、纺织服装、家用电器、汽车工业、生物医学以及农产品和食品等各个领域。本教材力求在深入浅出介绍热能储存基本概念和技术内涵的基础上，适应可再生能源利用和专业大类教学的时代需要，图文并茂地展现热能储存技术广阔的应用领域及其技术前沿。

本书由周国兵编。成书过程中得到了华北电力大学教材建设项目的资助，教务处肖兴辉老师、邓艳明老师和能源动力与机械工程学院教学院长沈国清教授给予了诸多指导与支持。能源动力与机械工程学院研究生曹保鑫、陈伟、罗霜、赵春宇、黄文荻、刘玉琳、张璐荻、龚玉梅、黄杰、曲广磊、周家欣帮助绘制了书中大量图表。在此向他们表示衷心的感谢。正是他们长期的辛劳工作，使本书在时间紧、任务重的情况下得以顺利付梓。

限于编者的学识水平，有不妥和疏漏之处，恳请读者批评指正。

周国兵

2023 年 6 月

目录 — CONTENTS

第一章 绪 论 001

1.1 能量类型及其来源 002

1.1.1 能量类型 002

1.1.2 能量来源 003

1.2 能量储存方法和技术 004

1.2.1 机械能的储存 005

1.2.2 电能的储存 005

1.2.3 化学能的储存 007

1.2.4 热能的储存 007

1.3 热能储存技术背景和意义 008

1.4 热能储存技术进展和应用 009

1.4.1 国外热能储存技术发展历史 009

1.4.2 国内热能储存技术发展历史 011

1.4.3 热能储存技术的主要应用领域 014

参考文献 015

思考题 016

第二章 热能储存基础 017

2.1 热力学原理 018

2.1.1 能量守恒定律与热力学第一定律 018

2.1.2 能量贬值原理与热力学第二定律 019

2.2 传热学原理 019

2.2.1 热传导 020

2.2.2 热对流和对流换热 022

2.2.3 热辐射和辐射换热 026

2.2.4 传热过程及传热系数 028

2.3 储热装置及其能量平衡 031

2.3.1 储热装置类型及特点 031

2.3.2 储热装置能量平衡方程 033

2.4 储热系统评价指标 034

参考文献 035

思考题 035

第三章　热能储存方法及材料　037

3.1　显热储存　038
3.1.1　显热储存方法　038
3.1.2　显热储存材料　038
3.2　潜热储存　041
3.2.1　潜热储存方法　041
3.2.2　潜热储存材料　042
3.2.3　潜热储存材料的选择原则和传热强化方法　066
3.3　化学热储存　066
3.3.1　化学热储存方法　066
3.3.2　化学热储存材料　067
3.3.3　化学热储存体系的要求　071
3.4　三种储热方式比较　072
参考文献　073
思考题　076

第四章　蒸汽蓄热器技术　077

4.1　背景与现状　078
4.2　蒸汽蓄热器工作原理　078
4.3　蒸汽蓄热器形式和结构　079
4.3.1　蒸汽蓄热器形式　079
4.3.2　蒸汽蓄热器结构　079
4.3.3　蒸汽蓄热器连接形式　082
4.4　蒸汽蓄热器热工参数和计算　082
4.4.1　蒸汽蓄热器的热工参数　082
4.4.2　蓄热量计算方法　083
4.4.3　蒸汽蓄热器容积的确定　085
4.5　蒸汽蓄热器充放热过程特性　085
4.5.1　蒸汽蓄热器充热过程特性　085
4.5.2　蒸汽蓄热器放热过程特性　086
4.6　蒸汽蓄热器应用条件、场合和效益　087
4.6.1　蒸汽蓄热器应用条件　087
4.6.2　蒸汽蓄热器应用场合　087
4.6.3　蒸汽蓄热器应用效益　088
4.7　蒸汽蓄热器应用实例　089
4.7.1　蒸汽蓄热器在太阳能热电站中的应用　089
4.7.2　蒸汽蓄热器在冶炼厂中的应用、热工及效益计算　090
参考文献　092
思考题　092

第五章　工业余热储存技术　093

5.1　余热及其利用　094
5.1.1　余热的定义　094

5.1.2 余热的种类 094
5.1.3 余热的利用方式 094
5.2 余热回收中的能量储存 094
5.2.1 余热回收中能量储存的必要性 094
5.2.2 余热储存装置及材料 095
5.3 蓄热式高温空气燃烧技术 098
5.3.1 蓄热式高温空气燃烧技术原理与构成 098
5.3.2 蓄热式高温空气燃烧技术的优点 100
参考文献 101
思考题 101

第六章 太阳能热储存技术 103

6.1 太阳能的特点及利用方式 104
6.1.1 太阳能的来源 104
6.1.2 太阳能的特点 104
6.1.3 太阳能利用方式 104
6.2 太阳能热储存方法和装置 105
6.2.1 太阳能热储存原理 105
6.2.2 太阳能热储存分类 105
6.2.3 太阳能热储存材料和装置 106
6.3 太阳能储热供热系统 113
6.3.1 太阳能热水供热系统 114
6.3.2 太阳能空气供热系统 119
6.3.3 太阳能热泵供热系统 121
6.4 太阳能制冷系统中的热储存技术 123
6.5 太阳能热发电中的热储存技术 125
6.5.1 太阳能热发电储热介质 125
6.5.2 太阳能热发电熔融盐储热系统 127
参考文献 130
思考题 132

第七章 建筑节能中的热储存技术 133

7.1 储热建筑材料 134
7.1.1 常规显热储热建筑材料 134
7.1.2 相变潜热储热建筑材料 134
7.1.3 相变储热建筑材料的制备 135
7.2 储热建筑构件 137
7.2.1 常规显热储热建筑构件 137
7.2.2 相变潜热储热建筑构件 137
7.3 主、被动式建筑热储存及性能 140
7.3.1 被动式建筑热储存及性能 140
7.3.2 主动式建筑热储存及性能 147
7.3.3 主被动复合式建筑热储存及性能 152

7.4 农业日光温室建筑热储存 155
参考文献 156
思考题 158

第八章 蓄冷空调技术 159

8.1 水蓄冷空调 160
8.1.1 水蓄冷概念及特点 160
8.1.2 蓄冷水罐结构 160
8.1.3 水蓄冷运行模式 162
8.2 冰蓄冷空调 162
8.2.1 冰蓄冷特点 162
8.2.2 蓄冰装置 163
8.2.3 蓄冰装置释冷形式 165
8.2.4 冰蓄冷空调流程形式和运行工况 166
8.2.5 冰蓄冷空调系统设计计算 169
8.3 其他蓄冷技术 169
8.3.1 共晶盐蓄冷 169
8.3.2 气体水合物蓄冷 170
8.3.3 吸附蓄冷技术 170
参考文献 171
思考题 172

第九章 其他领域的热储存技术 173

9.1 航天领域的热储存技术 174
9.1.1 空间太阳能热动力发电系统 174
9.1.2 储热材料和装置 174
9.2 电子设备及电池热管理中的热储存技术 176
9.2.1 相变储热在电子设备热管理中的应用 177
9.2.2 相变储热在电池热管理中的应用 179
9.3 纺织服装领域的热储存技术 182
9.3.1 相变储热纺织品调温机理 182
9.3.2 储热调温纺织品相变材料的选择 183
9.3.3 相变储热调温纺织材料的制备 183
9.3.4 相变储热调温纺织品 / 服装的应用及性能 186
9.4 家用电器领域的热储存技术 188
9.4.1 储冷冰箱 189
9.4.2 相变储热电热水器 189
9.4.3 相变储热电暖器 190
9.5 汽车工业领域的热储存技术 191
9.5.1 提升冷启动性能，减小发动机冷却液温度波动 191
9.5.2 回收排气余热 193

9.5.3 提升汽车座舱舒适性 194
9.5.4 提升冷藏运输车性能 195
9.6 生物医学领域的热储存技术 195
9.6.1 生物组织热调节 / 热防护 195
9.6.2 生物医学制品的储存和运输 196
9.7 农产品和食品领域的热储存技术 197
9.7.1 农产品和食品的太阳能干燥 197
9.7.2 农产品和食品的冷藏 198
参考文献 200
思考题 203

第十章 水合盐稳定过冷储热触发释热技术 205

10.1 水合盐稳定过冷储热的实现 206
10.1.1 过冷储热单元的形式与结构 207
10.1.2 充热过程与冷却条件 209
10.1.3 水分、增稠剂及杂质 209
10.2 过冷触发释热方法 210
10.2.1 加入晶种和局部降温 210
10.2.2 冲击振动和超声振动 211
10.2.3 外加电场和磁场 212
10.3 过冷储热供热系统及性能 213
10.4 过冷储热水合盐相变材料的选用 216
参考文献 216
思考题 218

第一章 绪论

本章基本要求

掌　握　各种能量形式及其来源（1.1）；热能储存方法（1.2）；热能储存应用领域（1.4）。

理　解　机械能、电能和化学能储存的方法（1.2）；热能储存技术背景和意义（1.3）。

了　解　国内外热能储存技术发展历史（1.4）。

能源是社会发展的驱动力，人类的一切活动都离不开能源。随着化石能源日渐枯竭，能源紧张已成为当今世界的热点话题。能量的供应和需求之间存在时间、地点、强度以及形态上不匹配的矛盾，能量储存是缓解这一矛盾的重要手段。作为诸多能量形式中的一种，热能的储存在工业生产和日常生活的各个领域中都有着广泛的应用。比如将各种工业炉的余热储存起来预热进炉空气或煤气，太阳能热水器上的圆筒形水箱白天储存太阳能集热器加热的热水供夜间利用，利用夜间用电低谷期的廉价电启动制冷机制冰储冷供白天用电高峰期空调使用，乃至自热盒饭的发热剂遇水发生化学反应释放热量等都是热能储存的典型例子。本章简要介绍能量类型及其来源，各种能量储存技术，热能储存技术的背景和意义、发展历史、现状和应用，旨在使学生对热能储存技术的概貌有所了解，为以后分章深入学习奠定基础。

1.1　能量类型及其来源[1]

能量（energy）是度量物质运动的一种物理量，是物质做功能力的体现。能量的单位为 J（焦耳）、kJ、MJ 等。单位时间内吸收或释放的能量称为功率，单位为 W（瓦特）、kW、MW 等。由于物质存在不同的运动形态，能量也就具有不同的形式，如机械能、热能、电能、辐射能、化学能、核能等。各种能量形式之间可以相互转换，在转换中能量总量恒定不变。

1.1.1　能量类型

目前，人类所认识的能量形式有如下六种：机械能、热能、电能、辐射能、化学能、核能。

（1）机械能

机械能包括动能和势能。动能是物体由于宏观机械运动而具有的能量，势能是物体系中由相互作用的各物体间的相对位置所决定的能量。机械能是人类最早认识的能量形式。

物体具有动能的例子比如飞弹和行驶的汽车，动能可以用式（1-1）计算：

$$E_k = mv^2/2 \tag{1-1}$$

式中，E_k 为动能，J；m 为物体质量，kg；v 为物体运动速度，m/s。

势能又分为重力势能、弹性势能等。

① 重力势能是地球和地面附近的物体组成的系统内，由物体和地球间的相对位置所决定的引力势能，如瀑布、自由落体等。重力势能可由式（1-2）计算：

$$E_p = mgH \tag{1-2}$$

式中，E_p 为重力势能，J；m 为物体质量，kg；g 为重力加速度，m/s^2；H 为物体距离地面的高度，m。

② 弹性势能是物体发生弹性形变时，物体各部分之间由于弹性力相互作用而具有的势能，如弹弓、陀螺、拧紧的钟表发条等。弹性势能可由式（1-3）计算：

$$E_\tau = \frac{1}{2}k(\Delta x)^2 \tag{1-3}$$

式中，E_τ 为弹性势能，J；k 为物体的弹性系数，N/m；Δx 为物体的弹性形变量，m。

（2）热能

构成物质的原子或分子微观运动的动能和势能的总和称为**热能**。这种能量的宏观表现是温度的高低，它反映了分子运动的激烈程度。热能可以用式（1-4）表示：

$$E_q = \int T\mathrm{d}S \tag{1-4}$$

式中，E_q 为热能，J；T 为热力学温度，K；dS 为物质体系的熵变，J/K。

所有其他形式的能量都可以完全转换为热能，热能是能量利用中的关键环节。

（3）电能

电能是和电子流动与积累有关的一种能量，可以由机械能转换得到或由电池中的化学能转换而来。电能可以用导线输送到远处，并易于转换成其他形式的能量，比如通过电动机转换为机械能。电能可由式（1-5）计算：

$$E_e = UIt \tag{1-5}$$

式中，E_e 为电能，J；U 为电动势，V；I 为电流，A；t 为时间，s。

（4）辐射能

辐射能是物体以电磁波形式发射的能量。物体会因各种原因发出辐射能，其中因热的原因而发出的辐射能称为热辐射能。物体表面发出的热辐射能可由式（1-6）计算：

$$E_r = \varepsilon A\sigma T^4 t \tag{1-6}$$

式中，E_r 为热辐射能，J；ε 为物体表面的发射率；A 为物体表面积，m^2；σ 为黑体辐射系数（斯特藩 - 玻尔兹曼常数），$\sigma = 5.67\times10^{-8}W/(m^2\cdot K^4)$；$T$ 为热力学温度，K；t 为时间，s。地球表面所接受的太阳能是最重要的热辐射能。

（5）化学能

化学能是物质结构能的一种，即原子核外进行化学变化时放出的能量。按化学热力学定义，物质或物系在化学反应过程中以热能形式释放的内能称为化学能。人类利用化学能最普遍的方法是燃烧碳和氢，其是煤、石油、天然气、薪柴等燃料中的主要可燃元素。燃料燃烧时的化学能通常用燃料的发热量表示，单位为 kJ/kg 或 kJ/m^3。应用中根据是否考虑燃烧产物中的水蒸气凝结为水的放热又分为高位发热量和低位发热量，数值上低位发热量等于高位发热量减去水的汽化潜热。燃料的化学能可表示为：

$$E_c = m\Delta H \tag{1-7}$$

式中，E_c 为化学能，J；m 为物体质量，kg；ΔH 为燃料的发热量，kJ/kg。

（6）核能

核能是蕴藏在原子核内部的物质结构能，例如轻核（氘、氚等）聚变和重核（铀等）裂变释放出的巨大结合能就是核能。

核裂变或核聚变产生的核能可以用“质能关系式”来描述：

$$E_n = \Delta mc^2 \tag{1-8}$$

式中，E_n 为核能，J；Δm 为质量亏损，kg；c 为光速，m/s。

1.1.2 能量来源

能量来源即能源，是提供能量的物质或物质的运动。由于能源形式多样，因此有多种分类方法，比如按照获得方法、利用程度、是否再生、本身性质以及对环境的污染情况等进行分类。

（1）按获得方法分类

可分为一次能源和二次能源。一次能源指在自然界存在的能直接利用的能源，如煤、石油、天然气、风能、水能等。二次能源是指由一次能源经过加工转换以后得到的能源，包括电能、汽油、柴油、液化石油气、焦炭、煤气和氢能等。

（2）按利用程度分类

可分为常规能源和新能源。常规能源也叫传统能源，是指开发利用时间长、技术相对成熟、已经大规模生产和广泛利用的能源，如煤、石油、天然气、薪柴、水能等。新能源又称非常规能源或替代能源，是指开发利用较少或正在积极研究开发中的能源，如太阳能、地热能、潮汐能、生物质能和核能等。

（3）按是否再生分类

可分为可再生能源和非再生能源。可再生能源指可以不断得到补充或能在较短周期内再产生、随人类利用减少相对较少的能源，如风能、水能、潮汐能、太阳能和生物质能等。非再生能源指短周期内不能再生、随人类利用越来越少的能源，如煤、石油、天然气、核燃料等。

（4）按能源本身性质分类

可分为含能体能源和过程性能源。含能体能源指本身可提供能量的物质，如煤、石油、天然气、氢等，特点是可以直接储存。过程性能源是指由可提供能量的物质的运动产生的能源，如风能、水能、潮汐能、电能等，特点是无法直接储存。

（5）按对环境的污染情况分类

可分为清洁能源和非清洁能源。清洁能源又称绿色能源，指对环境无污染或污染很小的能源，如水能、潮汐能、太阳能等。非清洁能源是指对环境污染较大的能源，如煤、石油等。

1.2 能量储存方法和技术

能量储存（energy storage），即储能，又称蓄能，是指使能量转换为在自然条件下比较稳定的存在形态的过程[2]。包括自然储能和人为储能两类。自然储能例如植物将太阳能通过光合作用转换为化学能。人为储能比如飞轮储能，通过电动机将电能转变为飞轮的动能储存。

能量储存技术（energy storage technique），又称储能技术。在能量的供应和需求之间往往存在着差异，利用特殊装置和技术手段，在能量富余时把能量储存起来，在能量不足时把能量释放出来，以调节能量供求在时间、强度和形态上不匹配的技术称为储能技术[2]。储能技术是合理、高效、清洁利用能源的重要手段。

按照储存状态下的能量形态，常见的几种能量储存方法有机械储能、化学储能、电磁储能、热能储能等。储能过程往往存在着能量的传递和形态转换。

1.2.1 机械能的储存

机械能的储存包括以动能和势能两种形式储能。

（1）以动能形式储存

以动能形式储存能量，典型的例子是飞轮储能。飞轮储能是在电能富余时利用电动机带动飞轮高速旋转，从而将电能转换成飞轮动能储存下来；而当外界需要用电时，再利用高速旋转的飞轮驱动发电机进行发电以满足负荷需求[3]。飞轮储能具有储能密度高、充放电速度快、能量转换效率高、无环境污染和易于检修维护等优点，可改善电能质量和作为不间断电源等。飞轮储能装置主要由飞轮转子、轴承、电机、真空室、电力电子转换器等组成，如图 1-1 所示。

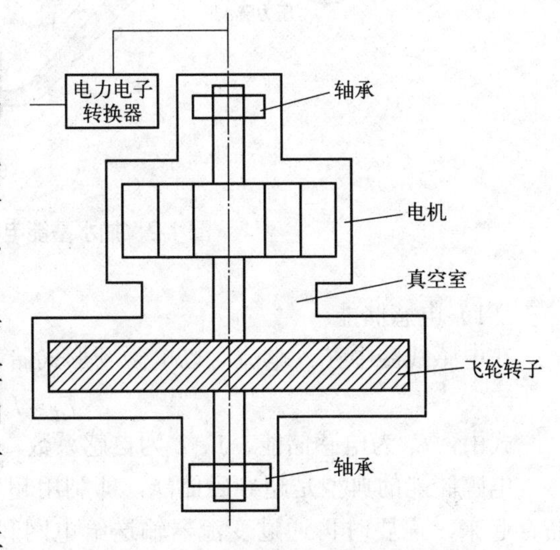

图 1-1 飞轮储能装置结构示意图[3]

常见的飞轮转子是实心圆盘结构，其储存的动能可表示为：

$$E_k = mv^2 / 4 \tag{1-9}$$

式中，E_k 为飞轮转子动能，J；m 为转子质量，kg；v 为转子圆盘外缘线速度，m/s。

飞轮的极限转速受到其本身材料性能的限制，故应该选取高比强度的材料，如铝合金、高强度钢、碳纤维 - 树脂、玻璃纤维 - 树脂等材料[3]。

（2）以势能形式储存

以势能形式储存能量，典型的例子是弹簧、扭力杆储存弹性势能，抽水蓄能电站储存重力势能，以及压缩空气储存压力势能等。仅以广为应用的抽水蓄能电站为例做简略介绍。

抽水蓄能电站是利用兼具水泵和水轮机两种工作方式的机组，在电力系统低谷负荷时期，将下池（下水库）的水抽到上池（上水库）蓄积起来（水泵工况），即把电能转变为水的重力势能储存；在电力系统高峰负荷时期，将上池水的重力势能转变成动能，推动水轮机带动发电机发电（发电工况）。

抽水蓄能电站由以下几部分组成：上池（蓄存水，对于纯抽水蓄能，一般采用人工新建水库，沥青混凝土防渗）、下池（蓄存水，对于纯抽水蓄能，一般利用现成水库）、进出水口、拦污栅、压力管道、地面控制室、出线洞、尾水隧洞、尾水调压室、电站厂房（中低水头电站分为坝后式和引水式，高水头电站一般为地下厂房）以及主阀室等。抽水蓄能电站结构示意图如图 1-2 所示[4]。

1.2.2 电能的储存

直接以电磁场形式储存电能的有电感储能和电容器储能，间接以化学能形式储存电能的有蓄电池和燃料电池等[5,6]（这两部分将在 1.2.3 小节化学能的储存中介绍）。

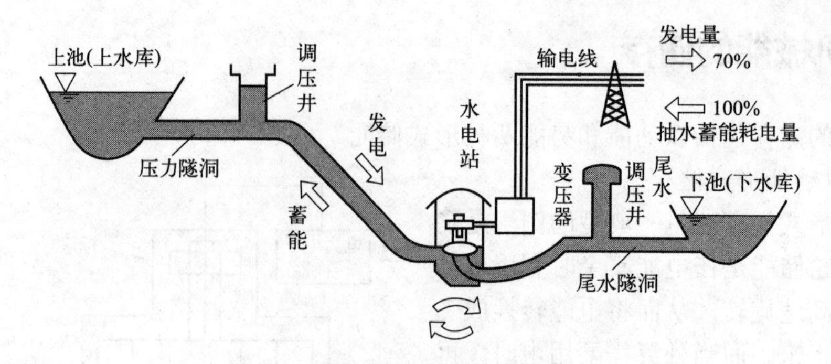

图 1-2　抽水蓄能电站结构示意图[4]

（1）电感储能

在电感线圈中充入电流时以电磁场形式储存能量，计算公式为：

$$E_L = LI^2/2 \tag{1-10}$$

式中，E_L 为电感储能，J；L 为自感系数，H；I 为电流，A。

电感储能的典型是超导磁储能，即利用超导线圈通过变流器将电网能量以电磁能形式储存起来，需要时再通过变流器输送给电网和其他装置[6]。由于超导线圈运行时在超导状态下没有电阻，无焦耳热损耗，因此它的储能效率很高，同时它的电流密度远高于常规线圈，储能密度大，并且响应速度快。影响其广泛应用的缺点是维持其正常运行所需要的低温系统技术难度大，冷却成本高。高温超导材料的研究是其关键所在。图 1-3 示出了由 30 个超导双饼线圈组成的 100kJ/50kW 超导储能磁体，所有线圈均由第一代高温超导带材 Bi2223/Ag 绕制而成。

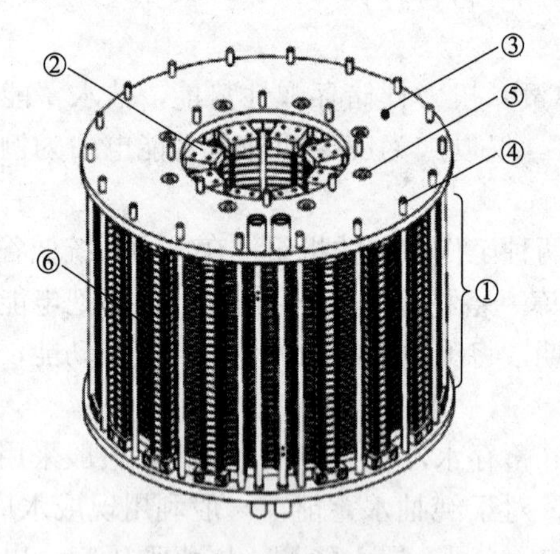

图 1-3　超导储能磁体结构[7]

①—超导双饼线圈；②—铜导冷法兰；③—支撑法兰；
④—不锈钢拉杆；⑤—铜导冷杆；⑥—铜导冷板

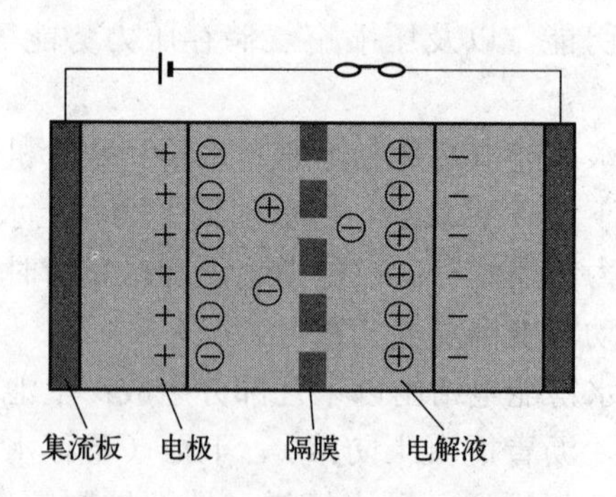

图 1-4　双电层电容器结构示意图

（2）电容器储能

电容器在交流电路中用于提高电力系统或负荷的功率因数（有功功率 / 视在功率），调整电压；在直流电路中被广泛用作储能装置，计算公式为：

$$E_C = CU^2/2 \tag{1-11}$$

式中，E_C为电容器储能，J；C为电容，F；U为电压，V。

超级电容器作为一种新型储能元件，具有容量大、功率密度高、免维护、对环境无污染、循环寿命长、使用温度范围宽等优点，可以作为备用电源为电动汽车电机提供启动加速时所需的瞬时高功率，也可用于制动过程中回收能量，以及调节改善电网中动态电压变化等[8]。超级电容器按储能原理可分为双电层电容器和法拉第准电容器。以双电层电容器为例，其基本原理是利用电极和电解质之间形成的界面双电层来储存能量，充放电过程是电极/电解质溶液界面的电荷吸附、脱附过程。图1-4为双电层电容器结构示意图[9]，包含集流板、电极、电解液和隔膜，双电层的厚度大约为1nm。

1.2.3 化学能的储存

① 利用正向化学反应吸收能量，逆向化学反应释放能量。

蓄电池和燃料电池可归入此类。蓄电池一般为电化学储能，是指通过发生可逆的化学反应来储存或者释放电能，其特点是能量密度大、转换效率高、建设周期短、站址适应性强等。根据化学物质的不同可以分为铅酸电池、液流电池、钠硫电池、锂离子电池等。燃料电池（fuel cell）是一种将存在于燃料与氧化剂中的化学能直接转换为电能的发电装置。依据电解质的不同，燃料电池分为碱性燃料电池、磷酸燃料电池、熔融碳酸盐燃料电池、固体氧化物燃料电池及质子交换膜燃料电池等。

② 利用热化学反应储存热能（参见1.2.4小节热能的储存）。

③ 利用溶液的浓度差储能。通过改变工作溶液的浓度，将能量转换成工作溶液的化学势并储存，储存的溶液化学势可方便地转换成冷能和热能。图1-5示出了太阳能直接加热溶液储能制冷系统工作流程[10]。

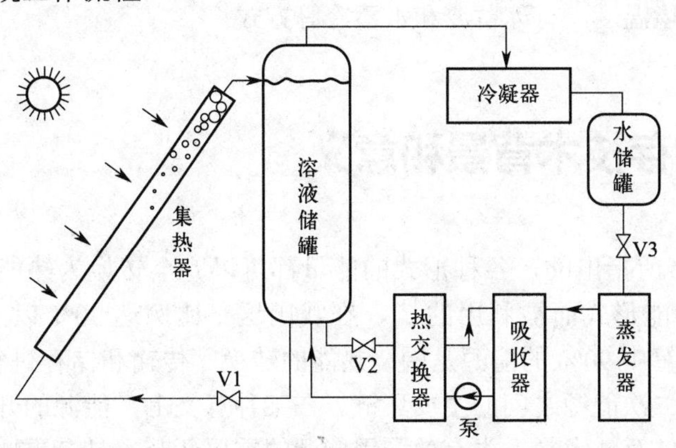

图1-5 太阳能直接加热溶液储能制冷系统工作流程图[10]

④ 利用物质储能，如氢、甲烷、乙烷、乙醇、合成汽油、吸附氢气的合金等。

1.2.4 热能的储存

热能储存，又称蓄热、储热、热储存等，包括显热储存、潜热储存、化学反应热储存以及地下含水层热储存（本质上属于显热储存）。热能储存方法及材料在第三章详细介绍，故此处简述如下。

（1）显热储存

显热是物质内能随温度升高而增大的部分。显热储热的优点是储热装置设计、运行和管理简单方便，缺点是装置体积庞大、热损失大。实例如热水箱和岩石床。

（2）潜热储存

潜热是物质相变的热效应。潜热储热的优点是储热密度高，装置体积小，热损失小，过程等温或近似等温，易与运行系统匹配。缺点是相变材料成本相对较高，且很多相变材料热导率低，需强化传热。实例如利用气液相变蒸发热的蒸汽蓄热箱以及利用固液相变熔化热的石蜡储热换热器等。

（3）化学反应热储存

化学反应热储存利用某些物质如 $Ca(OH)_2$、MgH_2 在可逆化学反应中的吸热和放热过程来达到热能的储存和提取，是一种高能量密度的储存方法，属于化学储能的一部分。化学反应热储存在技术上存在困难，目前尚难广泛应用。

（4）地下含水层热储存

地下含水层储热是在夏季将高温水或工厂余热水经净化后用管井灌入地下含水层储存，到冬季时抽取使用，称为“夏灌冬用”。地下含水层储冷是冬季将净化过的冷水用管井灌入地下含水层储存，到夏季时抽取使用，称为“冬灌夏用”。

热能储存按温度分类如下。

低温储热：温度＜ 100℃ ；

中温储热：温度在 100 ～ 250℃ ；

高温储热：温度＞ 250℃ ；

储冷：低于环境温度，有冰蓄冷和水蓄冷等方式。

1.3 热能储存技术背景和意义

正如 1.1.1 小节所指出的，各种形式的能量都可以完全转换为热能，而且多数一次能源都是首先经过热能形式而被利用的[1]，在我国这一比例达 90% 以上[11]。统计资料也表明，全球能源预算中 90% 的能源是围绕热能的转换、传输和储存进行的[12]，并且热能提供了一次能源和二次能源之间的主要环链。在某种意义上，能源的开发和利用就是热能的利用，因此热能储存技术是人类有效利用能源的重要环节，具有重要意义。从需求侧能源消耗来看，很大一部分用能是热能（含冷能）[12, 13]。我国建筑用能约占全国总用能量的 25%，而其中暖通空调的用能又占建筑用能的 1/3，甚至更高，高居能耗首位[14]。特别是随着生产力水平和人民生活水平的日益提高，用电量急剧增加，电网峰谷负荷差增大，峰期电力紧张，谷期电力过剩。目前我国电网的最大峰谷差已达 35%，一个主要来源是建筑供热空调用电峰谷差。夏季空调高峰负荷基本在用电高峰期；而 2020 年冬季极寒天气下部分地区电力供应出现缺口，全国日最高用电负荷超过夏季峰值，为历史罕见[15]。供热空调等建筑用电的峰期调节是电力调峰中不可忽视的一个重要环节。然而，冬季供热和夏季空调所供应能量形式均直接表现为热能，可以在用电低谷时段（深夜）利用电能驱动制冷机制取冷量（夏季）或驱动制热设备（如热泵）制取热量（冬季）并储存起来，在用电高峰时段（白天）再释放储存的冷量或热量供以利用，可大大改善电力供需矛盾，提高发电设备利用率，即利用热能储存技术实现电力削峰填谷和负荷调节的作用[16]。在实行峰谷电价差的地区还可取得较好的经济效益。比如在夏季利用夜间廉价电驱动制冷机制冰或冷水将冷量储存起来，在白天用电高峰时段（此时段电价较高）停用全部或部分制冷机以节省电能，把储存的冷量释放出来供空调使用，从而取得很好的社会和经济效益。

另外，太阳能、风能等可再生能源由于受季节、昼夜变化以及天气的影响，存在着间歇性和不稳定性，也需要热能储存系统来保证其连续应用，即在太阳能、风能等比较富余时以热能形式储存起来，在其不足时将储存的热能释放出来或转换成其他形式能量加以利用。典型的例子如低温太阳能热水器的储热水箱白天储存平板型或真空管型太阳能集热器加热的热水，用于晚间采暖和生活热水。此外，太阳能热发电系统中，在白天太阳辐射充足时利用槽式或碟式太阳能聚光集热器加热导热油（或熔融盐等储热材料），使其升温并储存在保温罐体中，晚上以及阴雨天太阳能不足时将储热释放出来用以发电，以弥补太阳能间歇性和不稳定性的缺陷。

除此之外，受到热力学定律的约束，热能是许多工业过程重要的中间产物和副产品[12,13]，大量的工业余热可利用。热能储存技术可以将工业余热或废热储存起来，在需要的时候或场合释放，以缓解热能供给与需求之间的矛盾，提高系统能源利用效率。这些是发展热能储存技术的根本动力。

与电化学储能和电磁储能技术相比，热能储存技术在大规模化、需求侧灵活性、储能密度以及冷热电联供等方面具有明显优势[13]；而与抽水蓄能和压缩空气储能相比，热能储存技术更具有便于可再生能源发电调节、占地面积小、系统成本低、不受地理条件限制以及对环境影响小等诸多优势。

应当指出，如同其他储能系统，热能储存系统本身并不能节约能源，其引入主要是可以提高能源利用体系的效率，促进新能源如太阳能、风能的发展以及废热的利用。换句话说，借助于热能储存技术充分利用自然能源，节约常规能源。

1.4 热能储存技术进展和应用[2,17-31]

最古老的热能储存形式比如天然冰，可以从湖泊或河流采取，置于保温箱内用于冷却食物等以延长保鲜时间；天然冰也可以冬存夏用，作为空调的冷源，为室内环境提供冷量[2]。本节从蒸汽蓄热器技术、相变材料热储存和冰蓄冷空调技术三个方面分别综述国内外热能储存技术的发展历史，作为后面热能储存技术知识学习的铺垫。

1.4.1 国外热能储存技术发展历史

（1）蒸汽蓄热器技术

1873 年，美国 McMahon 将蒸汽以高温热水的形式储存，奠定了现代蒸汽蓄热器的基础。1893 年，Druitt Halpin 设计了最早的给水蓄热器，于 1903 年建成。1916 年，瑞典工程师 Ruths 博士发明了著名的鲁茨蒸汽蓄热器。1919 年 Ruths 开发了变压蒸汽蓄热技术。1921 年，瑞典的 Malmo Central 电站安装了 2 台体积均为 $225m^3$ 的蒸汽蓄热器，配合 4MW 汽轮发电机组。1929 年在德国柏林的 Charlottenburg 建造了最大的蒸汽蓄热电站，安装了 16 台体积为 $300m^3$ 的蒸汽蓄热器，为 2 台 25000kW 的汽轮机供汽，可在高峰负荷下持续供汽 3h。此后，蒸汽蓄热器逐渐应用于食品加工、生物技术等各工业企业和电站。1970 年蒸汽蓄热器也被用于核电站，其中低压蓄热器的饱和蒸汽被高压蓄热器蒸汽加热至过热，用于推动辅助汽轮机发电。1973 年，发生第一次石油危机以后，节能被提到非常重要的地位，蓄热器进入了新的发展时期。1978 年，日本把蒸汽蓄热器定为节能设备，可以获得纳税方面的优惠。2003 年日本学者 Hoshi 提出将高温相变材料与蒸汽蓄热器结合用于太阳能热电站的思路并进行了实验验证。2007 年，第一个商业太阳能热电站 PS10 在西班牙 Sanlúcar la Mayor 投入运行，该系统采用 4 个蒸汽蓄热罐，可使 50% 负载运行约 50min。2016 年，南非的 Khi Solar One 商业塔式太阳能电站（50MWe）投入运营，使用 19 个蒸汽蓄热罐，储存容量可维持电站运行 2h。2019 年法国 SUNCNIM 公司在 Cerdanya Llo 建造的全球第一个菲涅耳反射镜集热太阳能电站投入运营，采用 9 个圆筒形蒸汽蓄热罐（单罐体积 $120m^3$）并联，所储存的热能可满足汽轮机满负荷运行 4h。

蒸汽蓄热器在各领域的应用以及新型蒸汽蓄热器的研发是当前蒸汽蓄热器技术的发展趋势。

（2）相变材料热储存技术

国外对于相变储热材料的研究起步较早，应用领域覆盖了从太阳能热利用、废热回收到化工、航天、电子等领域。早在 1952 年美国 Telkes 博士就研究了无机盐溶液的成核特性，建议采用硼砂作为成核剂以减少过冷。1960 年美国国家航空航天局（NASA）发展相变材料热控技术，Apollo15 飞船采用石蜡储存产热，在飞行间隙散热。1975 年 Telkes 博士将相变储热材料用于建筑墙体、屋顶和地板中作为房间温度调节器。1983 年她针对十水硫酸钠等无机相变储热材料物性、封装方式以及储热系统设计等进行了大量研究工作。1985 年印度学者 Prakash 等在太阳能储热水箱底部放置相变材料层，以提高储热密度。1986 年美国 Lane 博士出版了专著 *Solar Heat Storage*：*Latent Heat Material*，对相关领域工作进行了详细介绍。1989—1991 年，加拿大 Feldman 等对脂肪酸类、酯类和醇类等有机化合物用于潜热储存的性能进行了广泛研究，包括脂肪酸（癸酸、月桂酸、棕榈酸和硬脂酸）、硬脂酸丁酯、十二醇和聚乙二醇 600。1997 年日本学者 Inaba 和 Tu 研制了以石蜡为芯材的定形相变材料，测试其密度、比热容、潜热和热导率等物性。2000 年英国 Turnpenny 等提出将相变材料结合夜间通风用于蓄冷可减少夏季房间过热，提高室内舒适度。2003 年新加坡 Hawlader 等研制出微胶囊相变储热材料，并分析了影响其封装效率和蓄放热量的因素，指出微胶囊石蜡是一种很有潜力的相变材料。2006 年美国 Mesalhy 等将泡沫碳用于相变材料石蜡以提高其在热防护系统中的吸、放热性能；同年，美国 Hong 和 Herling 将泡沫铝与相变材料石蜡结合用于热沉以提高散热效果。2008 年新西兰 Johnston 等研发了纳米结构硅酸钙复合相变材料，为冷藏食品运输和储存提供热缓冲。2010 年美国 Sanusi 等在相变材料石蜡中添加碳纳米纤维以强化凝固过程。2011 年美国 Cotoros 等在相变材料石蜡中加入碳纳米管将热导率提升了两个数量级。2013 年马来西亚 Mehrali 等利用真空浸渍法制备出氧化石墨烯片 - 石蜡复合相变材料，将石蜡热导率由 0.305W/(m · K) 提升至 0.985W/(m · K)。2015 年加拿大 Hossain 等提出了将氧化铜纳米颗粒和泡沫铝结合用于强化相变材料传热性能的方法。2017 年伊朗 Kohyani 等将磁场和泡沫铝联合用于提高相变材料的传热性能。2019 年英国 Al-Siyabi 等发现将管壳式相变储热器倾斜比水平放置可提升熔化速率，其实验结果表明最佳的倾角为 45°。2021 年西班牙 Prieto 等提出了利用金属棉（metal wool）强化相变材料导热性能的新概念，且实验证实金属棉可将相变材料硝酸钠的热导率提高 300%，有望用于太阳能和工业余热储存。

随着对相变材料储热研究的不断深入，当前主要工作集中于固 - 液或固 - 固等各类相变储热材料的传热强化、复合相变材料的制备及性质研究、储传热过程多尺度模拟以及相变材料储热在各领域的应用方式和效果等。

（3）冰蓄冷空调技术

冰蓄冷的利用历史久远，美国早在 1930 年就开始研究应用冰蓄冷空调系统，1943 年 London 和 Seban 研究了结冰速率问题，1958 年 Goodman 研究了相变过程中的热平衡，Lazaridis 研究了多维凝固过程等。但直到 1980 年才有两套蓄冷系统投入运行，1981 年蓄冷技术开始得到推广。1982 年美国 MacCracken 研发了以塑料管为换热管的制冰装置。同年，埃及 Hassab 和 Sorour 研究了竖直平板间冰层融化过程中的自然对流现象并分析了影响因素。1983 年美国能源部在第三次“蓄冰在制冷工程中的应用”国际会议上推介了冰蓄冷与低温送风相结合的系统。1986 年美国 Heavener 研制了动态制取冰浆的蓄冰系统。1987 年日本 Utaka 等开发了制冷剂与水层直接接触制取冰晶的方法，具有很好的相变传热效果。1990 年美国 Knebel 研制了冰片滑落式动态制冰蓄冰系统。同年，美国 Laybourn 提出了冰球等封装型蓄冰装置概念并分析其未来发展趋势。1995 年美国 Jones 和 Shiddapur 开发了外融冰式冰盘管蓄冷系统的数学模型用于分析蓄冷系统性能。同年，美国 Stewart 等实验研究了方形蓄冰槽中的外融冰式冰床融化特性，得出了冰槽和冰粒尺寸等因素对出水温度的影响规律。1996 年美国 Lee 和 Jones 将冰盘管蓄冰装置用于居住和轻商建筑供冷系统。1997 年巴西 Neto 和 Krarti 开发了内融冰式冰盘管蓄冷槽蓄 / 释冷数值模型并进行了实验验证。1999 年日本 Matsuki 等研发了结合冰蓄冷、低温送风空调和冷辐射吊顶系统的复合式空调系统。2000 年日本 Matsumoto 等提出了利用功能流体——水 / 油乳状液动态制取冰 - 水 - 油悬浮液的方法。2003 年日本 Tomizawa 等研制了结合冰蓄冷的燃气轮机发电 - 氨吸收式制冷系统联供系统。2007 年美国 Lambert 研发了配有蓄冰槽的太阳能驱动吸附式家用热泵系统。2012 年科威特 Hajiah 和 Krarti 研究了建筑储热和冰蓄冷联合用于降低建筑运行能耗的策略。2013 年美国 Magerman 和 Phelan 研制了光伏系统驱动的冰蓄冷空调系统，并进行了参数分析。2015 年南非 Uys 等将冰蓄冷用于深层金矿与冷冻水空调系统。同年，菲律宾 Augusto 等研究了冰蓄冷区域供冷输配系统的设计准则。2017 年沙特阿拉伯 Ibrahim 等实验研究了结合冰蓄冷的太阳能吸收式制冷系统。2018 年瑞典 Carbonell 等开发了利用毛细管网进行制冰的方法。同年，美国 Mammoli 和 Robinson 研制了一种适用于家用空调的小型冰蓄冷系统。2020 年埃及 Abdelrahman 等研究了两个同心盘管制冰的方法和性能。

冰蓄冷系统与可再生能源系统的结合应用是当前冰蓄冷技术研究的发展趋势。

1.4.2 国内热能储存技术发展历史

热能储存技术理念早在古代就为我国劳动人民所掌握。在《诗经 · 国风》中有“二之日凿冰冲冲，三之日纳于凌阴”的记载，即在十二月凿取冰块，正月将冰块藏入冰窖，为我国早期储冷的思想。我国北方农村至今一直沿用古代人民发明的火炕，即炉灶与炕体和烟囱相连通。炉灶用来做饭，烧柴产生的高温烟气流经炕间通道加热炕体后经烟囱排出，炕体储存的热量通过热传导、热对流和热辐射散至房间内，可提高室内热舒适性。

（1）蒸汽蓄热器技术

在20世纪50年代初，山西太原钢铁厂从奥地利引进配套于转炉的蒸汽蓄热器，东北友好木材厂从瑞典引进两套热水蓄热器，用于大型热压机热水循环系统。1959年我国开始自行设计制造变压式蒸汽蓄热器，在上海渔轮修造厂安装了一台体积为$22m^3$、压力为1MPa的蓄热器，为蒸汽锤提供汽源。1963年，上海机械学院陈之航教授和顾景贤副教授研究了给水蓄热器在电站中的应用及其内部传热过程，试验得出给水蓄热器设计的半经验公式。1970年至1972年间，四川省攀枝花钢铁厂、上海第五钢铁厂和辽宁省鞍山钢铁厂为了配合转炉汽化冷却，分别安装了体积为$42m^3$、$22m^3$和$42m^3$的蓄热器，取得很好的节能效果。1982年我国完成第一台$40m^3$立式蒸汽蓄热器设计安装运行，1984年哈尔滨糖厂首次在我国热电联供的热力系统中应用蓄热器获得成功。1985年上海机械学院顾永坚、陈之航等研究蒸汽带水规律，得到了放热过程蒸汽湿度计算公式。1991年同济大学白强等研究立式蒸汽蓄热器放汽过程带水规律，得出了蒸汽带水关系式。1994年华东船舶工业学院（现江苏科技大学）周根明和姚寿广建立了蓄热器蓄放热过程能量平衡微分方程，给出了各种工作压力、压差下蓄热器单位容积储热量设计表。1996年武汉汽车工业大学（现武汉理工大学）龚崇龄等分析了蓄热器混合加热充汽与降压放汽的物理过程，得出了蓄热器工作过程动态特性曲线。1999年中国纺织大学（现东华大学）曹家枞和钟伟编写了蓄热器必需储热量最小化的计算机程序，为蓄热器容积最小化及其工程方案的优化创造了条件。2001年青岛化工学院（现青岛科技大学）马连湘在分析分段积分曲线法缺陷的基础上，提出了改进方法——周期分段积分曲线法。2003年青岛大学杨启容等将喷射泵引入蒸汽蓄热系统，表明蒸汽喷射泵式蓄热器系统的应用可行性。2006年国内第一个MW级塔式光热发电项目大汉电站启动建设，2012年在八达岭建成，采用两级蓄热系统——合成油高温蓄热器和低温蒸汽蓄热器，蒸汽蓄热器体积为$100m^3$，储存2.5MPa、224℃的饱和水蒸气，储热量为28800MJ。2012年球形蒸汽蓄热器在我国逐渐出现工程应用。2013年，哈尔滨工程大学孙宝芝等研究了作为舰船弹射装置重要组成部分的蒸汽蓄热器非平衡热力过程及动态特性，为蒸汽弹射系统的安全运行提供了技术支撑。2016年哈尔滨工程大学张晓宇等研究了交替充汽方式下双蒸汽蓄热器系统的动态特性，指出直接交替充汽方式具有充汽速度快、压力波动小和燃油经济性好的优点。2021年天津市智慧能源与信息技术重点实验室单文亮等提出了含蒸汽蓄热器的工业蒸汽系统发电灵活性的概念，评估了蒸汽蓄热器对提高系统灵活性和关键性能指标的作用。

新型蒸汽蓄热器的研发以及在各工业用汽领域的应用是国内当前蒸汽蓄热器技术的研究重点。

（2）相变材料热储存技术

1978年中国科学技术大学开始进行相变储热的研究，主要工作为相变材料热物性的测量和相变传热过程分析。1983年华中师范大学胡启柱、阮德水等针对十水硫酸钠的成核开展研究，防止过冷效应。1984年河北省科学院能源研究所唐钰成和郑瑞佩对水合盐相变材料进行了量热和分层研究，并研制和试验了太阳房相变储热器。1987年阮德水等针对三水醋酸钠体系储热特性展开研究。1989年浙江大学陈越南等提出变时间步长热焓法求解伴有相变的热传导问题。1990年上海能源研究所程博厔针对脂肪酸作为相变储热材料展开研究，利用DSC（差示扫描量热分析）法测定癸酸、月桂酸、棕榈酸和硬脂酸的热性质。1994年阮德水等利用DSC法研究了多元醇、层状钙钛矿等固-固相变材料的热物理性能。1996 年中国科学技术大学张寅平等出版了《相变贮能——理论和应用》，为国内第一本介绍相变储热的专著。1997—1998 年北京航空航天大学董克用和袁修干针对相变储热容器开展瞬态热分析研究。2000 年清华大学康艳兵、张寅平等建立了板式和堆积床式相变储换热器模型并进行热性能分析。同时，钟志鹏和张寅平开展了夜间通风条件下相变墙板房间的热性能研究。2002 年张寅平课题组研制了定形相变材料并将其应用于地板采暖系统，开展了试验和模拟研究。2003 年华南理工大学张正国课题组提出了将有机相变材料与无机物进行纳米复合的创新方案，分别采用溶胶 - 凝胶工艺和插层复合法制备出有机相变材料 / 二氧化硅和有机相变材料 / 膨润土纳米复合储热材料。2005 年河北工业大学王立新、苏峻峰等采用原位聚合法制备了相变储热微胶囊，DSC 测试证明其具有很好的储热调温效果。同年，重庆大学刘玉东、童明伟等在共晶盐相变材料中添加 TiO_2 纳米粒子，形成具有蓄冷功能的低温相变纳米流体。香港理工大学张兴祥利用原位聚合法合成纳米 / 微米胶囊制备调温纤维。2007 年北京航空航天大学张涛和余建祖对填充有泡沫铜的石蜡相变储热装置进行了实验研究，表明泡沫铜作为填充材料能明显改善相变储热装置的传热性能和内部温度均匀性。同年，郑州大学郭茶秀等提出在高温潜热储热系统中采用铝片强化相变传热的方法和结构，华南理工大学方玉堂采用超声技术和原位聚合法制备了纳米胶囊。2009 年南京理工大学宣益民等将铁纳米颗粒加入微胶囊壳壁中制备的功能流体兼具微胶囊相变材料悬浮液和磁流体功能，分析了外部磁场作用对该功能流体热导率和比热容的影响。2010 年北京航空航天大学靳健等提出在相变微胶囊悬浮液中添加 TiO_2 纳米颗粒以强化传热性能。2013 年东南大学李敏将纳米石墨加入石蜡中制备复合相变材料以提高其热导率。同年，北京大学刘振濮、邹如强等提出利用纳米多孔载体 - 碳纳米管优化改性相变储热材料的研究策略，通过纳米多孔限域体系有效封装改性容易泄漏的固 - 液相变材料。2015 年重庆大学李景华等通过在磁性纳米空壳中填充相变材料，在外部交变磁场作用下进行肿瘤的热化学治疗。2017 年大连理工大学王文涛、唐炳涛等将四氧化三铁和石墨烯纳米片嵌入相变材料用于能量转换与储存，表明其具有良好的稳定性和可逆性。2019 年上海交通大学陶鹏等在相变材料中设置了一个磁力驱动的可移动网栅来吸收太阳能，可有效提高太阳能系统的储热速率。2021 年西北工业大学李文强等将纳米胶囊相变材料嵌入泡沫铜中制备新型复合定形相变材料，用于冷却热壁的效果比单纯纳米胶囊相变材料要好。2023 年广东工业大学徐文彬等模拟了磁场作用下纳米胶囊和泡沫铜复合相变材料的储 / 传热机制，分析了“力桥”和“力环”效应。

目前，我国在相变材料储热方面的研究已达到国际先进水平，主要集中于复合强化传热方法、纳米相变材料制备及性能研究以及多尺度模拟方面。

（3）冰蓄冷空调技术

早在 1988 年我国学者单士廉就摘译了国外关于冰蓄冷技术方面的文献。1990 年山东省潍坊建筑设计院刘伟民和西安冶金建筑学院赵鸿佐针对喷水和灌水制冰的结冰时间和结冰厚度进行了理论计算，上海交通大学蔡祖康提出了间冷式冰蓄冷槽和制冰换热器的热工计算方法。我国在 1992 年首次引进法国西亚特公司冰蓄冷设备，中国建筑科学研究院郭瑞茹分析了与冰蓄冷相结合的低温送风系统设计特点。1995 年后逐渐着手蓄冷空调项目。1997 年杭州华源人工环境工程公司叶水泉等针对蕊芯冰球蓄冷特性进行了实验研究，表明蕊芯冰球可实现快速冻结。1998 年中国科学技术大学方贵银建立了外融冰盘管蓄冷过程的动态数学模型，哈尔滨建筑大学杨自强和陆亚俊则分析了内融冰蓄冰筒蓄 / 释冷特性。2000 年方贵银等开展了冰蓄冷平板堆积床动态蓄冷特性研究。2001 年上海理工大学卢家才等将制冷剂 HCFC-123 与水直接接触发生水合反应制取冰晶。2002 年西安交通大学晏刚等应用量热法实验研究了蓄冰球内的凝固特性。2003 年哈尔滨工业大学郑茂余等开发了利用纵向肋管内直接蒸发动态制冰系统并进行了实验研究。2005 年清华大学石文星等开发了基于电阻电容（RC）振荡电路的频率响应测量外融冰盘管表面冰层厚度的方法。2008 年东南大学杨秀和陈振乾建立了冰球中添加泡沫铝以强化融化过程的自然对流模型。2009 年浙江大学吴鹏等研究了冰蓄冷系统中加入纳米颗粒促进成核的特性和效果。2012 年东华大学赵敬德等研究了在片冰蓄冷系统利用纳米流体强化传热的方法和效果。2014 年河南科技大学梁坤峰、王林等研发了冰蓄冷与毛细管网辐射吊顶相结合的温湿度独立控制空调系统，并表明其节能优势。2016 年清华大学颜承初、石文星等提出了跨季节冰蓄冷和短期水蓄冷相结合的复合式蓄冷系统。2018 年华北电力大学米增强等研究了冰蓄冷空调系统在灵活性电力负荷调节中的作用，并分析了最优化控制策略。2020 年北京工业大学刘子初等设计开发了微通道平板热管蓄冰装置，并实验研究其蓄冷功率。2022 年北京建筑大学邢美波研究了定向碳纳米管强化蓄冰过程的方法。

目前国内冰蓄冷技术已达到国际水平，强化冰蓄冷 / 释冷速率以及结合可再生能源利用的复合系统是冰蓄冷技术当前研究的热点。

1.4.3 热能储存技术的主要应用领域

如前所述，热能储存技术的主要用途和发展动力在于缓解热能供应与需求之间在时间、空间或强度上不匹配的矛盾，因此凡是存在热能供求矛盾的环节和领域，均是其应用之所在。简要介绍如下几个主要应用领域。

（1）电力负荷调节，削峰填谷

电力峰谷负荷差大不仅导致电力资源的浪费而且影响电力设备的安全运行。夏季利用低谷电驱动制冷机制冰储存冷量，供高峰负荷时空调使用，可以削峰填谷。冬季采用储热电锅炉或地板电采暖系统储热有类似功效。

（2）太阳能、风能等可再生能源利用

太阳能、风能等可再生能源自身的间歇性和不稳定性，决定其利用过程中需要热能储存技术以保证连续运行。如风力充足时驱动热泵制热并储存在水箱中，在无风或风力较弱时释热供暖和用于生活热水；也可以利用多余风电加热熔融盐高温储热，在需要电能时再利用熔融盐加热水产生高温高压蒸汽，推动汽轮机发电。

（3）工业生产和余热利用

钢铁、陶瓷、水泥、玻璃、医药、纺织、造纸等领域的生产工艺流程中需要大量蒸汽且存在负荷波动，利用蒸汽蓄热器等装置可以提高蒸汽锅炉适应负荷波动的能力，提高产品质量和生产率。另外，这些工艺流程中有大量的工业余热，比如高温的烟气余热或低温的冲渣水，前者可以收集并储存在蜂窝陶瓷材料中，用来预热煤气或空气，提高燃烧效率；后者可以储存在水或相变材料中供以采暖或生活热水。这样可降低污染排放，提高能源利用率。

（4）建筑采暖空调节能

显热或潜热储存材料可与建筑围护结构结合，提高围护结构的储热能力，结合太阳能、夜间通风冷量等自然能源，用于建筑采暖空调，可以提高室内热舒适度，且节约常规能源如电能等的消耗。比如在一些办公建筑中可构建相变储热墙体，夜间开窗通过自然通风或机械通风形式引入室外冷风，将冷量储存在相变储热墙体中，至白天冷负荷较大时释放冷量提高室内舒适度同时节省空调电能。另外，在传统的日光温室北墙围护结构和土壤中添加部分相变材料可以提高储热能力，日间吸收并储存太阳辐射能，夜间再释放热量到温室内，可以提高夜间室温进而提升作物产品产量和品质。

（5）航天、电子等领域的应用

航天器在轨运行时会经历阴影期，航天器太阳能热动力发电系统在阴影期仍能正常工作的关键部件是储热装置，利用高温相变储热材料在日照期储热，到阴影期时，储热介质释放热量给循环工质，推动涡轮机做功发电，以供给各设备在阴影期用电。电子设备和电池都有最佳的工作温度范围，基于相变储热材料具有储热密度高，吸、放热过程近似等温的特点，可用于电子设备和电池系统的热管理。例如在电子设备工作产生大量热量时，相变储热材料通过吸热熔化储存热量，使电子设备温度在短时间内维持在规定的范围内。当电子设备不发热时，相变储热材料凝固释放热量以恢复其初始状态，为下一次的相变储热做好准备。利用相变材料储热的温控装置具有结构紧凑、性能可靠、经济节能等优点。

（6）纺织服装、家用电器等领域的应用

以各种方式（如相变纤维或后整理法）把相变储热材料加入纺织品中，制成相变调温服装服饰，利用相变材料在熔化 / 凝固相变过程近似等温条件下吸收 / 释放大量潜热使其具备储热调温功能，可以维持人体表面微气候区域内的热平衡，满足人体对热舒适性的需求。储冷和储热材料与冰箱、电热水器以及电暖器等结合可制成储冷冰箱、储热电热水器和储热电暖器。储冷冰箱在冷藏室和冷冻室内敷设储冷材料，可在不影响冰箱内部温度的情况下减少压缩机启停频率，达到节能的目的。储热电热水器以及储热电暖器利用低谷电加热相变材料熔化储热，有利于缓解电网峰谷负荷差，在实行峰谷电价的地区还可以节省电费开支。

（7）汽车工业领域的应用

利用相变材料储存发动机冷却液热能给发动机预热可提升冷启动性能，减少发动机冷却液温度波动。还可以通过相变材料回收发动机排气余热，然后传递给润滑油或其他系统用于供热。另外，通过将相变储热材料置于汽车车厢内调节温度和湿度，以提高座舱内的热舒适度。将相变材料板置于冷藏车厢的顶部或侧面，可以降低车载制冷系统能耗。

（8）生物医学、农产品和食品领域的应用

相变材料储热可用于手术期间生物组织热防护以及生物医学制品储存或运输的场合，也可应用于农产品和食品的太阳能干燥以及冷藏等方面，提高农产品和食品质量与安全性。

参考文献

[1] 黄素逸，高伟 . 能源概论 . 北京：高等教育出版社，2004.
[2] 樊栓狮，梁德青，杨向阳 . 储能材料与技术 . 北京：化学工业出版社，2004.
[3] 薛飞宇，梁双印 . 飞轮储能核心技术发展现状与展望 . 节能，2020，39（11）：119-122.
[4] 李章溢，房凯，刘强，等 . 储能技术在电力调峰领域中的应用 . 电器与能效管理技术，2019（10）：69-73.
[5] 王光亮 . 电能储存技术的分类及特点 . 江西电力职业技术学院学报，2008，21（03）：1-3.
[6] 李建林，徐少华，刘超群，等 . 储能技术及应用 . 北京：机械工业出版社，2018.
[7] 许浩，江晖，潘皖江，等 .100kJ 高温超导储能磁体电磁分析及研究 . 低温与超导，2015，43（04）：54-58.
[8] 张慧妍，程楠，景阳 . 超级电容器储能系统的应用研究综述 . 电力电子技术，2011，45（12）：51-53.
[9] 吴林君，管琤，郭丽 . 双电层电容器核心组件的研究进展 . 船电技术，2008（03）：133-136.
[10] 黄晓东，徐士鸣 . 溶液浓度差蓄能技术在太阳能蓄能制冷中的应用 . 太阳能学报，2012，33（01）：141-147.
[11] 郭茶秀，魏新利 . 热能存储技术与应用 . 北京：化学工业出版社，2005.

[12] Ge Z W, Li Y L, Li D C, et al. Thermal energy storage：challenges and the role of particle technology. Particuology, 2014, 15: 2-8.
[13] Taylor P G, Bolton R, Stone D, et al. Developing pathways for energy storage in the UK using a coevolutionary framework. Energy Policy, 2013, 63: 230-243.
[14] 陆陈灼 . 建筑暖通空调节能设计与成本控制 . 居舍，2021（10）: 92-93.
[15] 李海，刘凡，李际 .2020 年我国电力发展形势与 2021 展望 . 中国能源，2021（03）: 1-6.
[16] 柯秀芳，张仁元 . 热能储存技术及其在建筑供暖的应用 . 电力需求侧管理，2003（04）: 57-59.
[17] 葛维春 . 电制热相变储热关键技术及应用 . 北京：中国电力出版社，2020.
[18] 崔海亭，杨锋 . 蓄热技术及其应用 . 北京：化学工业出版社，2004.
[19] Zalba B, Marin J M, Cabeza L F, et al. Review on thermal energy storage with phase change：materials, heat transfer analysis and applications. Applied Thermal Engineering, 2003, 23: 251-283.
[20] Mitali J, Dhinakaran S, Mohamad A A. Energy storage systems：a review. Energy Storage and Saving, 2022, 1: 166-216.
[21] Letcher T M. Storing energy.2nd ed. Amsterdam：Elsevier Inc., 2022.
[22] Stevanovic V D, Petrovic M M, Milivojevic S, et al. Upgrade of the thermal power plant flexibility by the steam accumulator. Energy Conversion and Management, 2020, 223: 113271.
[23] Ploquin M, Mer S, Toutant A, et al. CFD investigation of level fluctuations in steam accumulators as thermal storage：a direct steam generation application. Solar Energy, 2022, 245: 11-18.
[24] 顾永坚 . 我国蓄热器的发展和应用效益 . 锅炉技术，1984（07）: 8-14.
[25] 马连湘 . 计算蒸汽蓄热器必须蓄热量的周期分段积分曲线法 . 青岛化工学院学报（自然科学版），2001（02）: 117-120.
[26] 徐二树，高维，徐蕙，等 . 八达岭塔式太阳能热发电蒸汽蓄热器动态特性仿真 . 中国电机工程学报，2012，32（08）: 112-117，157.
[27] 周春丽，王冰，杨加国，等 . 蒸汽球形蓄热器节能技术推广与应用 . 冶金能源，2012，31（01）: 49-51.
[28] 孙宝芝，郭家敏，雷雨，等 . 船用蒸汽蓄热器非平衡热力过程 . 化工学报，2013，64（S1）: 59-65.
[29] 单文亮，徐宪东，孙文强，等 . 含蒸汽蓄热器的工业蒸汽系统发电灵活性量化 . 全球能源互联网，2021，4（02）: 107-114.
[30] 倪龙荣，荣莉，马最良 . 含水层储能的研究历史及未来 . 建筑热能通风空调，2007（01）: 18-24.
[31] Diaconu B M, Cruceru M, Anghelescu L. A critical review on heat transfer enhancement techniques in latent heat storage systems based on phase change materials. Passive and active techniques, system designs and optimization. Journal of Energy Storage, 2023, 61: 106830.

思考题

1. 解释概念：能量、能量储存和储能技术。
2. 简述目前人类认识的能量形式有哪几种并举例，给出其数学表达式。
3. 化学能和核能都属于结构能，其区别是什么？
4. 常用的能量储存形式有哪几种？说明相应的储存方法。
5. 举例说明机械能、电能和化学能的储存方法。
6. 热能储存有哪三种形式？
7. 简述热能储存技术的重要意义。
8. 目前热能储存技术的应用领域有哪些？

第二章
热能储存基础

本章基本要求

掌　　握　能量守恒定律、能量贬值原理、热力学第一定律、热力学第二定律（2.1）；热传导、对流换热、辐射换热、传热系数的概念和传热过程计算方法（2.2）；储热装置能量平衡方程（2.3）。

理　　解　热对流和对流换热、热辐射和辐射换热的区别与联系（2.2）；各种储热装置的形式及特点（2.3）；储热系统各项评价指标（2.4）。

在热能储存的过程中存在着热能与其他能量形式之间的转换以及热能在不同物质载体之间的传递[1]，前者属于热力学原理，后者离不开传热学和流体力学知识。另外，热能的储存，即热能在物质载体上的存在状态，理论上也表现为其热力学特征，本质上均是物质中大量分子热运动时的能量。因此，本章着重介绍热能储存的基本原理，包括热力学原理和传热学原理，并介绍储热装置的能量平衡以及储热技术的评价指标。

2.1 热力学原理[2,3]

2.1.1 能量守恒定律与热力学第一定律

（1）能量守恒定律

能量守恒定律指出：自然界的一切物质都具有能量；能量既不能创造，也不能消灭，而只能从一种形式转换成另一种形式，从一个物体传递到另一个物体。在能量转换与传递过程中，能量的总量恒定不变。

能量守恒定律是自然界最普遍、最基本的定律，与细胞学说和进化论一起并称为19世纪自然科学的三大发现。能量守恒定律的发现历程如下。

迈尔（Julius Robert Mayer），1842年发表“On the Quantitative and Qualitative Determination of Forces”。焦耳（James Prescott Joule），1843年发表了论文“On the Calorific Effects of Magneto-Electricity and on the Mechanical Value of Heat”，测定了热功当量值。亥姆霍兹（Hermann von Helmholtz），1847年发表“On the Conservation of Force”，讨论了热现象、电现象、化学现象与机械力的关系。恩格斯（Friedrich Engels），1885年提出“能量转化与守恒定律”的表述。能量守恒定律的发现表明科学定律是人类对自然科学规律的认识逐步积累到一定程度的必然结果。

下面以各类发电系统为例说明能量的转换过程。

① 火力发电

化石燃料（化学能）$\xrightarrow{\text{燃烧}}$热蒸汽（热能）$\xrightarrow{\text{热机}}$汽轮机旋转（机械能）$\xrightarrow{\text{电磁感应}}$发电（电能）

② 核发电

核燃料（核能）→热蒸汽（热能）→汽轮机旋转（机械能）→发电（电能）

③ 水力发电

水面落差（势能）→水轮机旋转（动能）→发电（电能）

机械能、电能、化学能等容易转换为热能，热功转换遵循热力学第一定律，是能量守恒定律在热力学领域的体现。

（2）热力学第一定律

任何处于平衡态的热力学系统都有一个状态参数 U（内能）。系统从一个平衡态变化到另一个平衡态时，内能的变化等于系统吸收的热量（Q）和外界对系统做功（W）之和，即 $U_2-U_1=Q+W$。

热力学第一定律表明热能和机械能在转移或转换时，能量的总量必定守恒。利用热力学第一定律可以进行热能在传递以及与功转换过程中的能量平衡计算。

2.1.2 能量贬值原理与热力学第二定律

（1）能量贬值原理

能量不仅有量的多少，还有质的高低；自然界进行的能量转换过程是有方向性的，能量传递和转换过程总是自发地朝着能量品质下降的方向进行。能量贬值原理可用图 2-1 描述。

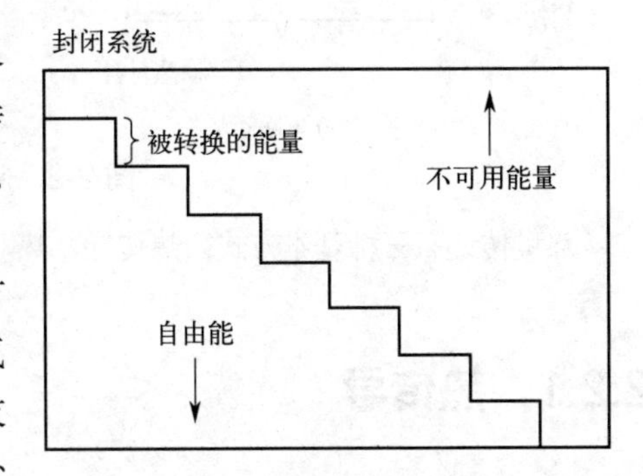

图 2-1 能量贬值原理示意图

自然界有很多现象体现出能量转换过程的方向性，比如水总是自发地从高处向低处流动、气体总是自发地从高压向低压膨胀、热量总是自发地从高温物体向低温物体传递等。这些不需要外界帮助就能自动进行的过程称为**自发过程**，反之为**非自发过程**。自发过程都有一定的方向性，即朝着势差（高度差、压差、温差、浓度差）减小的方向。常见的自发过程有温差传热、自由膨胀、摩擦生热、扩散混合等。

根据能量贬值原理，不是每一种能量都可以连续地、完全地转换为任何一种其他形式的能量。各种不同形式的能量，按其转换能力可分为三大类。

① 无限转换能（全部转换能）：可完全转换为功，称为高质能，如电能、机械能、水能、风能、燃料储存的化学能等。

② 有限转换能（部分转换能）：可部分转换为功，称为低质能，如热能。

③ 非转换能（废能）：受环境限制不能转换为功。

（2）热力学第二定律

克劳修斯说法（Rudolph Clausius）：不可能把热量从低温物体传到高温物体而不引起其他变化。

开尔文 - 普朗克说法（Max Karl Ernst Ludwig Planck）：不可能从单一热源吸取热量使之完全转变为功而不产生其他影响。

热力学第二定律的实质就是能量贬值原理，它深刻地指明了能量转换和传递过程的方向、条件及限度。机械能可以自发地无条件地转换为热能，热能转换为机械能或电能则是有条件的，即必须有部分热能从高温传向低温为补偿条件。因此任何热能转换为机械能的热机效率都不可能是 100%，实际过程的转换数量必定低于可逆条件下的理论极限。能量转换总是自发朝着消除势差的方向进行，通过消耗一定的功或由高温传向低温的过程为补偿条件，可以实现非自发过程，但不能超过一定的理论限度。

2.2 传热学原理 [4-6]

热能储存过程中能量进行传递和转换采用的装置称为储（蓄）热装置，又称储（蓄）热器，也称热交换器或简称换热器（图 2-2），热交换过程遵循热量传递的基本规律。

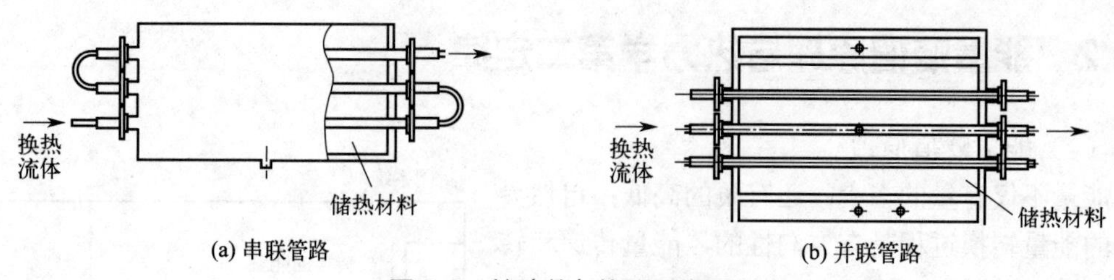

图2-2　储（蓄）热器示意图

热量传递有三种基本方式：热传导、热对流和热辐射。下面分别讨论相应传热量的计算方法。

2.2.1　热传导

物体各部分之间不发生相对位移时，依靠分子、原子及自由电子等微观粒子的热运动而产生的热量传递称为热传导，简称导热。典型的，固体与固体之间及固体内部的热量传递为导热过程。比如两个温度不同的铜块接触，产生导热；同一个铜块从一头加热，热量通过导热向另一头传递。

（1）导热的微观机理

气体、液体和固体中有着不同的导热机理。气体中，导热是气体分子不规则热运动时相互碰撞的结果，温度升高，动能增大，不同能量水平的分子相互碰撞，使热能从高温处传到低温处。对于导电固体，自由电子的运动在导热中起主导作用。而对于非导电固体，导热是通过晶格结构的振动所产生的弹性波来实现的，即通过原子、分子在其平衡位置附近的振动来实现的。对于液体的导热机理，一种观点认为类似于气体，只是复杂些，因液体分子的间距较近，分子间的作用力对碰撞的影响比气体大；另一种观点认为类似于非导电固体，主要依靠弹性波（晶格振动）的作用。

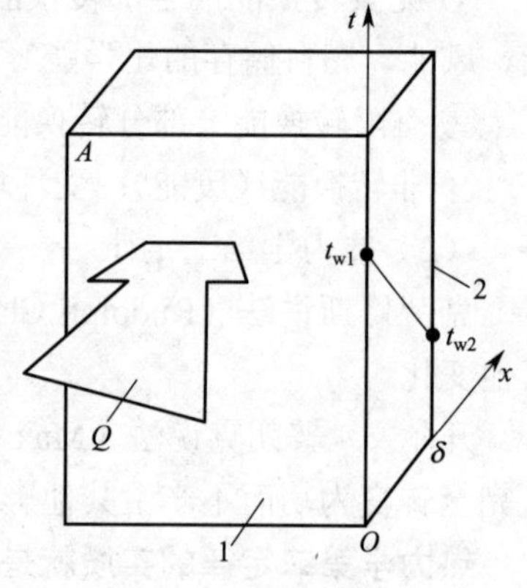

图2-3　单层平壁导热[4]

（2）导热现象的基本规律

傅里叶定律（傅里叶，法国数学家、物理学家），又称导热基本定律，对于单层平壁（图2-3）稳态导热有：

$$Q=-\lambda A\frac{\mathrm{d}t}{\mathrm{d}x} \tag{2-1}$$

式中，Q为热流量，W；λ为热导率，W/(m·K)；A为传热面积，m^2；$\mathrm{d}t/\mathrm{d}x$为温度梯度，K/m。负号表示热量传递的方向同温度升高的方向相反。

单位时间内通过单位面积的热量称为热流密度，记为q，单位为W/m^2。

$$q=\frac{Q}{A}=-\lambda\frac{\mathrm{d}t}{\mathrm{d}x} \tag{2-2}$$

热导率λ是表征材料导热性能优劣的参数，是一种物性参数。不同材料的热导率值不同，即使同一种材料其热导率值也与温度等因素有关。一般来说，金属材料热导率最高，是良导电体，也是良导热体。液体次之，气体最小。表2-1给出273K时典型工程材料的热导率[5]。

表 2-1　273K 时部分物质的热导率[5]

材料	λ/[W/(m·K)]	材料	λ/[W/(m·K)]	材料	λ/[W/(m·K)]
金属固体		石英（平行于轴）	19.1	氯甲烷	0.178
银（最纯的）	418	刚玉石	10.4	二氧化碳	0.105
铜（纯的）	387	大理石	2.78	二氯二氟甲烷	0.0728
铝（纯的）	203	冰	2.22	**气体**	
锌（纯的）	112.7	熔凝石英	1.91	氢气	0.175
铁（纯的）	73	硼硅酸耐热玻璃	1.05	氦气	0.141
锡（纯的）	66	**液体**		空气	0.0243
铅（纯的）	34.7	水银	8.21	戊烷	0.0128
非金属固体		水	0.552	三氯甲烷	0.0066
方镁石	41.6	二氧化硫	0.211		

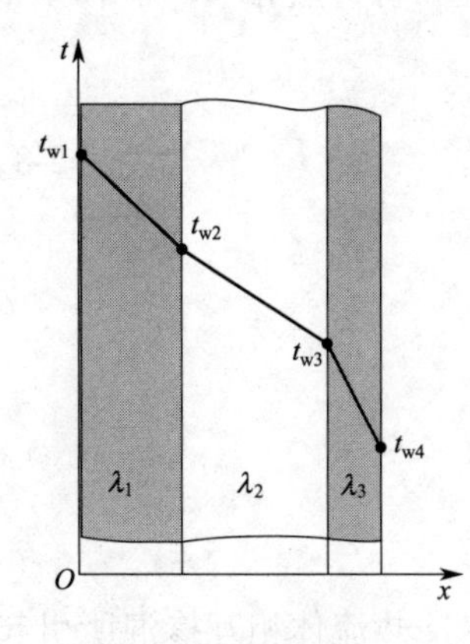

图 2-4　多层平壁导热[4]

对于多层平壁（图 2-4）的稳态导热，可以利用热阻串联原则得到：

$$q=\frac{Q}{A}=\frac{t_{w1}-t_{w4}}{\dfrac{\delta_1}{\lambda_1}+\dfrac{\delta_2}{\lambda_2}+\dfrac{\delta_3}{\lambda_3}} \tag{2-3}$$

式中，λ_1、λ_2、λ_3 以及 δ_1、δ_2、δ_3 分别是 3 层壁面材料的热导率及其厚度；相应 δ_1/λ_1、δ_2/λ_2 和 δ_3/λ_3 是各材料层的导热热阻。

许多储（换）热器是圆筒形状，对于单层圆筒壁（图 2-5）稳态导热有：

$$Q=-\lambda A\frac{dt}{dr}=-2\pi rL\lambda\left(-\frac{t_{w1}-t_{w2}}{\ln\dfrac{r_2}{r_1}}\times\frac{1}{r}\right)=\frac{t_{w1}-t_{w2}}{\dfrac{1}{2\pi L\lambda}\ln\dfrac{r_2}{r_1}}=\frac{t_{w1}-t_{w2}}{R_\lambda} \tag{2-4}$$

式中，r_1、r_2 分别是圆筒壁的内圆半径和外圆半径；L 是圆筒壁高度；R_λ 是圆筒壁的导热热阻，表示为：

$$R_\lambda=\frac{1}{2\pi L\lambda}\ln\frac{r_2}{r_1} \tag{2-5}$$

同样根据热阻串联原则，对于如图 2-6 所示的 3 层圆筒壁有：

$$Q=-\lambda A\frac{dt}{dr}=\frac{2\pi L(t_{w1}-t_{w4})}{\dfrac{1}{\lambda_1}\ln\dfrac{r_2}{r_1}+\dfrac{1}{\lambda_2}\ln\dfrac{r_3}{r_2}+\dfrac{1}{\lambda_3}\ln\dfrac{r_4}{r_3}}=\frac{t_{w1}-t_{w4}}{R_\lambda} \tag{2-6}$$

相应，对于 n 层圆筒壁有：

$$Q=-\lambda A\frac{dt}{dr}=\frac{t_{w1}-t_{w(n+1)}}{\sum\limits_{i=1}^{n}\dfrac{1}{2\pi L\lambda_i}\ln\dfrac{r_{i+1}}{r_i}}=\frac{t_{w1}-t_{w(n+1)}}{R_\lambda} \tag{2-7}$$

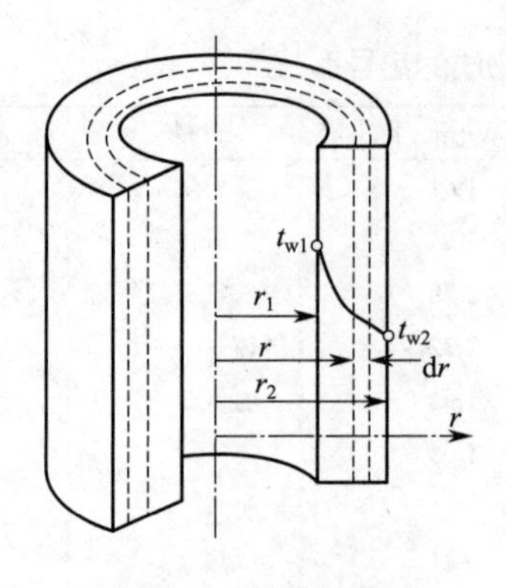

图 2-5　单层圆筒壁

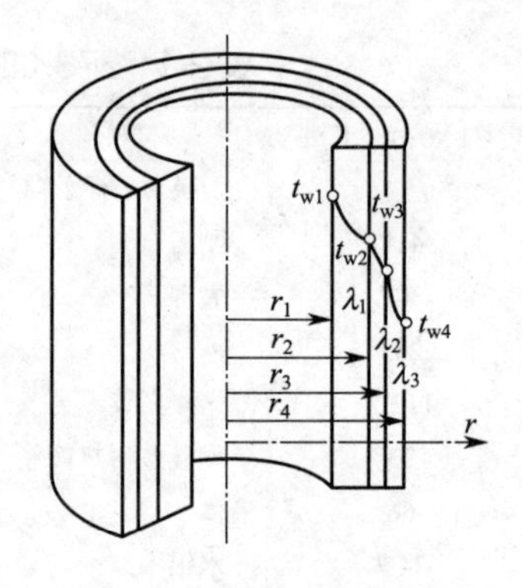

图 2-6　多层圆筒壁

其中 r_i、r_{i+1} 和 λ_i 分别是第 i 层圆筒壁的内圆半径、外圆半径和材料热导率，串联导热热阻 R_λ 表示为：

$$R_\lambda=\sum_{i=1}^{n}\frac{1}{2\pi L\lambda_i}\ln\frac{r_{i+1}}{r_i} \tag{2-8}$$

2.2.2　热对流和对流换热

2.2.2.1　热对流和对流换热的概念

（1）热对流

是指由于流体的宏观运动，流体各部分之间发生相对位移，冷热流体相互掺混所引起的能量传递方式。热对流的特点：热对流仅发生于流体中；热对流必然伴随着导热；热对流是传热的一种基本方式。

热流量 Q 的计算公式：

$$Q=c_p m(t_2-t_1) \tag{2-9}$$

式中，c_p 为流体比热容，J/(kg · K)；m 为质量流量，kg/s；t_1、t_2 分别为冷、热流体温度，K。

（2）对流换热

是指流体流过一固体表面时由于温度差二者之间发生的热量传递过程，这是工程上常见的现象。对流换热的特点：是热对流与导热同时参与的热量传递过程，不是一种基本传热方式；是一个受流体物性、流态、固体表面性质等多种因素影响的复杂过程；基本计算式为牛顿冷却公式 $Q=hA(t_f-t_w)$［参见 2.2.2.2］。

为了更清晰地比较热对流和对流换热的区别和联系，以一采暖房间内的流体运动（图 2-7）说明。在一采暖房间内，散热器加热周边空气，热空气密度小则上升，到达房顶以及另一侧墙体，受冷温度降低，冷空气密度大则下降。这样冷、热空气的运动产生了热对流；而热空气上升过程中与相邻墙体壁面由于温度差 (t_f-t_w) 产生了对流换热。

2.2.2.2　牛顿冷却定律

1701 年，英国科学家牛顿研究壁面被流体冷却现象（图 2-8）时提出：

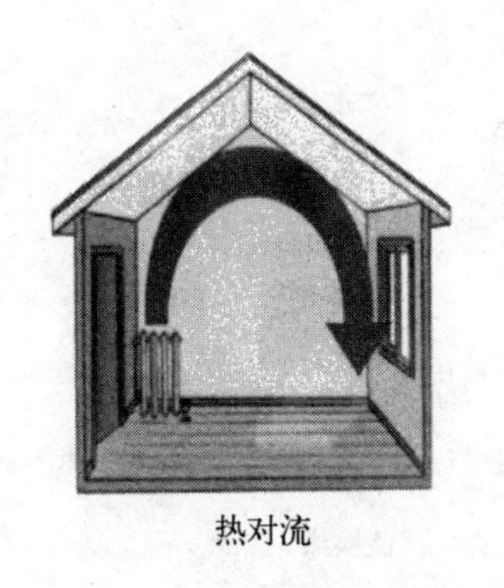

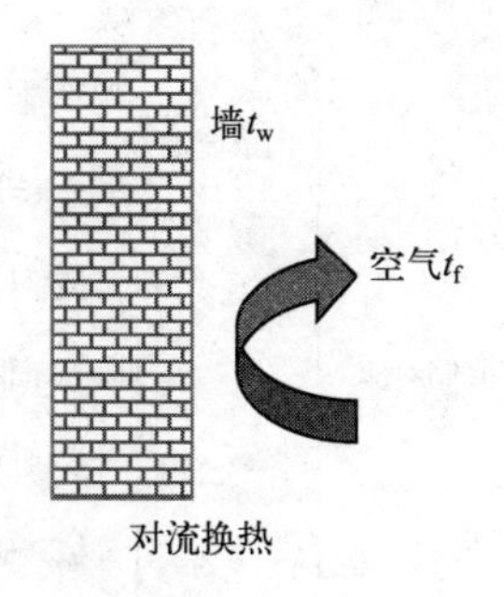

图 2-7　热对流和对流换热的比较

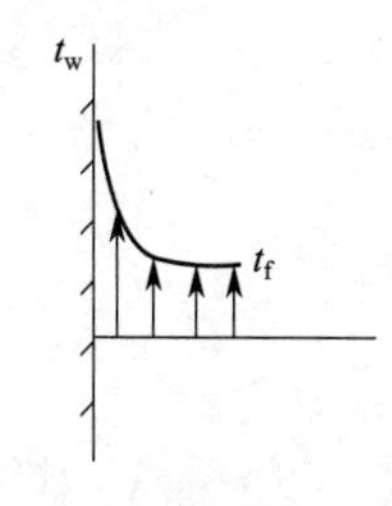

图 2-8　对流换热温度分布

$$\frac{dt_w}{d\tau} \propto t_w - t_f \tag{2-10}$$

$$\Delta t = |t_w - t_f| \tag{2-11}$$

$$q = h\Delta t \tag{2-12}$$

$$Q = qA = Ah\Delta t = \frac{\Delta t}{\dfrac{1}{hA}} \tag{2-13}$$

$$R = \frac{1}{hA} \tag{2-14}$$

式中，t_w 为固体表面温度，K；t_f 为流体温度，K；Δt 为温差，表示流体和表面间对流换热热流驱动力的大小，K；h 为对流换热系数，W/(m^2·K)；A 为固体表面与流体的接触面积，m^2；Q 为固体表面与流体间的对流传热量，W；q 为热流密度，即单位面积的对流传热量，W/m^2；R 为对流换热热阻，K/W。

牛顿冷却公式(2-12)是对流换热系数的定义式。对流换热系数的大小表示流体与固体表面间对流换热的强度。寻求计算各种情形下对流换热系数的计算式，是求解对流换热问题的关键。对流换热系数与流动起因、流态等多种因素有关，因此有必要了解对流换热的分类和相关概念。

2.2.2.3　对流换热的分类和影响因素

（1）对流换热分类

对流换热可分为有相变和无相变对流换热。有相变对流换热分为沸腾换热和凝结换热。无相变对流换热按流动起因分为自然对流换热、强制对流换热和混合对流换热，按流态分为层流和湍流。自然对流是由流体中的温度差引起的密度不均匀而造成的流动；强制对流是由外力作用（如泵、风机等）引起的流动；混合对流是自然对流和强制对流并存的流动。层流是流体微团各层间无相互掺混的流动；湍流则在垂直于主流方向上各微团层间存在动量和热量扩散，有湍流脉动。

对流换热详细分类可简列如图 2-9 所示。

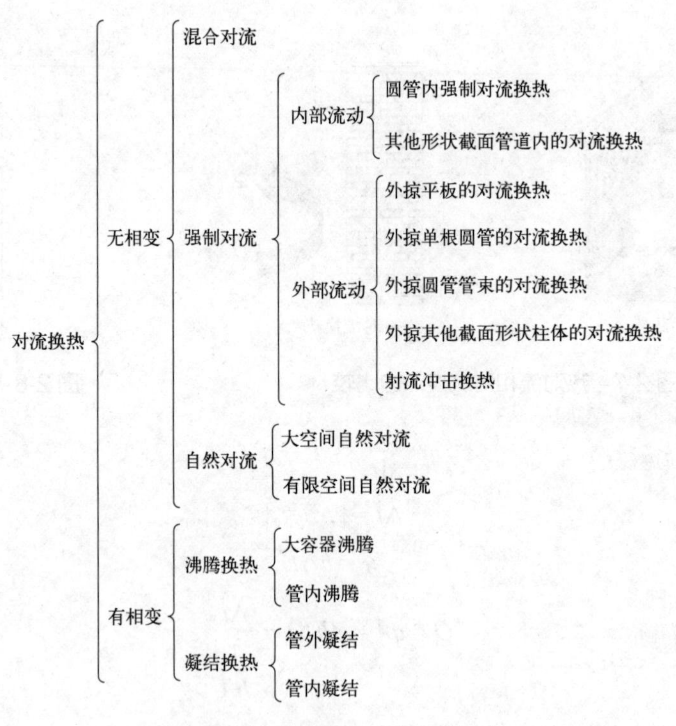

图 2-9 对流换热详细分类

（2）影响对流换热系数的因素

① 流动起因：一般同一种流体进行强迫对流的换热系数比自然对流换热系数大。

② 流态：

$$\text{对于管内流动,}\begin{cases} Re < 2300 & \text{层流} \\ 2300 \leqslant Re \leqslant 10^4 & \text{过渡流} \\ Re > 10^4 & \text{湍流} \end{cases} \tag{2-15}$$

式中雷诺数 $Re = uL/v$。其中，u 为流体平均流速，m/s；v 为流体的运动黏度，m^2/s；L 为特征长度，m，对于圆管为管内径 d，非圆管为当量直径 d_e，其定义为：

$$d_e = 4A_c/P \tag{2-16}$$

式中，A_c 为过流断面面积，m^2；P 为湿周，m。

对于外掠平板，从层流到湍流的转捩雷诺数 Re_c 在 $2\times10^5 \sim 3\times10^6$ 之间（特征长度为板长），一般取 5×10^5，在其余条件相同时，湍流换热系数比层流时要大。

③ 流体有无相变：由于有相变的换热主要靠潜热（远大于显热）传热，故比无相变对流换热系数大。

④ 换热表面几何因素：换热表面的形状、大小、粗糙度及与流体运动方向的相对位置等，对流体的运动状态、速度分布、温度分布有很大的影响，从而影响换热。

在实际中，采用对换热有决定影响的特征尺寸作为计算的依据，称为特征长度。对于管内流动，圆管一般取管内径 d 为特征长度，对于非圆管可采用当量直径 d_e；对于外掠平板，一般取板长 L 为特征长度。

⑤ 流体物性：影响对流换热的主要物性有流体的比热容 c_p、热导率 λ、密度 ρ、运动黏度 v 或动力黏度 μ。一般来说，流体的 c_p、λ 及 ρ 越高，则对流换热系数 h 越大；而 μ 越大，则 h 越小。

温度是影响流体这些物性的重要因素，把用来确定物性的特征温度称为定性温度。定性温度可以是流体平均温度 t_f，或壁表面温度 t_w，或流体与壁面的算术平均温度 $t_m = (t_w + t_f)/2$，参考选取的对流换热系数试验关联式相应采用。

对流换热系数是受多变量作用的复杂函数。以无相变对流换热为例，对流换热系数的函数可以表示为：

$$h = f(u, L, c_p, \lambda, \rho, \nu) \tag{2-17}$$

式中，u 是流速，m/s；L 是表面特征长度，m；c_p、λ、ρ、ν 同前。获得对流换热系数是计算对流换热的基础，工程上常采用对流换热系数关联式得到。

2.2.2.4 对流换热系数经验关联式

储（换）热器设计计算中对流换热系数常采用经验关联式来确定，下面介绍一些常用的对流换热系数关联式，其余可参见文献［4］～［9］。各式中 f 为摩擦系数，下标 f、w 表示定性温度分别采用流体温度和壁面温度。

（1）湍流管内换热系数

① Dittus-Boelter 关联式

$$Nu_f = 0.023 Re_f^{0.8} Pr_f^m;\ m = \begin{cases} 0.4\ (t_w > t_f) \\ 0.3\ (t_w < t_f) \end{cases} \tag{2-18}$$

适用的参数范围：$10^4 \leqslant Re_f \leqslant 1.2 \times 10^5$；$0.7 \leqslant Pr_f \leqslant 120$；$\dfrac{l}{d} \geqslant 60$。

式中，雷诺数 Re_f 定义同前；普朗特数 $Pr_f = \nu/a$，ν 为流体运动黏度，m^2/s，a 为热扩散系数，m^2/s；努赛特数 $Nu_f = hL/\lambda$，h 为对流换热系数，$W/(m^2 \cdot K)$，L 为特征长度（圆管为管内径 d），m，λ 为流体热导率，$W/(m \cdot K)$；l 为管长，m。以下各式中参数定义同此式。

② Gnielinski 关联式

$$Nu_f = \frac{(f/8)(Re_f - 1000)Pr_f}{1 + 12.7\sqrt{\dfrac{f}{8}}\,(Pr_f^{2/3} - 1)} \tag{2-19}$$

$$f = (1.82\lg Re_f - 1.64)^{-2} \tag{2-20}$$

适用的参数范围：$2300 \leqslant Re_f \leqslant 5 \times 10^6$；$0.5 \leqslant Pr_f \leqslant 2000$。

③ B.S. Petukhov 关联式

$$Nu_f = \frac{(f/8)Re_f Pr_f}{1.07 + 12.7\sqrt{\dfrac{f}{8}}\,(Pr_f^{2/3} - 1)} \tag{2-21}$$

$$f = (1.82\lg Re_f - 1.64)^{-2} \tag{2-22}$$

适用的参数范围：$10^4 \leqslant Re_f \leqslant 5 \times 10^6$；$0.5 \leqslant Pr_f \leqslant 2000$。

（2）层流管内换热系数

Seider-Tate 关联式

$$Nu_f = 1.86\left(Re_f Pr_f \frac{d}{l}\right)^{1/3}\left(\frac{\eta_f}{\eta_w}\right)^{0.14} \tag{2-23}$$

适用的参数范围：$Re_f \leqslant 2300$；$0.48 \leqslant Pr_f \leqslant 16700$；$\left(Re_f Pr_f \dfrac{d}{l}\right)^{1/3}\left(\dfrac{\eta_f}{\eta_w}\right)^{0.14} \geqslant 2$；0.0044

$< \frac{\eta_f}{\eta_w} < 9.75$。

（3）外掠单管换热系数

Churchill-Bernstein 关联式

$$Nu = 0.3 + \frac{0.62 Re^{1/2} Pr^{1/3}}{[1+(0.4/Pr)^{2/3}]^{1/4}}[1+(Re/282000)^{5/8}]^{2/5} \tag{2-24}$$

适用的参数范围：$RePr > 0.2$，定性温度为 $(t_f + t_w)/2$。

（4）外掠管束换热系数

Zhukauskas 关联式

$$Nu_f = CRe_f^n Pr_f^m (Pr_f/Pr_w)^{0.25} (S_t/S_l)^p \varepsilon_z \tag{2-25}$$

式中，S_t、S_l 分别为横向和流向管间距，m；ε_z 为管排修正系数；系数 n，m，p 的值可参见文献［4］～文献［6］。

该式适用的参数范围：$0.6 \leqslant Pr_f \leqslant 500$。

常见对流换热系数的粗略范围如表 2-2［4］。

表 2-2　常见对流换热系数的粗略范围［4］

过程	h/[W/(m^2·K)]	过程	h/[W/(m^2·K)]
自然对流		高压水蒸气	500 ～ 3500
空气	1 ～ 10	水	1000 ～ 15000
水	200 ～ 1000	**水的相变换热**	
强制对流		沸腾	2500 ～ 35000
气体	20 ～ 100	蒸汽凝结	5000 ～ 25000

2.2.3　热辐射和辐射换热

（1）热辐射和辐射换热的概念

物体通过电磁波来传递能量的方式称为辐射。物体会因各种原因发出辐射能，其中因热而发出辐射能的现象称为**热辐射**。如火炉、电灯、热水壶等向外辐射热量，用手靠近它们时，能感觉到热。

辐射与吸收过程的综合作用造成了以热辐射方式进行的物体间的热量传递，称为**辐射换热**。人手在吸收火炉、电灯、热水壶等的热辐射时，也向这些物体发出热辐射，即彼此间存在辐射换热。

自然界中的物体都在不停地向空间发出热辐射，同时又不断地吸收其他物体发出的热辐射。应该指出，辐射换热是一个动态过程，当物体与周围环境温度处于热平衡时，辐射换热量为零，但辐射与吸收过程仍在不停地进行，只是辐射热与吸收热相等。

（2）热辐射和辐射换热的特点

热辐射不需要中间介质，可以在真空中传递，而且在真空中辐射能的传递最有效。因此，又称其为非接触性传热。热辐射现象仍是微观粒子性态的一种宏观表象。物体的热辐射能力与其温度性质有关，这是热辐射区别于导热和热对流的基本特点。

辐射换热是一种双向热流同时存在的换热过程，即不仅高温物体向低温物体辐射热能，而且低温物体向高温物体也辐射热能。在辐射换热过程中，伴随着能量形式的转换。辐射时，辐射体内热能转换为辐射能，而被吸收时，又从辐射能转换为热能。

（3）热辐射和辐射换热的基本规律

① 斯特藩（Stefan）-玻尔兹曼（Boltzmann）定律

把吸收率等于 1 的物体称为黑体，是一种假想的理想物体。黑体的吸收和辐射能力在同温度的物体中是最大的，而且辐射热量服从于斯特藩 - 玻尔兹曼定律，即：

$$Q=\sigma AT^4 \tag{2-26}$$

式中，Q 为物体自身向外辐射的热流量（不是辐射换热量），W；T 为黑体的热力学温度，K；σ 为斯特藩 - 玻尔兹曼常数（黑体辐射常数），5.67×10^{-8}W/(m^2·K^4)；A 为辐射表面积，m^2。

实际物体辐射热流量：

$$Q=\varepsilon\sigma AT^4 \tag{2-27}$$

式中，ε 为实际物体发射率（黑度），是实际物体的辐射力与同温度下黑体辐射力的比值。发射率与物体物性、表面粗糙度、表面氧化层、温度等有关。

② 基尔霍夫（Kirchhoff）定律

该定律指出：热平衡时，物体对黑体辐射的吸收率 α 等于同温下该物体的发射率 ε，即 $\alpha=\varepsilon$。

把单色吸收率和单色发射率与波长无关的物体称作灰体，即 $\alpha=\alpha_\lambda=\varepsilon=\varepsilon_\lambda$，$\alpha_\lambda$ 和 ε_λ 分别是单色吸收率和单色发射率。灰体的吸收率和发射率只与自身条件有关，与投射物体无关。大多数工程材料都可看作灰体，而不会引起较大的误差。

③ 两个灰体表面间的辐射换热

两个表面之间的辐射换热量与两个表面之间的相对位置有很大关系。把表面 1 发出的辐射能落在表面 2 上的比率，称为表面 1 对表面 2 的角系数，记为 $X_{1,2}$。角系数由几何因子决定，与物体的温度、辐射特性无关。

工程应用中常常将实际表面假设为漫射的灰体表面，由此造成的偏差一般在工程计算允许范围内。两个灰体表面组成的封闭系统的辐射换热量 $Q_{1,2}$ 等于各自温度下的两个黑体辐射势差（$E_{b1}-E_{b2}$）除以系统的总热阻（总热阻 = 两个灰体表面的表面热阻 + 空间热阻 $=\dfrac{1-\varepsilon_1}{\varepsilon_1 F_1}+\dfrac{1-\varepsilon_2}{\varepsilon_2 F_2}+\dfrac{1}{X_{1,2}F_1}$），即：

$$Q_{1,2}=\frac{E_{b1}-E_{b2}}{\dfrac{1-\varepsilon_1}{\varepsilon_1 F_1}+\dfrac{1-\varepsilon_2}{\varepsilon_2 F_2}+\dfrac{1}{X_{1,2}F_1}} \tag{2-28}$$

式中，F_1、F_2 分别为表面 1 和表面 2 的面积，m^2；$\dfrac{1-\varepsilon_1}{\varepsilon_1 F_1}$、$\dfrac{1-\varepsilon_2}{\varepsilon_2 F_2}$分别为表面 1 和表面 2 的表面热阻；$\dfrac{1}{X_{1,2}F_1}$为两个灰体表面间的空间热阻；$X_{1,2}$ 为表面 1 对表面 2 的角系数。

当一个实际物体表面被周围环境包围时，实际物体与周围环境的辐射换热量为：

$$Q=\varepsilon\sigma A(T^4-T_{amb}^4) \tag{2-29}$$

式中，T_{amb} 为周围环境温度，K。

2.2.4 传热过程及传热系数

工程上，三种热量传递方式并不是单独出现的，在储（换）热器传热过程中三种热量传递方式常常联合起作用，比如储热材料为液体时，热量从固体壁面一侧的高温流体（t_{f1}）通过壁面传给另一侧的低温流体［储热材料 (t_{f2})］，总的传热量可以利用传热系数 K 进行计算。

对于平壁（图 2-10）：

$$Q=\frac{A(t_{f1}-t_{f2})}{\dfrac{1}{h_1}+\dfrac{\delta}{\lambda}+\dfrac{1}{h_2}}=KA(t_{f1}-t_{f2}) \tag{2-30}$$

式中，A 为传热面积，m^2；传热系数 $K=1\Big/\left(\dfrac{1}{h_1}+\dfrac{\delta}{\lambda}+\dfrac{1}{h_2}\right)$，$W/(m^2 \cdot K)$，其倒数$\dfrac{1}{K}=\dfrac{1}{h_1}+\dfrac{\delta}{\lambda}+\dfrac{1}{h_2}$，称为单位面积传热热阻。

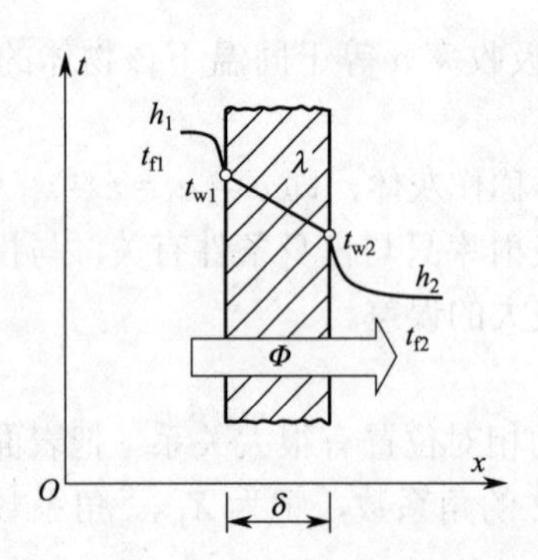

图 2-10 流体 - 平壁总传热过程

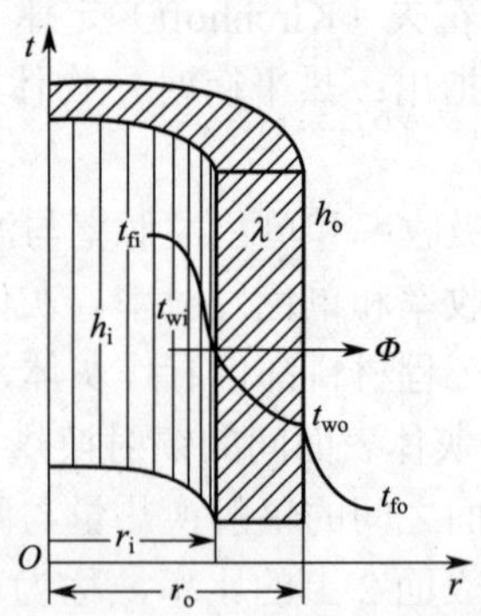

图 2-11 流体 - 圆筒壁总传热过程

对于圆筒壁（图 2-11）：

$$Q=\frac{2\pi L(t_{fi}-t_{fo})}{\dfrac{1}{h_i r_i}+\dfrac{1}{\lambda}\ln\dfrac{r_o}{r_i}+\dfrac{1}{h_o r_o}} \tag{2-31}$$

以管外侧面积 ($A_o=2\pi r_o L$) 为基准的传热系数 K 为：

$$K=1\Big/\left[\frac{r_o}{h_i r_i}+\frac{r_o}{\lambda}\ln\frac{r_o}{r_i}+\frac{1}{h_o}\right] \tag{2-32}$$

总传热热阻为：

$$\frac{1}{KA_o}=\left[\frac{1}{h_i r_i}+\frac{1}{\lambda}\ln\frac{r_o}{r_i}+\frac{1}{h_o r_o}\right]\Big/(2\pi L) \tag{2-33}$$

上述传热方程中冷热流体间的温差 ($t_{fi}-t_{fo}$) 是整个换热表面的平均温差，对于一般的工业换热器可采用对数平均温差，即：

$$\Delta t_m=\frac{\Delta t'-\Delta t''}{\ln\dfrac{\Delta t'}{\Delta t''}} \tag{2-34}$$

式中，$\Delta t'$、$\Delta t''$分别为换热器两端冷热流体的温差，℃。

下面通过一个示例说明换热器的传热过程和热设计计算（图 2-12）。设计一个套管换热器，将流量为 800kg/h 的热水从 $t_1=65$℃降到 $t_2=62$℃，选用冷却水进行冷却，冷却水温度从 $t_3=30$℃上升到 $t_4=35$℃。其中热水走内管，冷却水走外管，内管内径 $d_1=25$mm，外管内径 $d_2=50$mm，管壁厚为 2mm，管材为铝，热导率 λ 为 203W/(m·℃)，内、外管压降均不大于 10kPa。计算换热面积和换热管长度。

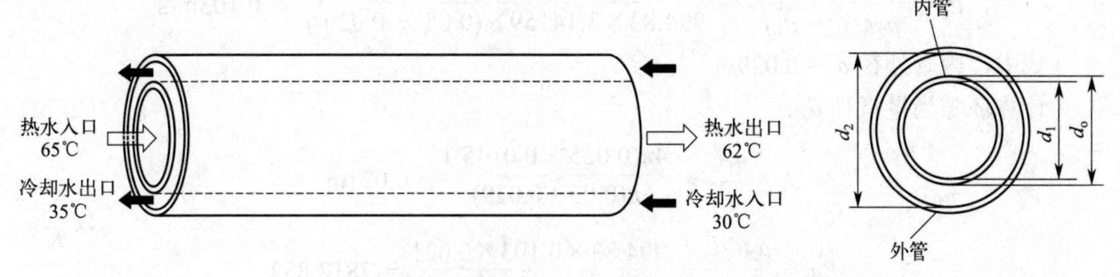

图 2-12　换热器的传热过程和热设计计算示意图

解：$m_1=800\text{kg/h}=0.2222\text{kg/s}$。热水的定性温度为$(65+62)/2=63.5$℃，$c_{p1}=4181.8$J/(kg·℃)，$\rho_1=981.31\text{kg/m}^3$，$\mu_1=4.476\times10^{-4}$Pa·s，$\lambda_1=0.662$W/(m·℃)；冷却水的定性温度为$(30+35)/2=32.5$℃，$c_{p2}=4174$J/(kg·℃)，$\rho_2=994.83\text{kg/m}^3$，$\mu_2=7.65\times10^{-4}$Pa·s，$\lambda_2=0.622$W/(m·℃)。

热水的进出口温差为：

$$\Delta t_1=65-62=3℃$$

冷却水的进出口温差为：

$$\Delta t_2=35-30=5℃$$

首先，求解出总的传热量 Q：

$$Q=c_{p1}m_1\Delta t_1=4181.8\times0.2222\times3=2787.588\text{W}$$

其次，根据能量平衡原理求解出所需的循环冷却水的用量 m_2：

$$m_2=\frac{Q}{c_{p2}\Delta t_2}=\frac{2787.588}{4174\times5}=0.1336\text{kg/s}$$

计算管程的流速 u_1：

$$u_1=\frac{4m_1}{\rho_1\pi d_1^2}=\frac{4\times0.2222}{981.31\times3.14159\times0.025^2}=0.461\text{m/s}$$

$$Re_1=\frac{\rho_1u_1d_1}{\mu_1}=\frac{981.31\times0.461\times0.025}{4.476\times10^{-4}}=25267.196$$

$$Pr_1=\frac{c_{p1}\mu_1}{\lambda_1}=\frac{4181.8\times4.476\times10^{-4}}{0.662}=2.827$$

由 Gnielinski 公式（2-19）、式（2-20）得：

$$f_1=(1.82\lg Re_1-1.64)^{-2}=0.0246$$

$$Nu_1=\frac{(f_1/8)(Re_1-1000)Pr_1}{1+12.7\sqrt{\dfrac{f_1}{8}}\,(Pr_1^{2/3}-1)}=123.816$$

适用的参数范围：$2300 \leqslant Re_f \leqslant 5\times10^6$；$0.5 \leqslant Pr_f \leqslant 2000$。

计算管程内流体对流换热系数 h_1：

$$h_1=\frac{Nu_1\lambda_1}{d_1}=\frac{123.816\times0.662}{0.025}=3278.648\text{W}/(\text{m}^2\cdot℃)$$

计算环隙的流速 u_2：

$$u_2=\frac{4m_2}{\rho_2\pi(d_2^2-d_o^2)}=\frac{4\times0.1336}{994.83\times3.14159\times(0.05^2-0.029^2)}=0.103\text{m/s}$$

式中，内管外径 $d_o=0.029$m。

计算环隙当量直径 d_e：

$$d_e=\frac{4A_c}{P}=\frac{4\pi(0.025^2-0.0145^2)}{\pi(0.05+0.029)}=0.021\text{m}$$

$$Re_2=\frac{\rho_2u_2d_e}{\mu_2}=\frac{994.83\times0.103\times0.021}{7.65\times10^{-4}}=2812.832$$

$$Pr_2=\frac{c_{p2}\mu_2}{\lambda_2}=\frac{4174\times7.65\times10^{-4}}{0.622}=5.134$$

由 Gnielinski 公式（2-19）、式（2-20）得：

$$f_2=(1.82\lg Re_2-1.64)^{-2}=0.05$$

$$Nu_2=\frac{(f_2/8)(Re_2-1000)Pr_2}{1+12.7\sqrt{\dfrac{f_2}{8}}(Pr_2^{2/3}-1)}=19.494$$

适用的参数范围：$2300 \leqslant Re_f \leqslant 5\times10^6$；$0.5 \leqslant Pr_f \leqslant 2000$。

计算环隙内流体对流换热系数：

$$h_2=\frac{Nu_2\lambda_2}{d_e}=\frac{19.494\times0.622}{0.021}=577.394\text{W}/(\text{m}^2\cdot℃)$$

由公式（2-32）计算总传热系数 K：

$$K=\frac{1}{\dfrac{1}{h_1}\times\dfrac{d_o}{d_1}+\dfrac{d_o}{2\lambda}\ln\dfrac{d_o}{d_1}+\dfrac{1}{h_2}}=\frac{1}{\dfrac{1}{3278.648}\times\dfrac{0.029}{0.025}+\dfrac{0.029}{2\times203}\times\ln\dfrac{0.029}{0.025}+\dfrac{1}{577.394}}$$

$=477.025\text{W}/(\text{m}^2\cdot℃)$

计算对数平均温差 Δt_m：

$$\Delta t_{max}=t_2-t_3=62-30=32℃$$

$$\Delta t_{min}=t_1-t_4=65-35=30℃$$

$$\Delta t_m=\frac{\Delta t_{max}-\Delta t_{min}}{\ln\dfrac{\Delta t_{max}}{\Delta t_{min}}}=\frac{32-30}{\ln\dfrac{32}{30}}=30.989℃$$

根据传热公式计算换热面积为：

$$A=\frac{Q}{K\Delta t_m}=\frac{2787.588}{477.025\times30.989}=0.189\text{m}^2$$

考虑 10% 的换热裕量：

$$A' = 1.1A = 1.1 \times 0.189 = 0.208\text{m}^2$$

计算套管长度为：

$$l = \frac{A'}{\pi d_o} = \frac{0.208}{\pi \times 0.029} = 2.283\text{m}$$

核算套管换热器内管的压降：

$$\Delta p_1 = f_1 \frac{l}{d_1} \times \frac{\rho_1 u_1^2}{2} = 0.0246 \times \frac{2.283}{0.025} \times \frac{981.31 \times 0.461^2}{2} = 0.234\text{kPa}$$

核算套管换热器外管的压降：

$$\Delta p_2 = f_2 \frac{l}{d_e} \times \frac{\rho_2 u_2^2}{2} = 0.05 \times \frac{2.283}{0.021} \times \frac{994.83 \times 0.103^2}{2} = 0.029\text{kPa}$$

两侧换热流体压降均满足设计要求，故套管换热器长度为2.283m。

2.3 储热装置及其能量平衡

2.3.1 储热装置类型及特点[7,8]

如2.2节所述，储热装置（储热器）往往是换热器，比如应用最多的间壁式换热器作为储热装置时，热流体作为传热介质，冷侧流体（也可以是固体）则为储热介质，热流体通过固体壁面将热量传递给储热介质。由于储热器的结构形式与换热器类同，故二者可统称为储（换）热器。储（换）热器分类有多种方法，可以按工作原理和结构特点分类。

（1）按工作原理分类

① 间壁式换热器：又称表面式换热器，利用间壁将进行换热的冷热流体隔开，互不接触。多用于工作介质不容掺混的场合，是应用最广泛、使用数量最多的一类换热器，如热电厂中使用的过热器、省煤器、冷凝器等均属此类。

② 直接接触式换热器：又称混合式换热器，冷热流体直接接触混合换热，理论上混合后变成同温同压的混合介质流出，因此效率高。热电厂和压缩制冷系统中的冷却塔属于此类。

③ 蓄热式换热器：又称再生式换热器，冷热流体交替流过蓄热体组成的流道，蓄热体壁面周而复始地被加热和冷却，因此该换热器中的热传递过程不是稳态过程。窑炉中的高温空气预热器和热电厂中的回转式空气预热器属于此类。

④ 中间载热体（热媒）式换热器：利用载热体（热媒）在高温流体换热器和低温流体换热器之间循环，实际上是间壁式换热器的组合应用，多用于核能、化工过程和余热利用。

（2）按结构特点分类

可分为管式换热器（蛇管式、套管式、管壳式）、板面式换热器（螺旋板式、板式、板翅式、板壳式）和特殊形式换热器（余热锅炉、热管、流化床）。下面分别介绍除余热锅炉外的各种换热器的结构和特点。

① 蛇管式换热器：特点是结构简单和操作方便，又可分为沉浸式和喷淋式两种。沉浸式是将蛇形管或螺旋管沉浸在容器或槽池液体内，槽池内液体与管内流体进行换热，由于槽池内液体流速低，管外液体中的传热主要以自然对流方式进行。整个液体的内部温度一般等于

或接近液体的最终温度，传热温差不大，同时由于液体的体积大，这种换热器对工况的改变不敏感。该类换热器优点是构造简单，制作、修理方便和容易清洗等，适用于有腐蚀性的流体；缺点是传热系数小、体积大。喷淋式换热器是将冷却水直接喷淋到管外表面上，使管内的热流体冷却或冷凝。其传热系数通常比沉浸式大，也取决于喷淋效果。

② 套管式换热器：是将不同直径的两根管子套成同心套管作为元件，然后把多个元件加以连接而成的一种换热器。优点是结构简单，适用于高温、高压流体，特别是小容量流体的传热，易调节负荷，易除垢。缺点是流动阻力大，金属消耗量大，而且体积大，占地面积大。故多用于传热面积不大的换热器。

③ 管壳式换热器：又称列管式换热器，是在一个圆筒形壳体内设置许多平行的管子（称为管束），让两种流体分别从管内空间（称为管程）和管外空间（称为壳程）流过进行热量交换。可在管外空间装设与管束平行的纵向隔板或与管束垂直的折流板，以提高流速，进而强化传热。管壳式换热器具有高度的可靠性和广泛的适应性，至今仍然居于优势地位。

④ 螺旋板式换热器：包含由两张厚 2 ～ 6mm 的钢板卷制而成的一对同心圆螺旋形流道，中心处的隔板将板片两侧流体隔开，冷、热两流体在板片两侧的流道内流动，通过螺旋板进行热交换。螺旋板一侧表面上有定距柱，以保证流道的间距，也能起加强湍流和增加螺旋板刚度的作用。螺旋板式换热器有可拆卸和不可拆卸之分。流体在螺旋形流道内流动所产生的离心力，使流体在流道内外侧之间形成二次环流，增加了扰动，使流体在较低雷诺数下（$Re = 1400 \sim 1800$，甚至为 500 时）就形成了湍流；并且因为流动阻力比管壳式小，流速可以提高（允许的设计流速，对液体一般为 2m/s），因而螺旋板式换热器中传热系数 K 值可比管壳式提高 0.5 ～ 1 倍。螺旋板式换热器对于污垢的沉积具有一定的“自洁”作用（积污处的流通面积变小，局部流速提高，污垢被冲刷），但不可拆卸螺旋板式换热器长期运行积垢存在较难清除的问题。

⑤ 板式换热器：是一种高效、紧凑的换热器。它由一系列互相平行、具有波纹表面的薄金属板相叠而成，比螺旋板式换热器更为紧凑，传热性能更好。板式换热器按构造分为可拆卸式（密封垫式）、全焊式和半焊式三类。可拆卸板式换热器由三个主要部件传热板片、密封垫片、压紧装置及其他一些部件如轴、接管等组成。在固定压紧板上交替地安放一张板片和一个垫圈，然后安放活动压紧板，旋紧压紧螺栓即构成一台板式换热器。各传热板片按一定的顺序相叠即形成板片间的流道，冷、热流体在板片两侧各自的流道内流动，通过传热板片进行热交换。传热板片以人字形波纹板和水平平直波纹板最为广泛，材料有不锈钢和钛板等。可拆卸板式换热器的主要问题是其操作压力和温度受结构的限制。国内一般的板式换热器用于压力在 0.6MPa 以下和温度为 120 ～ 150℃。全焊式、半焊式的板式换热器解决了可拆卸板式换热器耐温耐压较差的问题，使应用范围大大扩展。

⑥ 板翅式换热器：基本单元由隔板、翅片及封条三部分构成。冷、热流体在相邻的基本单元体的流道中流动，通过翅片及与翅片连成一体的隔板进行热交换。板束通道有逆流、错流和错逆流三种。翅片形式有平直翅片、锯齿翅片、多孔翅片、波纹翅片、钉状翅片、百叶窗式翅片和片条翅片等。

⑦ 板壳式换热器：主要由板管束和壳体两部分组成。它是将全焊式板管束组装在压力容器（壳体）之内的结构，所以是介于管壳式和板式换热器之间的一种换热器结构形式，既具有板式换热器传热效率高、结构紧凑及质量轻的优点，又继承了管壳式换热器耐高温高压、密封性能好及安全可靠等优点。

⑧ 热管式换热器：热管是一根全封闭真空管壳，通过管内工质的蒸发与凝结来传递热量，一般外置肋片以强化外侧传热，具有导热性极高、等温性良好、冷热两侧的传热面积可任意改变、可远距离传热、可控制温度等一系列优点。热管式换热器是由若干支热管组成换热管束置于壳体内，利用中隔板将热管分成加热（蒸发）段和冷却（冷凝）段，相应的壳体内腔形成冷、热流体通道，冷、热流体在通道内横掠热管管束流动实现传热。热管式换热器多用于余热回收工程，其工作原理[9]是：热管内蒸发段工质受热后沸腾或蒸发，由液体变为蒸气，产生的蒸气在管内一定压差作用下，流到冷凝段，蒸气遇冷壁面及外部冷源，凝结成液体，同时放出汽化潜热，并通过管壁传给外部冷源，冷凝液在重力（或吸液芯）作用下回流到蒸发段再次蒸发。如此往复，实现对外部冷热两种介质的热量传递与交换。以热管为传热元件的换热器具有传热效率高、结构紧凑、流体阻力损失小、易控制露点腐蚀等优点。目前已广泛应用于冶金、化工、炼油、动力、建材、交通、轻纺、机械等行业中，作为废热回收和工艺过程中热能利用的节能设备。

⑨ 流化床换热器：是流体（气体和液体）以较高的流速通过床层，带动床层内颗粒使之处于悬浮的流动主体中，流化后颗粒床层称为流化床[10]。流 - 固相界面积大以及固体颗粒与流体间的相对运动，强化了热量与质量传递，热效率高，结构紧凑。流化床技术广泛应用于石油化工、生物制药、电力生产、煤料燃烧、粉碎与干燥等领域。

图 2-13 直观地示出了上述各类换热器的形式及结构。

2.3.2 储热装置能量平衡方程[14]

在 2.3.1 小节中所述的间壁式换热器作为储热装置时，储热介质和传热介质为不同的介质，热量通过传热介质（高温侧流体）传递给固体壁面再传递给储热介质（低温侧流体或固体）储存起来，称为间接储存。如果储热介质和传热介质为同一介质，则称为直接储存。

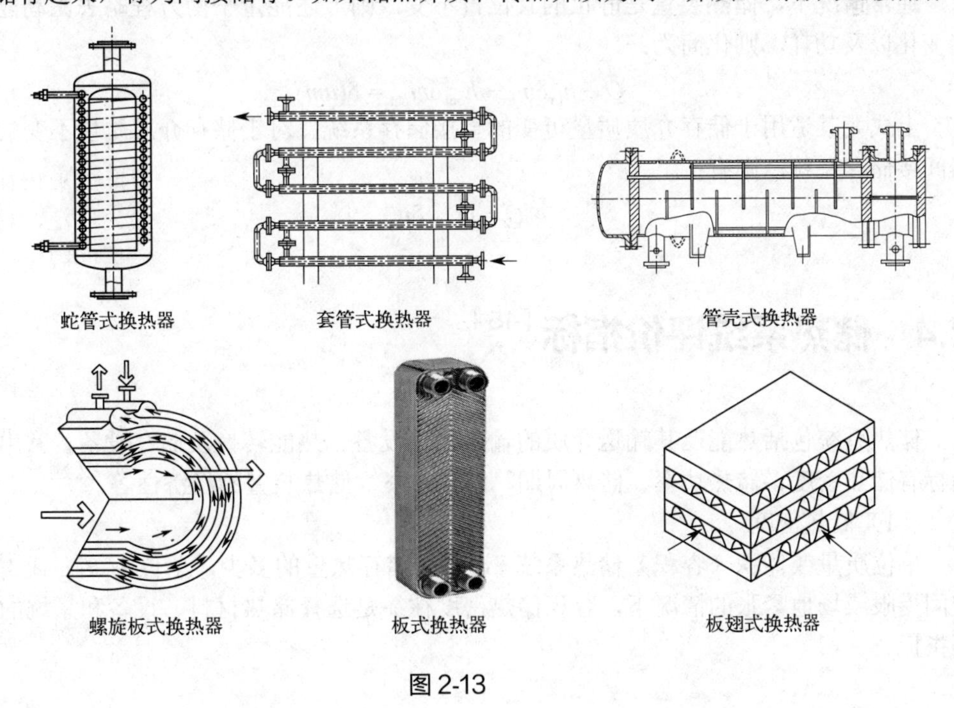

图 2-13

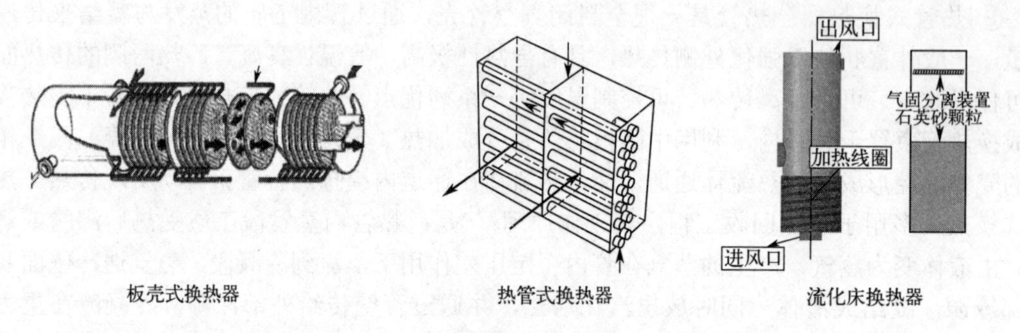

图 2-13 各类换热器形式与结构[11-13]

根据能量守恒定律，可知：

进入系统的能量 - 离开系统的能量 = 系统储存能量的增加

其中系统储存能量包括内部储存能（内热能 mu）和外部储存能［宏观动能和势能，$m(\frac{v^2}{2}+gz)$］。如果将储热装置看作开口系统，储热装置能量平衡方程为：

$$Q-W+(h+\frac{v^2}{2}+gz)_{in}\delta m_{in}-(h+\frac{v^2}{2}+gz)_{out}\delta m_{out}=\delta[(u+\frac{v^2}{2}+gz)_{store}m_{store}] \quad (2\text{-}35)$$

式中，Q 是传入系统热量，J，根据前述储（换）热器传热量计算；W 是系统对外做功，J；u，h，$\frac{v^2}{2}$，gz 分别是比内能，比焓，比动能和比势能，J/kg；δm_{in} 和 δm_{out} 分别是流入和流出系统的质量，kg；m_{store} 是储热介质的质量，kg。

同时满足质量平衡方程：

$$\delta m_{in}-\delta m_{out}=\delta m_{store} \quad (2\text{-}36)$$

通常情况下，储热装置是静止的且位置不变，则上述能量平衡方程略去比动能和比势能变化以及功耗，则化简为：

$$Q+h_{in}\delta m_{in}-h_{out}\delta m_{out}=\delta(um)_{store} \quad (2\text{-}37)$$

上式尤其适用于储存介质质量可变的直接储存系统。对于储存介质质量不变的闭式容器间接储存系统，则有：

$$Q=m_{store}\delta u_{store} \quad (2\text{-}38)$$

2.4 储热系统评价指标[15]

储热系统包括热能及其输送介质的输入输出设备、热能转换及储存设备。常用的评价指标有储热密度、储热功率、储热周期、储热效率、储热装置的经济性等。

（1）储热密度

单位质量或体积（容积）储热系统 / 设备所储存热量的多少，单位为 J/kg 或 J/m^3。在空间受限或场地紧张的情况下，容积储热密度往往是选择储热材料、设备和系统的一个重要指标。

（2）储热功率

储热材料或系统在充热 / 放热时的输入 / 输出功率，单位为 W，又称充 / 放热速率（蓄 / 释热速率），用于反映储热材料或系统蓄热或释热过程的快慢程度。

（3）储热周期

在储热系统或物质中储存和释放热能的周期，用于描述储热的时间特征。分为短期储热（＜ 1h）、中期储热（1h ～ 1 周）和长期储热（＞ 1 周）。短期储热如导弹飞行过程中导引头或电子器件异常高温条件下的储热装置；中期储热最常见的就是太阳能热利用系统的昼蓄夜释装置；长期储热如太阳能跨季节储热系统等。

（4）储热效率

储热系统输出热量与输入热量之比，用于反映储热装置在储热周期内储存热量的损失程度。

（5）储热装置的经济性

储存单位热量所需要的投资成本和运行费用以及储热造成的环境影响，也是评价储热系统的重要指标。

参考文献

[1] 李永亮，金翼，黄云，等. 储热技术基础（I）——储热的基本原理及研究新动向. 储能科学与技术，2013，2（01）：69-72.
[2] 黄素逸，高伟. 能源概论. 北京：高等教育出版社，2004.
[3] 沈维道，童钧耕. 工程热力学.5 版. 北京：高等教育出版社，2016.
[4] 杨世铭，陶文铨. 传热学.4 版. 北京：高等教育出版社，2006.
[5] 章熙民，朱彤，安青松，等. 传热学.6 版. 北京：中国建筑工业出版社，2014.
[6] Lienhard J H Ⅳ，Lienhard J H Ⅴ. A heat transfer textbook. 3rd ed.Cambridge Massachusetts：Phlogiston Press，2004.
[7] 靳明聪，程尚模，赵永湘. 换热器. 重庆：重庆大学出版社，1990.
[8] 史美中，王中铮. 热交换器原理与设计.6 版. 南京：东南大学出版社，2018.
[9] 余建祖. 换热器原理与设计. 北京：北京航空航天大学出版社，2006.
[10] 李建隆，吴玉雷. 均热式流化床技术的开发. 化工进展，2009，28（S1）：397-401.
[11] Nitsche M，Gbadamosi R O. Heat exchanger design guide. Oxford：Elsevier Inc.，2016.
[12] Kuppan T. Heat exchanger design handbook. New York：CRC press，2000.
[13] 石惠文，曲世豪，孙敬一，等. 流化床蓄热装置的电磁加热线圈优化设计研究. 科学技术创新，2022（09）：30-33.
[14] 郭茶秀，魏新利. 热能存储技术与应用. 北京：化学工业出版社，2005.
[15] 樊栓狮，梁德青，杨向阳. 储能材料与技术. 北京：化学工业出版社，2004.

思考题

1. 简述能量守恒定律以及热力学第一定律。

2. 解释能量贬值原理与热力学第二定律。

3. 简述传热有哪三种方式，并给出相应的公式加以描述。

4. 简述常用的换热器有哪些类型，分别举例说明。

5. 什么是储热系统，有哪些评价指标？

6. 描述开口系统的储热装置能量平衡方程。

7. 解释储热密度、储热功率和储热效率。

第三章
热能储存方法及材料

本章基本要求

掌　握	显热、潜热、化学热储存概念、特点和技术内涵（3.1，3.2，3.3）；显热、潜热、化学热储存材料的选择方法（3.1，3.2，3.3）。
理　解	显热、潜热、化学热储存的优、缺点（3.1，3.2，3.3）；显热、潜热、化学热储存三种方法的比较（3.4）；潜热储存传热强化方法（3.2）。
了　解	常用的显热、潜热和化学热储存材料（3.1，3.2，3.3）。

热能储存广泛应用于能源、动力、建筑、土木、暖通、环境、化工、医药、航空航天、电力电子、纺织服装、农产品以及食品等领域。按温度范围可分为：低温储热（温度＜100℃）、中温储热（温度在100～250℃）、高温储热（温度＞250℃）、储冷（低于环境温度）。正如1.2.4小节提到的，热能储存按方法分类有显热储存、潜热储存以及化学热储存三种，本章将依次介绍各个方法并举例讨论相应的储热材料。

3.1 显热储存[1-3]

3.1.1 显热储存方法

显热是物质内能随温度升高而增大的部分。在利用显热储存时，只有物质自身的温度发生变化，而形态没有发生变化。显热储存热量的计算方法是：

$$Q=\int_{t_1}^{t_2} c_p m \mathrm{d}t = c_{\mathrm{ap}} m(t_2-t_1) = c_{\mathrm{ap}}\rho V(t_2-t_1) \tag{3-1}$$

式中，Q为储热量，J；c_p为定压比热容（单位质量物体温度升高1℃所吸收的热量），J/(kg·℃)；c_{ap}为t_1与t_2间的平均定压比热容，J/(kg·℃)；m为质量，kg；t_1、t_2为储热初始、终了温度，℃；t_2-t_1为储热温升，℃；ρ为密度，kg/m^3；V为体积，m^3。

可见，物质的显热储热量与其质量、比热容以及温升成正比。通常对于固定容积和温升的条件下，显热储热量的大小依赖于储热材料密度和比热容的乘积ρc_p，其物理意义是单位体积材料的热容量，是选择显热储热材料的一个重要指标。

显热储热的优点是储热装置设计、运行、管理和维修简单方便，成本低。缺点是温度变化大，装置体积庞大，热损失也大。

3.1.2 显热储存材料

显热储存材料有固体、液体、气（汽）体以及它们的组合形式等，依据温度范围和应用情况进行选择。

（1）液体

① 水：来源丰富，价格低廉，传热速率高，在常用液体中比热容最大，便于输送热能，可以兼作储热介质和载热介质，适用于低温储热。如储热水箱。

② 导热油[4]：分为矿物型导热油和化学合成型导热油。矿物型导热油是石油精制过程的产物，一般为长链烷烃和环烷烃的混合物。用于光热发电的导热油多为化学合成型导热油，因其劣化后通过再生处理可重复使用，较为经济。常用的有联苯-二苯醚混合物（工作温度350～400℃）、氢化三联苯（工作温度300～350℃）、二（苯基甲基）甲苯（工作温度300～350℃）等。具有流动性能好、传热效率高的优点。缺点是价格偏高，易氧化，工作温度低，受热温度过高或氧化会导致劣化。适用于中高温储热，如工业余热储热或太阳能热电站。

③ 熔融盐：包括碱金属或碱土金属的卤化物、碳酸盐、硫酸盐和硝酸盐、磷酸盐

等，实际应用一般为二元或三元混合物，如常用于太阳能热发电储热的 Hitec 盐［组成（质量分数）：53%KNO_3∶40%$NaNO_2$∶7%$NaNO_3$］，HitecXL 盐［组成（质量分数），45%KNO_3∶48%$Ca(NO_3)_2$∶7%$NaNO_3$］，“太阳盐”［solar salt，组成（质量分数）：60%$NaNO_3$∶40%KNO_3］。其优点是价格便宜，黏度和蒸气压低，流动性好，工作温度较高。但多数熔融盐熔点较高，为防止凝固堵塞管路，需设置伴热、保温和防冻措施。适用于较高温储热，如太阳能热电站。

（2）固体

① 岩石、混凝土、沙砾：优点是来源丰富，价格低廉，密度较大。但比热容较小，储热体积较大。可用于较高温度储热和太阳能储热空气供暖，如岩石床、导热油（载热剂）- 混凝土太阳能热发电储热器。

② 金属：钢、铸铁、不锈钢等，密度比岩石更大，导热性能好，但比热容小，价格较高。

③ 无机氧化物、陶瓷：如 Al_2O_3、MgO、SiO_2 等，耐热温度高，价格较低廉，导热性能较好，常用于高温储热。

（3）气体（蒸汽）

气体（蒸汽）储热介质如压缩空气、高压蒸汽等，要求较大的储存空间，压力较高，经济性差。

（4）固、液、气混合物

固、液、气混合物如沙 - 岩石 - 矿物油、土壤、充水玻璃瓶墙、地下含水层等。土壤是沙、小石子、黏土、腐殖质、水和空气等物质的混合物，土壤储热具有成本低、因地制宜、适用范围广、可大规模应用等优点，常用于太阳能跨季节储热。

充水玻璃瓶墙（图 3-1）[1] 由大量充水的玻璃瓶堆砌而成，是液固结合，兼具水和岩石储热的优点，传热和储热性能好，适用于太阳能空气供热系统。

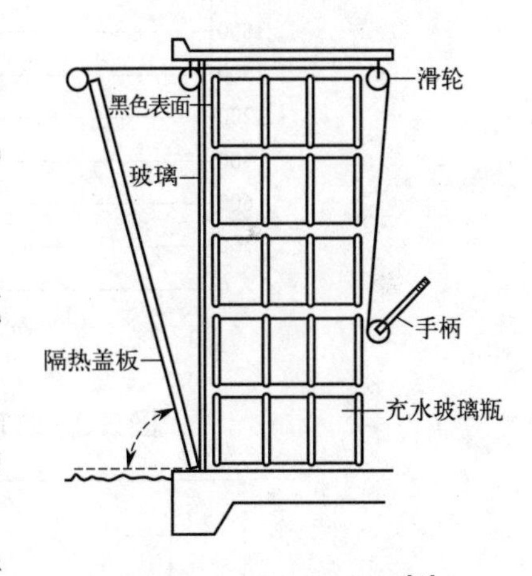

图 3-1　充水玻璃瓶墙 [1]

地下含水层储热是利用地下水面以下具有透水和给水能力的岩层储热（aquifer thermal energy storage，ATES），是液固结合。地下含水层储热有单井、双井和多井（图 3-2）[5]。地下含水层储热的优点是具有很高的储热效率和储热容量，适合大规模应用。缺点是对地质条件有较高要求，要有含水层；还需要适宜的水面条件如浅层地下水流、高渗透率、防堵和腐蚀。

早在 1961 年我国上海纺织工业就开始用地下含水层储热，如今以欧洲的荷兰、瑞典等国较多。图 3-3 和图 3-4 分别示出地下含水层储热系统全球分布和发展各阶段市场份额分布 [5]。

表 3-1 给出一些显热储存材料性能参数比较。

由表 3-1 可见，水的比热容约是砾石的 4.5 倍，而砾石的密度仅约是水的 2.4 倍，故水的容积储热密度比砾石大，其也是表中所列显热储存材料中容积储热密度最大的。水不仅可以作储热介质，由于其流动性好，也可以作为载热介质，其来源广，价格低廉，这些优点是水作为显热储存材料至今仍广为应用的原因。

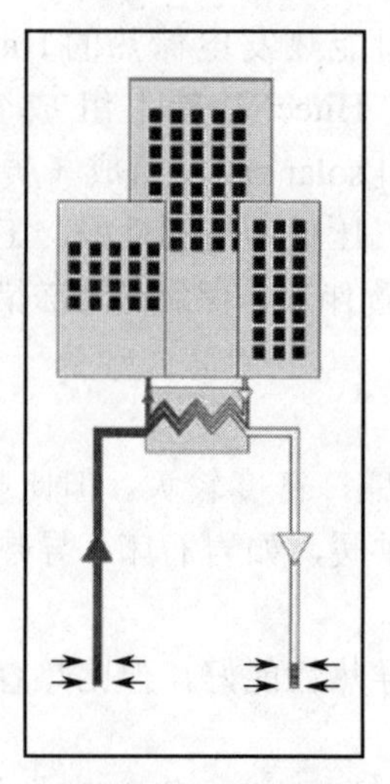

(a) 地下含水层储热(双井)

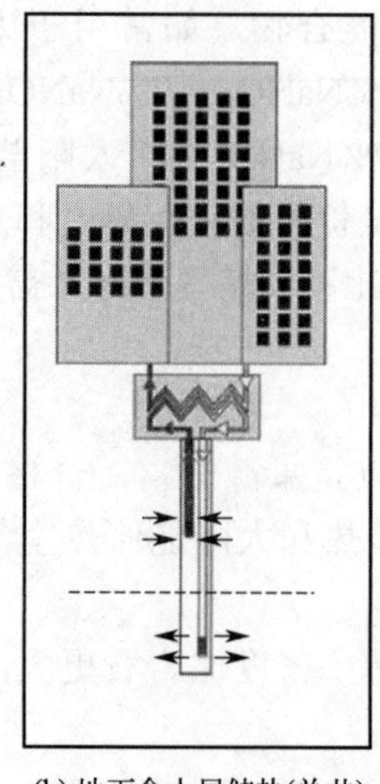

(b) 地下含水层储热(单井)

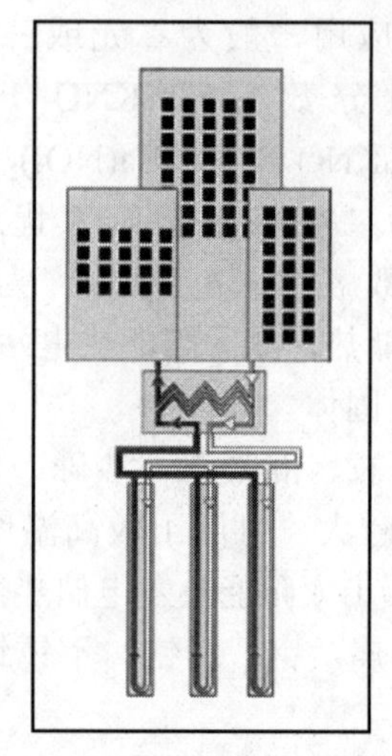

(c) 地下钻井土壤储热

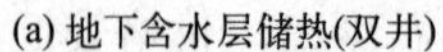

图 3-2　地下显热储存[5]

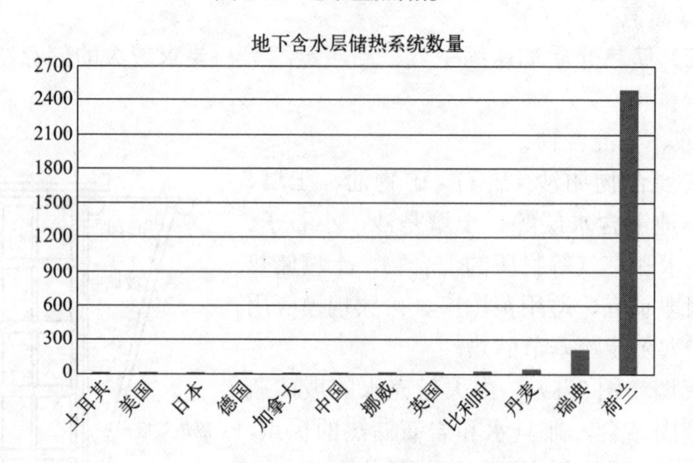

图 3-3　地下含水层储热系统全球分布图[5]

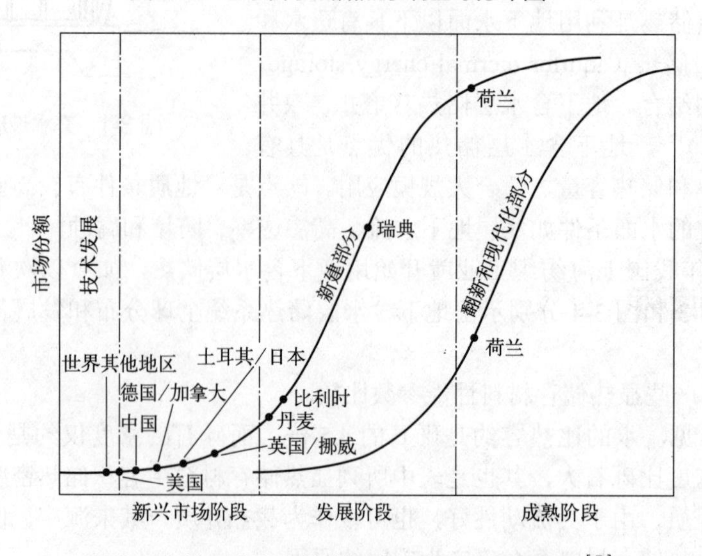

图 3-4　地下含水层储热各阶段市场份额分布图[5]

表 3-1　显热储存材料性能参数

材料名称		密度 /(kg/m^3)	比热容 /[kJ/(kg·K)]	体积热容 /[$kJ/(m^3 \cdot K)$]	热导率 /[W/(m·K)]
水[6,7]		998.2	4.183	4175	0.599
导热油[4]	联苯 - 二苯醚	1060	1.8（100℃）	1908	0.132（100℃）
	氢化三联苯	1010	1.8（100℃）	1818	0.118（100℃）
	二（苯基甲基）甲苯	1040	1.84（100℃）	1914	0.129（100℃）
熔融盐（300℃）[8]	Hitec(53%KNO_3：40%$NaNO_2$：7%$NaNO_3$)	1640	1.6	2624	0.57
	HitecXL[45%KNO_3：48%$Ca(NO_3)_2$：7%$NaNO_3$]	1992	1.8	3586	0.53
	“太阳盐”(60%$NaNO_3$：40%KNO_3)	1899	1.49	2830	0.52
玄武岩、花岗岩[9]		2800	0.92	2576	3.49
砾石、石灰岩[9]		2400	0.92	2208	2.04
钢筋混凝土[9]		2500	0.92	2300	1.74
碎石混凝土[9]		2300	0.92	2116	1.51
建筑用砂[9]		1600	1.01	1616	0.58
黏土[7]		1850	1.84	3404	1.41
铸钢[7]		7830	0.468	3664	50.7
铸铁 0.4%C[7]		7272	0.42	3054	52
镍铬钢 18%Cr8%Ni[7]		7817	0.46	3596	16.3
氧化铝 90%[1]		3000	1	3000	2.5
氧化镁 90%[1,8]		3000	1	3000	5
氧化铁[1]		5210	0.71	3700	5
黏土实心砖[9]		1800	1	1800	0.81
耐火黏土砖[7]		2000	0.96	1920	1.07
硅耐火砖[8]		1820	1	1820	1.5
铬砖[7]		3000	0.84	2520	1.99
沙 - 岩石 - 矿物油[8]		1700	1.3	2210	1

3.2　潜热储存

3.2.1　潜热储存方法

潜热储存利用物质从固态转为液态、液态转为气态、固态直接转为气态以及固态（有序相）转变为固态（无序相）的相变热储存热能。比如冰 - 水融化热是 335kJ/kg，1 个大气压下水 - 汽蒸发潜热为 2257kJ/kg。利用潜热储存时，物质存在相态的变化而温度变化小。潜热储热量的计算方法是：

$$Q = mH_m = \rho VH_m \tag{3-2}$$

式中，m 为质量，kg；H_m 为相变潜热，kJ/kg；ρ 为密度，kg/m^3；V 为体积，m^3。

可见，物质的潜热储热量与其质量和相变潜热成正比。在固定体积的条件下，潜热储热量的大小依赖于储热材料密度和潜热的乘积 ρH_m，其物理意义是单位体积材料的潜热量，是选择潜热储存材料的一个重要指标。

如果同时考虑初始为固态（t_1）、终了为液态（t_2）储热过程中纯固相和纯液相两个阶段的显热，则相变材料显热和潜热总储热量为：

$$Q = \int_{t_1}^{t_m} c_p m\mathrm{d}t + mH_m + \int_{t_m}^{t_2} c_p m\mathrm{d}t = \rho V\left[c_{ap1}(t_m - t_1) + H_m + c_{ap2}(t_2 - t_m)\right] \tag{3-3}$$

式中，t_m 为相变温度，℃；c_{ap1}、c_{ap2} 分别为 t_1 至 t_m、t_m 至 t_2 的平均定压比热容，kJ/(kg·℃)。

潜热储存的优点是容积储热密度高，装置体积小，热损失小；过程等温或近似等温，易与运行系统匹配。缺点是相变材料成本相对较高，很多相变材料热导率低。

3.2.2 潜热储存材料[10,11]

潜热储存材料又称为相变材料（phase change material，PCM），根据其相态变化类型，潜热储存材料有以下几种。

固液相变材料：利用熔化潜热，体积变化小；

液气相变材料：利用汽化潜热，体积变化大；

固气相变材料：利用升华潜热，体积变化大；

固固相变材料：利用结构变化热，体积变化小。

液气相变材料的典型代表是水 - 水蒸气之间的相互转换，如蒸汽蓄热器中水在负荷减少工况下蒸气压升高液化为水储存多余热能，负荷增加时压力降低再汽化以满足负荷变化需求。液气和固气相变材料因体积变化大需要较大容积的储存容器，而固液相变和固固相变因其相变过程体积变化小，是常用的两种储热方式。

3.2.2.1 固液相变材料

固液相变材料利用液态材料的凝固和固态材料的熔化相变潜热来释放和储存热量，包括无机相变材料、有机相变材料和复合相变材料，分别介绍如下。

（1）无机相变材料

常用的无机相变材料有水合盐、熔融盐、金属及合金等。

① 水合盐

是由碱金属或碱土金属的卤化物、碳酸盐、硫酸盐、硝酸盐、磷酸盐及醋酸盐等与水结合在一起的晶体，利用熔化和凝固过程脱出和结合结晶水的方式实现储热和释热，是中低温储热相变材料中重要的一类。水合盐的通式可以表示为：

$$AB \cdot mH_2O \underset{冷却}{\overset{加热}{\rightleftharpoons}} AB + mH_2O - Q$$

$$AB \cdot mH_2O \underset{冷却}{\overset{加热}{\rightleftharpoons}} AB \cdot nH_2O + (m-n)H_2O - Q$$

式中，AB 为一种盐；m 为结晶水物质的量；n 为脱出后剩余结晶水物质的量；Q 为释放的潜热。

常用的结晶水合盐有：六水氯化钙 $CaCl_2 \cdot 6H_2O$、十水硫酸钠 $Na_2SO_4 \cdot 10H_2O$、十二水磷酸氢二钠 $Na_2HPO_4 \cdot 12H_2O$、六水硝酸锌 $Zn(NO_3)_2 \cdot 6H_2O$、五水硫代硫酸钠 $Na_2S_2O_3 \cdot 5H_2O$、三水醋酸钠 $CH_3COONa \cdot 3H_2O$、八水氢氧化钡 $Ba(OH)_2 \cdot 8H_2O$、十二水硫酸铝钾 $KAl(SO_4)_2 \cdot 12H_2O$、六水硝酸镁 $Mg(NO_3)_2 \cdot 6H_2O$、六水氯化镁 $MgCl_2 \cdot 6H_2O$ 等。图 3-5 给出三水醋酸钠图片，其固态外观为细颗粒状晶体，液态为透明液体。

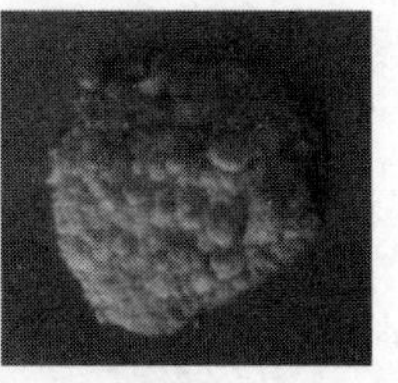
固态

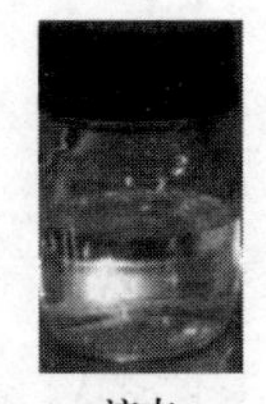
液态

图 3-5　三水醋酸钠外观

表 3-2 给出了几种常用结晶水合盐的热物理性质[12,13]。

表 3-2　几种常见的中低温结晶水合盐相变材料热物性[12,13]

材料名称	相变温度/℃	相变潜热/(kJ/kg)	固相比热容/[kJ/(kg·K)]	液相比热容/[kJ/(kg·K)]	固相热导率/[W/(m·K)]	液相热导率/[W/(m·K)]	固相密度/(kg/m³)	液相密度/(kg/m³)
水	0	333	3.30	4.18	1.60	0.61	920	1000
六水氯化钙	30	125	1.42	2.20	1.09	0.53	1710	1496～1620
十水硫酸钠	32	180	1.93	2.80	0.56	0.45	1485	1458～1460
十二水磷酸氢二钠	35.5	265	1.69	1.94	0.51	0.48	1507	1422
五水硫代硫酸钠	48	210	1.47	2.38	0.57	0.38/0.6	1750	1670
三水醋酸钠	58	266	1.97	3.22	0.55	0.45	1450	1280
八水氢氧化钡	78	280	1.34	2.44	1.26	0.66	2180	1937
六水硝酸镁	89	140	2.50	3.10	0.65	0.50	1640	1550
二水乙二酸	105	264	2.11	2.89	0.90	0.70	1653	—
六水氯化镁	117	150	2.00	2.40	0.70	0.58	1570	1442～1450

水合盐潜热储存材料的特点是使用范围广、潜热大、导热性能较好、来源容易、价格便宜；但多次吸放热后存在过冷、固液相分离、老化变质以及腐蚀金属容器等缺点。

a. 过冷

熔化后的水合盐液体被冷却，温度降到“理论凝固点 (T_m)”时不凝固而是在某一低于凝固点的温度下凝固的现象称为过冷。过冷度 (ΔT) 是平衡状态下的相变温度与实际相变温度之差，如图 3-6 所示。

不同水合盐在不同条件下的过冷度不同，有的只是几摄氏度，有的能到几十摄氏度。过冷现象产生的原因可以通过热力学角度分析。依据热力学第二定律，过程自发进行的方向为整个体系吉布斯自由能降低的方向。吉布斯自由能 $G = H-TS$，其全微分形式：$dG = VdP-SdT$。定压条件下，$dG = -SdT$。因为熵 S 恒为正，所以体系吉布斯自由能随温度升高而减小。由于晶体熔化后液态原子排列的无序度增加，液态熵 S_L 大于固态熵 S_S，即液态吉布斯自由能随温度变化曲线斜率较大，如图 3-7 所示。

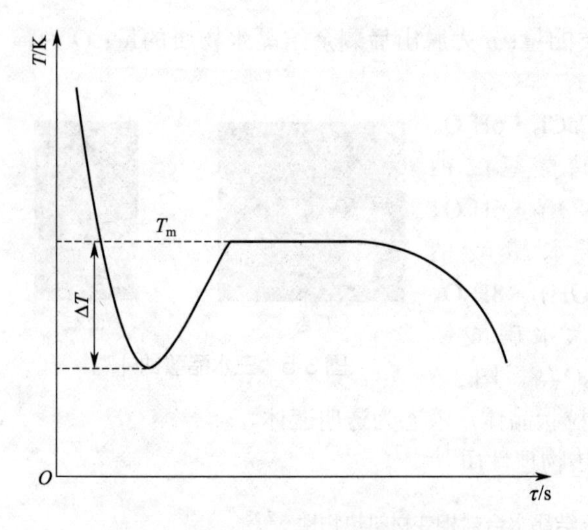

图 3-6　相变材料液体过冷现象示意图[10]

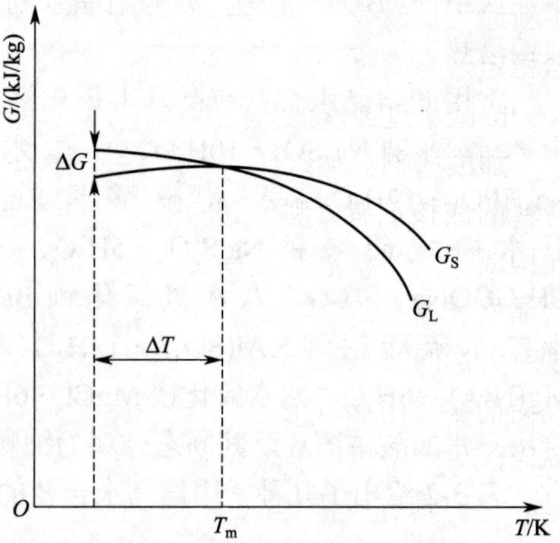

图 3-7　固、液相吉布斯自由能随温度变化曲线[11]

当温度低于熔点 T_m（理论凝固温度）时，固相吉布斯自由能 G_S 小于液相吉布斯自由能 G_L，此时就会发生液相向固相的转变过程，即发生结晶过程，可见固液两相状态间的吉布斯自由能差 ΔG 是相变发生的驱动力。在一定温度下，相变过程单位体积自由能变化为：

$$\Delta G_V = \rho(\Delta H - T\Delta S) \tag{3-4}$$

由于

$$\Delta H = H_S - H_L \tag{3-5}$$

$$\Delta S = S_S - S_L \tag{3-6}$$

当 $T = T_m$ 时，$\Delta G_V = 0$，则有

$$\Delta H = H_S - H_L = -H_m \tag{3-7}$$

$$\Delta S = S_S - S_L = -H_m / T_m \tag{3-8}$$

所以

$$\Delta G_V = \frac{-\rho H_m (T_m - T)}{T_m} = \frac{-\rho H_m \Delta T}{T_m} \tag{3-9}$$

式中，ΔG_V 为单位体积吉布斯自由能变化，kJ/m^3；H 为焓，下标 S 和 L 代表固相和液相，kJ/kg；S 为熵，下标 S 和 L 代表固相和液相，kJ/(kg·K)；H_m 为熔化热，kJ/kg；T_m 为熔点（理论凝固温度），K；ρ 为固、液相的平均密度，kg/m^3；ΔT 为过冷度，$\Delta T = T_m - T$，K。

由上式表示的热力学条件可知，要发生凝固相变，必须将温度降到熔点以下，即需要过冷度充当结晶驱动力。较大的过冷效应，使得水合盐材料不能及时发生凝固相变释热，同时过冷也导致一些显热损失，因此过冷往往被看作水合盐相变材料的一个缺点而设法减小。然而，反过来也可以利用水合盐相变材料的这种过冷特性开发跨季节太阳能热储存系统[14,15]，如夏天将熔化后的水合盐相变材料置于地下室，可降温至熔点以下保持过冷液态储存，至冬季用热时通过某种方式触发凝固相变，在高于室温下凝固放出潜热，如过冷储存温度为所在环境温度则储存时散热损失几乎为零。这一思路为低温太阳能热利用提供

了新途径，有效缓解供需双方在时间、强度方面不匹配的矛盾。具体方法将在第十章水合盐稳定过冷储热触发释热技术中详述。

b. 减小过冷度的方法和措施[10, 11, 16]

加成核剂：加入成核剂是降低无机水合盐过冷度有效、最经济的措施。寻找给定相变材料的成核剂有“科学法”和“爱迪生法”两种方法。“科学法”是从晶体数据表中挑选同构或同型的材料作为待定的成核剂，然后测试其成核效力。一些研究者提出成核剂结构的晶格参数与其附着层的相应参数之差应小于15%[10, 11]。“爱迪生法”主要靠直觉，通过对大量的材料进行测试来寻找成核剂，它们往往要比“科学法”来得成功。许多有效的成核剂在结构上与相变材料并没有明显的相符之处，有些可以用取向附生理论给出合理的解释，另一些很可能是通过化学反应就地生成的成核物质而起作用，然而还有相当多的材料，它们具有成核效能的原因还未找到合乎逻辑的解释[10]。由于纳米颗粒如Cu、CuO、TiO_2、SiO_2、α-Al_2O_3、碳纳米管、石墨烯等具有较大的比表面积和良好的吸附效应，可作为成核剂应用于无机水合盐中达到改善其过冷度的目的[17, 18]。一些水合盐对应的成核剂如表3-3所示[17, 18]。

表3-3　一些水合盐的过冷度及适用成核剂[17, 18]

水合盐相变材料名称	成核剂（粒度/μm）	无成核剂过冷度/K	加成核剂过冷度/K
六水氯化钙（$CaCl_2 \cdot 6H_2O$）	$SrCl_2 \cdot 6H_2O$	18	1.23
十水硫酸钠（$Na_2SO_4 \cdot 10H_2O$）	$Na_2B_4O_7 \cdot 10H_2O$（20×50～200×250）	15～18	3～4
十二水磷酸氢二钠（$Na_2HPO_4 \cdot 12H_2O$）	$Na_2B_4O_7 \cdot 10H_2O$（20×50～200×250）	20	6～9
	C（1.5～6.7）		0～1
	TiO_2（2～200）		0～1
	Cu（1.5～2.5）		0.5～1
	Al（8.5～20）		3～10
五水硫代硫酸钠（$Na_2S_2O_3 \cdot 5H_2O$）	$Na_2P_2O_7 \cdot 10H_2O$	30	0～2
	K_2SO_4		0～3
三水醋酸钠（$CH_3COONa \cdot 3H_2O$）	Na_2SO_4	20	4～6
	$SrSO_4$		0～2
	C（1.5～6.7）		4～7
	$Na_2HPO_4 \cdot 12H_2O$	15	3

掺杂：有时候杂质本身是很好的成核剂，使相变材料的过冷度大大降低，这就是有时使用工业纯原料比使用分析纯、化学纯等原料易结晶的原因，但含杂质过多会影响材料的潜热量。

冷指法：保留一部分固态相变材料，即保持一部分冷区，使未熔化的一部分晶体作为成核剂。

改变封装容器壁面、形状及尺寸：容器壁面越粗糙或容器有锐利边角越有利于成核，容器体积越大过冷度越小。一些多孔材料具有较大的比表面积，作为基体支撑材料吸附无机水合盐相变材料可有效改善过冷度[17]，常用的多孔材料如膨胀石墨（EG）、膨胀珍珠岩、硅藻土、膨胀蛭石、二氧化硅（SiO_2）以及多孔泡沫金属等。微胶囊封装方法由于提供了较大的成核比表面积，可降低水合盐过冷度[17]。然而一些研究指出当胶囊直径小于

100μm 时，过冷度（芯材为有机相变材料）随直径减小而增大[18,19]。

控制熔化材料的加热温度和时间：加热温度越高，加热时间越长，熔化越完全，材料过冷度越大。

控制冷却速率：冷却速率由冷却温度和换热方式决定，相变材料过冷度随冷却速率变化不一，一般随冷却速率的增大而减小，也存在随冷却速率的增大而增大的情况，可能与材料性质有关[18,19]。

施加外力场作用：在储热容器内部或外壁施加搅动、弹性波、机械振动、超声波、磁场及电场等，在一定程度上可以降低材料过冷度。

控制盐水比（水合盐溶液浓度 / 过饱和度）：水合盐与水质量的比值不同，使得浓度不同。盐水比越大，过冷度越小；盐水比越小，过冷度越大。

c. 相分离

结晶水合盐化合物 AB · mH_2O 受热时，通常会转变成含有较少结晶水的另一种水合盐化合物 AB · nH_2O($n < m$) 以及部分无水盐 AB，而 AB · nH_2O 和 AB 会部分或全部溶解于剩余的水中。如果溶解度不高，某些未溶解的盐类会沉于底部，冷却时也不与结晶水结合，从而产成分层（底部为未溶解盐，中间层为水合盐层，上部为溶液层）现象，称为相分离。经过多次加热 - 冷却循环，底部的沉积物越来越多，系统储热能力下降，甚至完全丧失[3,10,11]。

d. 改善相分离的方法和措施[3,10,11]

添加增稠剂：在水合盐中加入合适的增稠剂（或称悬浮剂）以提高溶液黏度，形成胶体使固体颗粒较均匀分布在溶液中而不沉积到底部，从而改善相分离。但应注意添加增稠剂的比例，过量的增稠剂会因形成的胶体或网状结构阻碍大晶体的生长且影响传热性能，进而降低储 / 释热速率和储热能力。常用的增稠剂有活性白土、硅藻土、膨润土、明胶、淀粉、羧甲基纤维素钠（carboxymethyl cellulose sodium，CMC-Na）、聚丙烯酰胺、聚乙烯醇等。

添加晶型改变剂：目的在于改变晶体结构，使无机盐形成小的晶体，从而缓解分层现象。有效的晶型改变剂有丙烯酰胺 / 丙烯酸共聚物、六偏磷酸钠［$(NaPO_3)_6$］等。

浅盘容器法：封装容器的高度越小，固体沉积的可能性越小，越不易产生相分离。微胶囊封装方法也有类似作用。

额外水法：在水合盐相变材料中加入适量的额外水（3% ～ 9%），使得未溶解的盐类能够全部在熔点处溶解，但加入过多会影响水合盐的储热能力。

搅动（或振动）法：对水合盐相变材料进行适当的搅拌或对容器进行振动（超声振动或机械振动）来减小或消除相分离。

② 熔融盐

熔融盐是碱金属或碱土金属的卤化物、碳酸盐、硫酸盐和硝酸盐、磷酸盐等。熔融盐具有较高的熔点，故作为高温相变材料用于高温余热回收、太阳能热发电等场合，在实际应用中一般为二元或三元混合物。熔融盐具有温度范围广、沸点高、蒸气压低、单位体积储热密度大、黏度小、流动性好的优点；但有些热导率较小，还存在腐蚀性的问题。另外，传热 / 储热系统均需要伴热和严格的保温，操作不当极易发生冻堵。开发研制低腐蚀性、低熔点、高许用温度的熔融盐配方是熔融盐技术的关键。表 3-4 给出了一些熔融盐的熔化温度和熔化热[20]。

表 3-4 部分熔融盐的熔化温度及熔化热[20]

阳离子	熔化温度 /℃					熔化热 /(kJ/kg)				
	F^-	Cl^-	Br^-	NO_3^-	CO_3^{2-}	F^-	Cl^-	Br^-	NO_3^-	CO_3^{2-}
Li^+	849	610	550	253	732	1041	416	203	373	509
Na^+	996	801	742	307	858	794	482	255	177	165
K^+	858	771	734	335	900	507	353	215	88	202
Cs^+	703	645	638	409	793	143	121	111	71	
Mg^{2+}	1263	714	711	426	990	938	454	214		698
Ca^{2+}	1418	772	742	560	1330	381	253	145	145	
Sr^{2+}	1477	875	657	645	1490	226	103	41	231	
Ba^{2+}	1368	961	857	594	1555	105	76	108	209	

下面简要介绍一下各类熔融盐的特点[20-22]。

碳酸盐：碳酸盐价廉、腐蚀性小、密度和熔化热大、熔点较高、黏度大，有些碳酸盐存在高温分解现象。按不同比例混合可以得到不同熔点的共晶混合物。K_2CO_3 和 Na_2CO_3 两种碳酸盐应用前景相对较好，K_2CO_3 和 Na_2CO_3 按照质量比 3∶2 的比例混合组成的共晶混合物熔点为 704℃，熔化热为 364.17kJ/kg，使用温度上限为 830℃。利用静态熔融的方法制备 K_2CO_3-Na_2CO_3 熔融盐（质量比为 1∶1），添加 22.81%（质量分数）NaCl 后，得到的改性熔融盐的熔点比二元碳酸熔融盐降低了 133℃，熔化热为二元碳酸熔融盐的 1.9 倍，而且混合熔融盐在 850℃以下时具有较好的热稳定性。

氟化盐：氟化盐主要为碱金属及碱土金属氟化物，具有高熔点和高潜热，但液固相变体积收缩大（如 LiF 由液相变为固相时，体积变化 23%），热导率低。这两个缺点导致太阳能热动力发电储热器在航天器处于阴影区时出现“热松脱”（thermal racheting）和“热斑”（thermal spots）现象[21]。

氯化盐：氯化盐种类繁多，熔化热较大，价格低廉，可以按要求制成不同熔点的混合盐，具有广泛的使用温度范围，但存在腐蚀性较严重的缺点。

硝酸盐：硝酸盐熔点为 300℃左右，其价格低廉，腐蚀性小，500℃下不考虑分解，与其他熔融盐相比，硝酸盐具有很大的优势；但其热导率低，易发生局部过热。常用于太阳能热发电储热的有 Hitec 盐（质量分数：53%KNO_3∶40%$NaNO_2$∶7%$NaNO_3$）、HitecXL 盐［质量分数：45%KNO_3∶48%$Ca(NO_3)_2$∶7%$NaNO_3$］、“太阳盐”（质量分数：60%$NaNO_3$∶40%KNO_3）。Hitec 盐的使用温度范围是 142 ～ 535℃，HitecXL 盐的使用温度范围是 140 ～ 500℃，“太阳盐”的使用温度范围是 238 ～ 600℃。由于含有 $NaNO_2$，Hitec 盐在 455 ～ 500℃时缓慢分解为 $NaNO_3$、Na_2O 和 N_2。如果与空气接触，Hitec 在 455℃以上时也会发生 $NaNO_2$ 的氧化反应，使得 Hitec 由于组分变化而熔点升高[20]。一些硝酸熔融盐的热物性如表 3-5 所示[21-22]。

表 3-5 常见硝酸熔融盐及其混合物的热物性[21-22]

材料名称	熔点 /℃	熔化热 /(kJ/kg)	固相比热容 /［kJ/(kg·K)］	液相比热容 /［kJ/(kg·K)］	固相热导率 /［W/(m·K)］	液相热导率 /［W/(m·K)］	液相密度 /(g/cm³)	体积变化 /%
$NaNO_3$	306	175	1.78	1.61 ～ 1.82	0.51 ～ 0.57	0.59	1.89 ～ 1.93	10.7
$NaNO_2$	270	180	—	1.65 ～ 1.77	0.53 ～ 0.67	0.6 ～ 1.25	1.81	16.5

续表

材料名称	熔点/℃	熔化热/(kJ/kg)	固相比热容/[kJ/(kg·K)]	液相比热容/[kJ/(kg·K)]	固相热导率/[W/(m·K)]	液相热导率/[W/(m·K)]	液相密度/(g/cm³)	体积变化/%
KNO_3	337	100	1.43	1.4-1.43	0.42-0.5	—	1.87～1.89	3.3
$LiNO_3$	254	360	1.78	1.62～2.03	0.58～0.61	1.37	1.78	21.5
Hitec	142	80	1.3	1.57	0.48-0.5	0.51	1.98	—
KNO_3-$NaNO_3$（54：46）	222	100	1.42	1.46～1.53	0.46～0.51	—	1.95	4.6
"太阳盐"	220	161	—	1.459	—	0.519	1.837	—

在熔融盐的腐蚀性方面，硝酸盐的腐蚀性低于氯化盐和碳酸盐。Cl^- 对金属材料的腐蚀危害较大，因为 Cl^- 的离子半径很小，活性很高，能够与金属表面钝化膜中的阳离子结合生成可溶性的氯化物，从而发生点腐蚀、缝隙腐蚀和应力腐蚀，而且点腐蚀和缝隙腐蚀最终都将发展成为应力腐蚀形态，对设备直接构成破坏性的腐蚀失效[20]。即使是腐蚀性相对较小的"太阳盐"，在高温场合也要使用奥氏体或者双相不锈钢来应对腐蚀破坏，其对不同合金的腐蚀性如表 3-6 所示[23]。

表 3-6 "太阳盐"对不同合金的腐蚀性[23]

合金名称	温度/℃	腐蚀速率/(mm/a)
碳钢	460	0.120
304 不锈钢	600	0.012
316 不锈钢	600	0.007
镍铬铁合金钢 Incoloy800	600	0.006

③ 金属及合金[23-24]

金属及合金材料的相变潜热储存具有热导率大、储热密度高、过冷度小、热稳定性好和使用寿命长等优点，在中高温储热方面应用广泛。不足的是合金液体的化学活性较强，易与储热容器材料反应。研究表明[24]，Al-Si、Mg-Zn、Al-Cu、Mg-Cu 等合金具有极好的储热综合性能，尤其是铝及其合金已成为目前最重要和研究最广泛的金属相变储热材料。表 3-7 给出了一些合金材料的相变温度和潜热[25]。

表 3-7 一些合金材料的相变温度和潜热[25]

合金（质量分数组成/%）	T_m/℃	ΔH_m/(J/g)	ρ/(g/cm³)	c_{pS}/[J/(g·K)]	c_{pL}/[J/(g·K)]
44Mn-56Si	946	757	1.90	0.79	—
21Ca-30Mg-49Si	865	305	2.25	—	—
Mg_2Cu	841	243	—	—	—
83Cu-10P-7Si	840	92	6.88	—	—
80Cu-20Si	803	197	6.60	0.50	—
47Mg-38Si-15Zn	800	314	—	—	—
16Ca-84Mg	790	272	1.38	—	—
56Cu-17Mg-27Si	770	422	4.15	0.75	—

续表

合金（质量分数组成 /%）	T_m/℃	ΔH_m/(J/g)	ρ/(g/cm^3)	c_{pS}/[J/(g·K)]	c_{pL}/[J/(g·K)]
74Cu-7Si-19Zn	765	125	7.17	—	—
69Cu-14P-17Zn	720	368	7.00	0.54	—
91Cu-9P	715	134	5.60	—	—
45Cu-6Mg-49Zn	705	176	8.67	0.42	—
Zn_2Mg	588	230	—	—	—
65Al-30Cu-5Si	571	422	2.73	1.30	1.20
46.3Al-4.6Si-49.1Cu	571	406	—	—	—
87.76Al-12.24Si	557	498	—	—	—
83.14Al-11.7Si-5.16Mg	555	485	—	—	—
66.92Al-33.08Cu	548	372	—	—	—
64.3Al-34.0Cu-1.7Sb	545	331	—	—	—
68.5Al-5.0Si-26.5Cu	525	364	—	—	—
54Al-22Cu-18Mg-6Zn	520	305	3.14	1.51	1.13
64.6Al-5.2Si-28Cu-2.2Mg	507	374	—	—	—
60.8Al-33.2Cu-6.0Mg	506	365	—	—	—
34.65Mg-65.35Al	497	285	—	—	—
86.4Al-9.4Si-4.2Sb	471	471	—	—	—
23Ca-25Cu-52Mg	453	184	2.00	—	—
25Cu-60Mg-15Zn	452	254	2.80	—	—
59Al-35Mg-6Zn	443	310	2.38	1.63	1.46
28Ca-55Mg-17Zn	400	146	2.26	—	—
96Zn-4Al	381	138	—	—	—
46.3Mg-53.7Zn	340	185	—	—	—
48Mg-52Zn	340	180	—	—	—

应用金属及合金相变材料时除了考虑其基本的热物性外，还应重视其热稳定性和腐蚀性。热稳定性方面体现在随着热循环次数的增加，合金相变潜热和热导率逐渐降低[24]；腐蚀性体现在金属及合金液体对容器的浸蚀。以 Al-Si 合金为例，除了致密陶瓷如氧化铝陶瓷以外，几乎所有金属都不耐高温（700 ~ 900℃）熔融铝的腐蚀，因为铝与大多数金属和非金属形成熔点较低的共晶体。液态铝及其合金对金属容器的腐蚀有两种形式[23]：一是在固液交界面发生化学反应，并在固态金属的表面形成金属间化合物型锈蚀物；二是液态铝或合金浸润固态金属表面，然后溶于固态金属并与其内部活性元素组成相应的腐蚀相。由于合金中的某些组分被选择性地腐蚀，许多耐热耐腐蚀合金的耐铝腐蚀性能甚至比碳钢还差[23]。

（2）有机相变材料

常用的有机相变材料有石蜡类、脂肪酸类、醇类、酯类、酮类、酰胺类以及高分子聚合物等。

① 石蜡[26]

由直链烷烃混合而成，可用通式 C_nH_{2n+2} 表示。随着碳原子数目的增加，熔点和潜热通常也逐渐增加（开始增长较快，而后增长较慢），主要是由于烷烃链之间的诱导偶极吸引力增大。石蜡固液相变具有较高的潜热储存能力，且在重复相变过程中几乎没有过冷现象，熔化时蒸气压力低，不易发生化学反应且化学稳定性较好，没有相分离和腐蚀性，但同时具有密度小和热导率低的缺点。石蜡相变材料广泛应用于建筑节能、太阳能热利用、电子器件冷却、航空航天、纺织品等中低温储热系统中。

石蜡储热材料的热物性如表 3-8 所示。

表 3-8　石蜡储热材料的热物性[27]

碳原子个数	熔点 /℃	熔化潜热 r /(kJ/kg)	密度 ρ /(kg/m³)	热导率 $\lambda \times 10^2$ /［W/(m·K)］	定压比热容 c_p /［kJ/(kg·K)］
14	5.5	226	771	15.0	2.07
16	16.7	237	776	15.1	2.11
18	28	243	778	15.1	2.16
20	36.7	247	778	15.1	2.0
22	44.4	249	780	15.1	2.12
24	51.5	253	780	15.1	2.12
26	56.1	256	780	15.1	2.12
28	61.1	253	780	15.1	2.12
30	65.5	251	780	15.1	2.12

② 脂肪酸类[28]

由非链烷烃构成，通式为 $CH_3(CH_2)_{2n}COOH$，其相变温度会随分子量的增加而升高。常见的脂肪酸有癸酸（capric acid，CA，$C_{10}H_{20}O_2$）、月桂酸（lauric acid，LA，$C_{12}H_{24}O_2$）、肉豆蔻酸（myristic acid，MA，$C_{14}H_{28}O_2$）、棕榈酸（palmitic acid，PA，$C_{16}H_{32}O_2$）、硬脂酸（stearic acid，SA，$C_{18}H_{36}O_2$），其相变温度、相变潜热、比热容、密度及热导率等热物性如表 3-9 所示。

表 3-9　一些脂肪酸储热材料的热物性[10,28-30]

材料名称	分子式	分子量	熔点 /℃	熔化热 /(kJ/kg)	固相比热容 /［kJ/(kg·K)］	液相比热容 /［kJ/(kg·K)］	固相密度 /(g/cm³)	液相密度 /(kg/m³)	热导率 /［W/(m·K)］
癸酸 CA	$C_{10}H_{20}O_2$	172.27	30.1	152	1.9	2.1	1.004	878	0.153
月桂酸 LA	$C_{12}H_{24}O_2$	200.32	43	177	1.6	2.2	1.007	862	0.147
肉豆蔻酸 MA	$C_{14}H_{28}O_2$	228.37	53.7	187	1.7	2.3	0.990	861	0.15
棕榈酸 PA	$C_{16}H_{32}O_2$	256.42	62.3	186	1.9	2.8	0.989	850	0.162
硬脂酸 SA	$C_{18}H_{36}O_2$	284.48	70.7	203	1.7	2.4	0.965	848	0.172

脂肪酸相变材料具有在凝固过程中无过冷现象、热容量高、无毒、无腐蚀性、热稳定性好、重复利用性较好、不易燃、相变过程中体积变化小等许多优越的性能，主要来自可再生的植物、动物油，资源丰富。但与其他相变材料相比，脂肪酸的制备成本较高[28]，导热性能差，具有潜在的可燃性以及难闻气味。可应用于中低温热能储存，如太阳能热储存和建筑节能。

③ 醇类

如脂肪醇、糖醇和丙三醇等。脂肪醇（fatty alcohol）是指羟基与脂肪烃基连接的醇类，饱和脂肪醇（正烷醇，通式为$C_nH_{2n+2}O$）具有储热密度高、热稳定性好的优点，相变温度和潜热随碳原子数增加而升高。常用的脂肪醇相变材料有正十二醇（$C_{12}H_{26}O$）、正十四醇（$C_{14}H_{30}O$）、正十六醇（$C_{16}H_{34}O$）、正十八醇（$C_{18}H_{38}O$）等。糖醇是一种含有两个以上羟基的多元醇，通常被用作食品添加剂。与其他有机相变材料相比，糖醇相变潜热高，但具有较大的过冷度。常用作相变材料的糖醇有赤藓糖醇（$C_4H_{10}O_4$）、木糖醇（$C_5H_{12}O_5$）、甘露醇（$C_6H_{14}O_6$）和山梨糖醇（$C_6H_{14}O_6$，甘露醇的同分异构体）等。丙三醇，又名甘油，化学式为$C_3H_8O_3$，熔点18.17℃，可用于蓄冷空调。一些醇类的性质示于表3-10。

表3-10　一些醇类的性质

类别	材料名称	分子式	分子量	熔点/℃	熔化热/(kJ/kg)	文献
脂肪醇	正十二醇	$C_{12}H_{26}O$	186.33	17.5～23.3	184.0～188.8	[31]
	正十四醇	$C_{14}H_{30}O$	214.39	39.3	221.23	[31]
	正十六醇	$C_{16}H_{34}O$	242.44	47	247.2	[32]
	正十八醇	$C_{18}H_{38}O$	270.49	57.12	242.85	[33]
糖醇	赤藓糖醇	$C_4H_{10}O_4$	122.12	117	344	[31]
	木糖醇	$C_5H_{12}O_5$	152.15	93	280	[31]
	甘露醇	$C_6H_{14}O_6$	182.17	165	341	[31]
	山梨糖醇	$C_6H_{14}O_6$	182.17	97	110	[31]
丙三醇	丙三醇	$C_3H_8O_3$	92.09	18.17	199	[34]

④ 酯类

脂肪酸酯是一类新型的有机相变储热材料，具有适宜的相变温度，较高的储热焓值，良好的热稳定性、化学惰性，无毒性、无腐蚀性和价格便宜等优点而备受人们关注。脂肪酸酯相变区间比较窄，且它们的混合物可以像无机相变材料一样形成共晶物[31]。脂肪酸酯大量用于化妆品、纺织业和塑料等行业。一些脂肪酸酯的性质示于表3-11。

表3-11　一些脂肪酸酯的性质[31]

材料名称	分子式	分子量	熔点/℃	熔化热/(kJ/kg)
棕榈酸甲酯	$C_{17}H_{34}O_2$	270.45	27	163.2
棕榈酸烯丙酯	$C_{19}H_{36}O_2$	296.49	23	173
棕榈酸丙酯	$C_{19}H_{38}O_2$	298.5	16～20	186～190
硬脂酸甲酯	$C_{19}H_{38}O_2$	298.5	38～39	160.7
棕榈酸异丙酯	$C_{19}H_{38}O_2$	298.5	11	100
硬脂酸异丙酯	$C_{21}H_{42}O_2$	326.56	14	142
硬脂酸丁酯	$C_{22}H_{44}O_2$	340.58	17～23	140～200
癸二酸二甲酯	$C_{12}H_{22}O_4$	230.31	21	135
硬脂酸乙烯酯	$C_{20}H_{38}O_2$	310.51	27	122
12-羟基硬脂酸甲酯	$C_{19}H_{38}O_3$	314.5	43	126
乙二醇双硬脂酸酯	$C_{38}H_{74}O_4$	594.99	63.2	215.8

⑤ 其他有机相变材料[31]

酮类如佛尔酮（二异亚丙基丙酮，phorone），黄色液体或带黄绿色棱柱形结晶，溶于醇、醚，但不溶于水。常用作溶剂，用于生产合成树脂、纤维、医药中间体、润滑油添加剂、防臭剂等。相变温度为27℃，潜热为123.5kJ/kg。

醚类如二苯醚（diphenyl ether），可用于生产阻燃剂（十溴二苯醚），也可用作储 / 传热介质，并用于制造香料及染料。相变温度为27.2℃，潜热为97kJ/kg。

酰胺类如乙酰胺（acetamide），主要用作有机溶剂，也可用作增塑剂和过氧化物的稳定剂，化妆品生产中作抗酸剂。相变温度为82℃，潜热为241kJ/kg。

高分子聚合物如高密度聚乙烯、聚乙二醇。高密度聚乙烯（high density polyethylene，HDPE）是一种不透明白色蜡状材料，呈白色粉末或颗粒状，化学稳定性好，有较高的刚性和韧性，机械强度高。相变温度100～150℃，潜热200kJ/kg[25]。聚乙二醇（polyethylene glycol，PEG）是由$HO(CH_2CH_2O)_nH$组成的长链高分子，PEG的熔点和熔化热随着分子量的增加而升高。分子量1000及以上者为浅白色蜡状固体或絮片状石蜡或流动性粉末。将不同分子量的PEG按一定比例混合可获得不同相变温度的储热材料。聚乙二醇在太阳能、纺织品、建筑、日用品和航空航天等行业得到了广泛应用[26]。表3-12给出一些有机相变材料的性质。

表3-12　一些酮类、醚类、酰胺类和高分子聚合物相变材料的性质

类别	材料名称	分子式	分子量	熔点/℃	熔化热/(kJ/kg)	文献
酮类	佛尔酮	$C_9H_{14}O$	138.21	27	123.5	[31]
醚类	二苯醚	$C_{12}H_{10}O$	170.21	27.2	97	[31]
酰胺类	乙酰胺	C_2H_5NO	59.07	82	241	[31]
高分子聚合物	高密度聚乙烯	$(C_2H_4)_n$	28*n*	100～150	200	[25]
	聚乙二醇	$HO(CH_2CH_2O)_nH$	400	3.2	91.4	[26]
			900	34	150.5	[26]
			2000	51	181.4	[26]
			20000	68.7	187.8	[26]

（3）复合相变材料

复合相变材料是通过一定的复合方法，将两种或多种相变材料或将相变材料与其他基体材料复合在一起，从而得到的性能优良的复合材料，以克服单一相变储热材料存在的缺点和局限性[35,36]。根据复合的目的，现分为三类进行介绍：①共晶型复合相变材料；②封装型复合相变材料；③传热强化型复合相变材料。

① 共晶型复合相变材料（eutectic）

"共晶"（eutectic）一词来源于希腊语，本义是"容易熔化"（easy melting）[37]。共晶混合物指两种或两种以上物质组成的混合物中具有最低熔点的组合。这个最低的熔点通常又称为"共晶温度"，由共晶温度（低共熔温度）和共晶组成所决定的点称为"共晶点"。在这个共晶点，所有的组分都会同时结晶，就像纯物质一样，并在可逆的固液相变中始终保持相同的组成[10,37]。共晶型复合相变材料的优点是可以根据需要"定制"相变温度且具有较高的容积储热密度[38]。

图3-8给出了二元共晶相图[39]，图中A_s、B_s分别为相变材料A、B的固相，A_l、B_l

为其液相，当逐渐往材料 A 中添加材料 B 时，混合物的熔点将沿液相线 AE 从 T_{mA}（相变材料 A 的熔点）逐渐降低到 T_{mE}，当混合物中 B 的质量分数达到 X_F 时，二者即达到共晶点 E，形成低共熔混合物，A 和 B 的混合溶液将以质量比 A∶B = $(1-X_F)$∶X_F 分别结晶出固相 A_s 与 B_s。相反，当将 A 添加到 B 中时，混合物的熔点将沿着液相线 BE 从 T_{mB}（相变材料 B 的熔点）降低到 T_{mE}。此外，在低共熔混合物中，两种相变材料的固相是完全不互溶的，而液相可完全互溶。

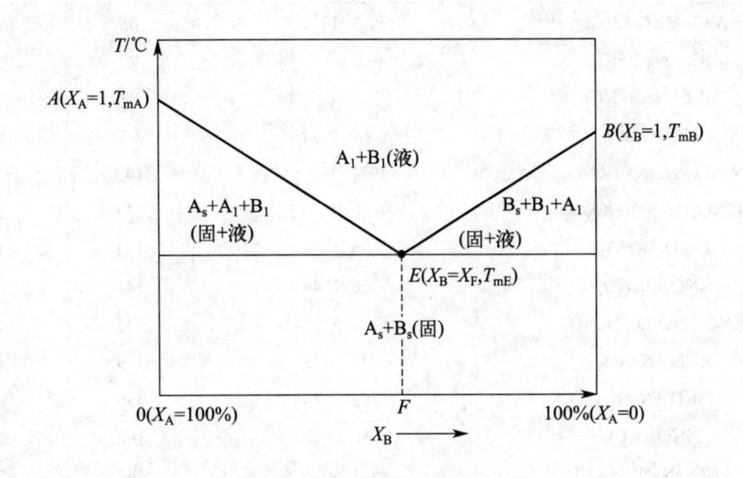

图 3-8　二元共晶相图[39]

共晶相变材料可以是无机 - 无机、有机 - 无机以及有机 - 有机相变材料等共晶混合物。

a. 无机 - 无机共晶相变材料

无机 - 无机共晶相变材料典型的是以水合盐、熔融盐、合金等各自之间按一定比例混合而成。文献中提到的“优态盐”即“共晶盐”。表 3-13 给出该类共晶相变材料的组成和物性。

表 3-13　无机 - 无机共晶相变材料的组成和性质

类别	相变材料	质量分数 /%	熔点 /℃	熔化热 /(kJ/kg)	文献
水合盐	Na_2SO_4+NaCl+KCl+H_2O	31∶13∶16∶40	4	234	[40]
	Na_2SO_4+NaCl+NH_4Cl+H_2O	32∶14∶12∶42	11	—	[40]
	$CaCl_2\cdot 6H_2O$+$CaBr_2\cdot 6H_2O$	45∶55	14.7	140	[40]
	Na_2SO_4+NaCl+H_2O	37∶17∶46	18	—	[40]
	Na_2SO_4+$MgSO_4$+H_2O	25∶21∶54	24	—	[40]
	$CaCl_2\cdot 6H_2O$+$MgCl_2\cdot 6H_2O$	50∶50	25	95	[40]
	$CaCl_2\cdot 6H_2O$+ 成核剂 +$MgCl_2\cdot 6H_2O$	66.7∶33.3	25	127	[40]
	$CaCl_2$+NaCl+KCl+H_2O	48∶4.3∶0.4∶47.3	26.8	188	[40]
	$Ca(NO_3)_2\cdot 4H_2O$+$Mg(NO_3)_2\cdot 6H_2O$	47∶53	30	136	[40]
	$Mg(NO_3)_2\cdot 6H_2O$+NH_4NO_3	61.5∶38.5	52	125.5	[40]
	$Mg(NO_3)_2\cdot 6H_2O$+$MgCl_2\cdot 6H_2O$	58.7∶41.3	59	132.2	[40]
	$Mg(NO_3)_2\cdot 6H_2O$+$MgCl_2\cdot 6H_2O$	50∶50	59.1	144	[40]

续表

类别	相变材料	质量分数 /%	熔点 /℃	熔化热 /(kJ/kg)	文献
水合盐	$Mg(NO_3)_2 \cdot 6H_2O+Al(NO_3)_3 \cdot 9H_2O$	53 ∶ 47	61	148	[40]
	$Mg(NO_3)_2 \cdot 6H_2O+MgBr_2 \cdot 6H_2O$	59 ∶ 41	66	168	[40]
	$CH_3COONa \cdot 3H_2O+Na_2S_2O_3 \cdot 5H_2O$	45.1 ∶ 54.9	40.8	224	[41]
	$Na_2CO_3 \cdot 10H_2O+Na_2HPO_4 \cdot 12H_2O$	40 ∶ 60	27.3	220.2	[42]
	$LiNO_3+Mg(NO_3)_2 \cdot 6H_2O$	14 ∶ 86	72	**180**	[43]
熔融盐	$AlCl_3+NaCl+ZrCl_2$	79 ∶ 17 ∶ 4	68	234	[40]
	$AlCl_3+NaCl+KCl$	66 ∶ 20 ∶ 14	70	209	[40]
	$AlCl_3+NaCl+KCl$	60 ∶ 26 ∶ 14	93	213	[40]
	$AlCl_3+NaCl$	66 ∶ 34	93	201	[40]
	$NaNO_2+NaNO_3+KNO_3$	40 ∶ 7 ∶ 53	142	—	[40]
	$LiNO_3+NaNO_3+KNO_3$	30 ∶ 18 ∶ 52	123	**140**	[43]
	$LiNO_3+KNO_3$	34 ∶ 66	133	**150**	[43]
	KNO_3+NaNO_2	56 ∶ 44	141	97	[43]
	$KNO_3+NaNO_3+NaNO_2$	53 ∶ 6 ∶ 41	142	**110**	[43]
	KNO_2+NaNO_3	48 ∶ 52	149	124	[43]
	$LiNO_3+NaNO_2$	62 ∶ 38	156	233	[43]
	$LiNO_3+KCl$	58 ∶ 42	160	**272**	[43]
	$LiNO_3+NaNO_3+KCl$	45 ∶ 50 ∶ 5	160	266	[43]
	$HCOONa+HCOOK$	45 ∶ 55	176	175	[43]
	$LiOH+LiNO_3$	19 ∶ 81	183	352	[43]
	$LiNO_3+NaNO_3$	49 ∶ 51	194	**262**	[43]
	$LiNO_3+NaCl$	87 ∶ 13	208	**369**	[43]
	KNO_3+KOH	80 ∶ 20	214	83	[43]
	KNO_3+NaNO_3	55 ∶ 45	222	**110**	[43]
	$LiBr+LiNO_3$	27 ∶ 73	228	279	[43]
	$LiOH+NaNO_3+NaOH$	6 ∶ 67 ∶ 27	230	**184**	[43]
	$NaNO_2+NaNO_3$	55 ∶ 45	233	**163**	[43]
	$CaCl_2+LiNO_3$	13 ∶ 87	238	317	[43]
	$LiCl+LiNO_3$	9 ∶ 91	244	342	[43]
	$NaNO_3+NaOH$	86 ∶ 14	250	**160**	[43]
	$NaF+NaCl+Na_2SO_4$	^{a}0.032 ∶ 0.516 ∶ 0.452	620	274	[44]
	$LiF+NaF+CaF_2$	^{a}0.533 ∶ 0.34 ∶ 0.127	624	759	[44]
	$KBr+K_2MoO_4$	^{a}0.65 ∶ 0.35	625	90.5	[44]
	$NaCl+Na_2SO_4$	^{a}0.533 ∶ 0.467	626	266	[44]
	$NaF+CaF_2+SrF_2$	^{a}0.329 ∶ 0.418 ∶ 0.253	627	391	[44]
	$NaBr+NaF$	^{a}0.72 ∶ 0.28	627	329	[44]
	$LiF+MgF_2+CaF_2$	^{a}0.427 ∶ 0.209 ∶ 0.364	630	622	[44]
	$LiF+NaF+SrF_2$	^{a}0.558 ∶ 0.356 ∶ 0.086	630	713	[44]
	$KCl+K_2CO_3$	^{a}0.624 ∶ 0.376	631	273	[44]
	$NaCl+Na_2CO_3$	^{a}0.553 ∶ 0.447	632	294	[44]
	$CaCl_2+CaCO_3$	^{a}0.3 ∶ 0.7	635	120	[44]

续表

类别	相变材料	质量分数 /%	熔点 /℃	熔化热 /(kJ/kg)	文献
熔融盐	$LiF+NaF+MgF_2+SrF_2$	[a]0.455 ∶ 0.34 ∶ 0.098 ∶ 0.107	635	673	[44]
	$CaCl_2+KCl$	[a]0.74 ∶ 0.26	641	237	[44]
	$BaCl_2+KCl$	[a]0.272 ∶ 0.728	646	181	[44]
	$BaCl_2+NaCl$	[a]0.4 ∶ 0.6	651	163	[44]
	KCl+NaCl	[a]0.5 ∶ 0.5	657	360	[44]
	$CaCl_2+SrCl_2$	[a]0.584 ∶ 0.416	662	154	[44]
合金	Al+Cu+Zn	90.05 ∶ 4.91 ∶ 5.04	627 ～ 647	335	[44]
	Al+Mg	96.48 ∶ 3.52	637 ～ 651	290	[44]

注：1. 表中黑体数字为预测值。

2. 上标 a 的数值是摩尔比。

3. 一些合金共晶物可参见无机相变材料“金属及合金”部分。

b. 有机 - 无机共晶相变材料

尿素和无机盐的混合物是该类共晶相变材料的典型代表，相应组成和物性列于表 3-14。

表 3-14　一些有机 - 无机共晶相变材料的组成和性质

相变材料	质量分数 /%	熔点 /℃	熔化热 /(kJ/kg)	文献
尿素 + 三水醋酸钠	60 ∶ 40	30	200	[43]
尿素 + 硝酸锂	82 ∶ 18	76	218	[43]
尿素 + 硝酸钠	71 ∶ 29	83	187	[43]
尿素 + 碳酸钾	15 ∶ 85	102	206	[43]
尿素 + 硝酸钾	77 ∶ 23	109	195	[43]
尿素 + 氯化钠	90 ∶ 10	112	230	[43]
尿素 + 氯化钾	89 ∶ 11	115	227	[43]
三羟乙基乙烷 + 水 + 尿素	38.5 ∶ 31.5 ∶ 30	13.4	160	[40]
尿素 + 硝酸铵	53 ∶ 47	46	95	[40]

c. 有机 - 有机共晶相变材料

典型的是石蜡、脂肪酸、醇、酯等各自或相互之间按一定比例组成的二元或多元混合物。该类物质的组成和物性示于表 3-15。

表 3-15　一些有机 - 有机共晶相变材料的组成和性质

相变材料	质量分数 /%	熔点 /℃	熔化热 /(kJ/kg)	文献
十四烷 + 十六烷	91.67 ∶ 8.33	1.7	156	[40]
甲基萘 + 联苯醚	26.5 ∶ 73.5	12	97.9	[40]
癸酸 + 月桂酸	61.5 ∶ 38.5	19.1	132	[40]
癸酸 + 月桂酸	82 ∶ 18	19.1 ～ 20.4	147	[40]
癸酸 + 月桂酸	65 ∶ 35	18 ～ 24	140.8	[38]
癸酸 + 肉豆蔻酸	73.5 ∶ 26.5	21.4	152	[40]

续表

相变材料	质量分数 /%	熔点 /℃	熔化热 /(kJ/kg)	文献
癸酸 + 棕榈酸	75.2 ∶ 24.8	22.1	153	[40]
癸酸 + 硬脂酸	86.6 ∶ 13.4	26.8	160	[40]
月桂酸 + 棕榈酸	69 ∶ 31	35.2	166.3	[40]
萘 + 苯甲酸	67.1 ∶ 32.9	67	123.4	[40]
肉豆蔻酸 + 癸酸	34 ∶ 66	24	147.7	[40]
乙酰胺 + 硬脂酸	50 ∶ 50	65	218	[40]
三羟乙基乙烷 + 尿素	62.5 ∶ 37.5	29.8	218	[40]
乙酰胺 + 尿素	50 ∶ 50	27	163	[40]
乙酰胺 + 尿素	38 ∶ 62	53	224	[43]

② 封装型复合相变材料（encapsulated）

封装型复合相变材料是将一种相变材料通过多孔吸附、共混熔融或微 / 纳米胶囊化的方法封装在另外一种材料中形成的复合相变材料，其容积储热密度随封装材料的比例增加而降低。按照封装方法可以分为多孔基体吸附法、共混熔融法和微 / 纳米胶囊封装方法。

a. 多孔基体吸附法

多孔基体吸附法是将熔融状相变材料吸附至多孔基体材料内形成复合相变材料的方法，相变材料熔化时因毛细力作用而不溢出。常见的多孔基体材料如石膏、混凝土、石墨、陶瓷等。例如将 $Na_2S_2O_3 \cdot 5H_2O$ 吸附在多孔结构的水泥内，构成水合盐 / 水泥复合相变材料；将石蜡吸附在多孔结构的膨胀石墨内，构成石蜡 / 石墨复合相变材料。还有一些高温的复合相变材料如无机盐 / 陶瓷基复合相变材料、无机盐 / 金属基复合相变材料和无机盐 / 多孔石墨基复合相变材料等[25]。

b. 共混熔融法

共混熔融法是将相变材料和基体材料相互掺混，熔融后因二者熔点不同，高熔点基材首先凝固形成网络状结构，将相变材料封装在网络空间内而不泄漏。例如将石蜡与熔点较高的高密度聚乙烯（HDPE）在高于其熔点的条件下共混熔融，然后降温至 HDPE 熔点之下，HDPE 先凝固并形成空间网状结构，液态的石蜡则被束缚其中，形成定形相变石蜡[45]。在相变材料发生相变时，定形相变材料（图 3-9）能保持一定的形状，且不会有相变材料泄漏，与普通固液相变材料相比，它不需封装器具，减小了封装成本和封装难度，避免了材料泄漏的危险，增加了材料使用的安全性，减小了容器的传热热阻，有利于相变材料与传热流体间的换热[46]。

外观

扫描电镜图

图 3-9　定形相变材料[46]

c. 微 / 纳米胶囊封装方法 [40, 47]

微 / 纳米胶囊相变材料是通过微胶囊化技术，在相变材料微粒表面包裹一层稳定的高分子膜，形成具有核壳结构的微 / 纳米胶囊相变材料（microencapsulated PCM，MCPCM）。其中，内部被成膜材料包裹的 PCM 称为芯材，外部形成包覆膜的材料称为壳材（囊材）。它不仅可以解决 PCM 易泄漏、相分离以及腐蚀性等问题，还能增强芯材 PCM 的稳定性、传热效率以及颗粒与颗粒或流体之间的相互作用，增大比表面积 [47]。石蜡烃类是研究最多的芯材。壳材可分为有机高分子材料和无机材料，有机高分子类壳材中研究最多的主要是聚脲、聚苯乙烯、聚酰胺、三聚氰胺 - 甲醛树脂、脲醛树脂，而无机类壳材中研究最多的有二氧化硅、碳酸钙和二氧化钛。

微胶囊化技术按处理过程可分为物理方法和化学方法。物理方法如喷雾冷却法、喷雾干燥法和流化床法，用于制备微米量级的较大颗粒；化学方法如原位聚合法、溶胶 - 凝胶法、复凝聚法、界面聚合法、悬浮聚合法和微乳液聚合法等，可以制备更小尺寸的纳米胶囊颗粒 [40]。

喷雾干燥法 [47]：喷雾干燥法的原理是将芯材和壳材的混合溶液喷入加热室，液滴经过液体蒸发、溶质扩散、干燥和沉淀等步骤，最终形成固体粉末颗粒。工艺流程为：首先将芯材分散于壳材溶液中以形成乳化液，接着通过雾化装置，利用高压载气（氮气或空气）把乳化液雾化成微细液滴（形成气溶胶），在干燥的热气流中，壳材表面溶剂快速蒸发，从而使壳材快速固化并包覆芯材形成 MCPCM，最后在除尘器中对干燥后的 MCPCM 固体颗粒进行回收，见图 3-10。此法适合亲油性芯材微胶囊化，芯材疏水性越强，包覆效果越好，具有干燥过程快、产囊率高等优点，缺点是容易出现颗粒团聚和无包覆的现象，以及所需设备占地面积大、投资费用较高、热效率低。利用该方法制备的一些微胶囊相变材料如石蜡 / 乙烯 - 乙酸乙烯酯共聚物、硼粒子 /TiO_2-SnO_2、石蜡 / 明胶等。

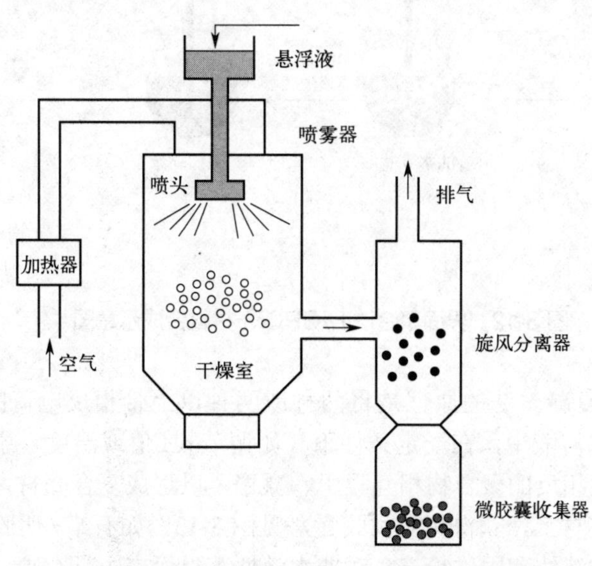

图 3-10　喷雾干燥法 MCPCM 材料合成示意图 [47]

原位聚合法 [47]：原位聚合法的原理是将反应单体与引发剂加入分散相（芯材相）或连续相中，反应单体在芯材液滴表面产生小分子的预聚体（分散相中单体可溶，而预聚体不可溶），该反应不断进行，预聚体增多，发生聚合，尺寸增大到一定程度后，沉积在芯材液滴的表面，形成完整包裹芯材液滴的相变微胶囊，见图 3-11，如石蜡 / 间苯二酚改性的三聚氰胺甲醛微胶囊。此法具有反应易控制、操作简便、成本低、适合工业化等优点，但制备出的相变微胶囊力学性能、耐热性存在不足，且使用寿命较短。

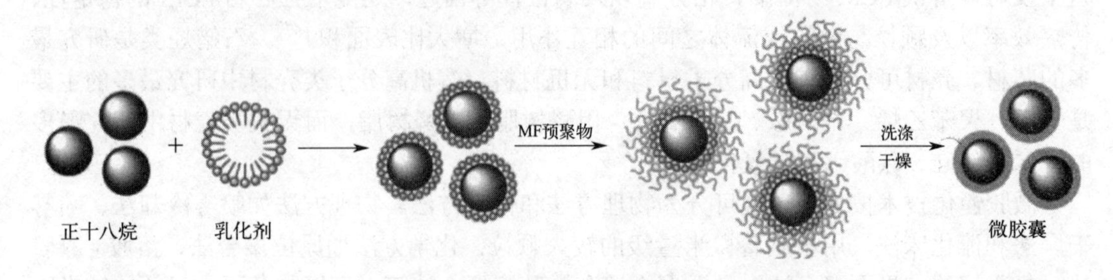

图 3-11　原位聚合法 MCPCM 材料合成示意图[47]

界面聚合法[47]：界面聚合法是将两种带不同活性基团的单体分别溶于连续相和分散相中以形成两种不同的溶液，再将其混合形成乳化体系，其中分散相溶液乳化成液滴时，两种单体分别从液滴内部与液滴外部向液滴界面移动，并在相界面处或接近相界面处发生聚合反应形成膜材料，将芯材包覆形成微胶囊，见图 3-12，如石蜡 / 聚脲微胶囊。该方法制备工艺简单，对反应单体纯度要求不高，可以在常温下进行，且其反应过程易控制，但要求壳材必须具备高的反应活性。

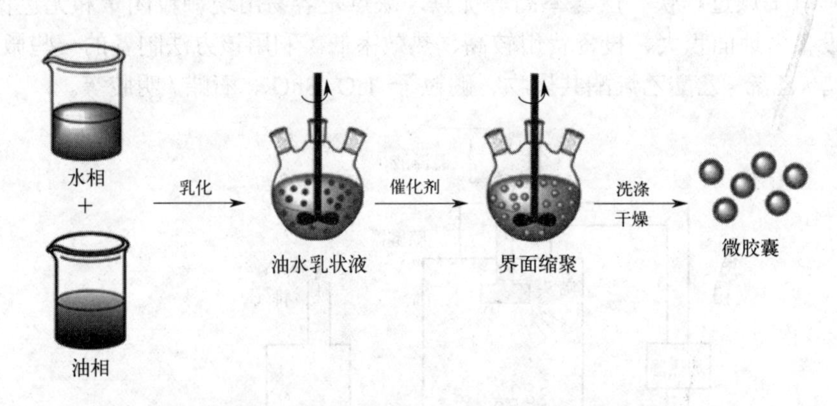

图 3-12　界面聚合法 MCPCM 材料合成示意图[47]

复凝聚法[47]：复凝聚法的原理是将两种或两种以上带相反电荷的聚合物作为壳材，把芯材分散在壳材水溶液中，在一定条件下（如调节 pH 值或温度、添加非溶剂或电解质化合物等）可使电性相反的聚合物相互吸引、凝聚，以形成复合壳材，溶解度下降而复合壳材析出并沉积在芯材上，获得相变微胶囊，见图 3-13，如石蜡 / 明胶微胶囊。复凝聚法适合包覆不溶于水的液体和固体粉末，对非水溶性芯材而言，具有高效、高产等优点，而其缺点主要有成本高、易凝聚、产品形貌难控制。

悬浮聚合法[47]：悬浮聚合法是在悬浮剂作用下，聚合物单体溶解在有机相（油相）中，随聚合反应进行，聚合物单体在芯材表面进行自由基聚合并不断从有机相中析出，沉积在有机液滴表面形成微胶囊（图 3-14），如石蜡 / 聚合物 - 二氧化硅杂化外壳微胶囊。

悬浮聚合法以水为介质，与其他方法相比，安全且不需要回收，成本低，设备投资少，利用率高，催化剂、分散剂等原料消耗少。

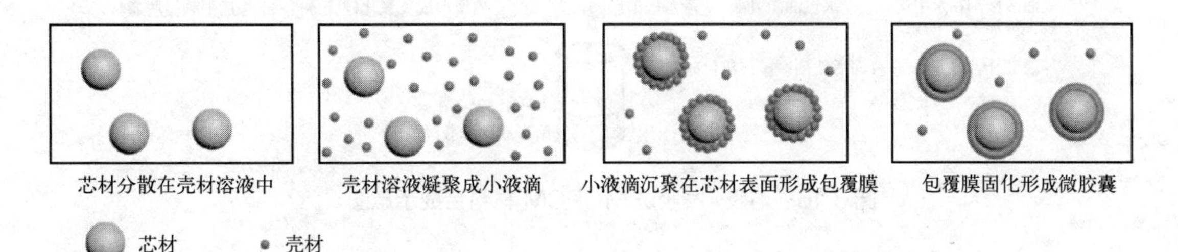

图 3-13　复凝聚法 MCPCM 材料合成示意图[47]

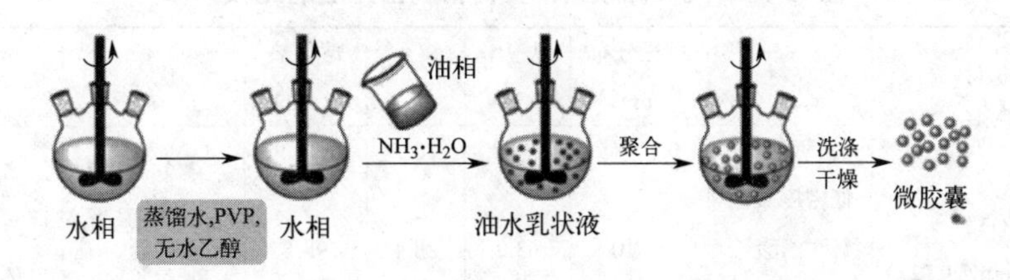

图 3-14　悬浮聚合法 MCPCM 材料合成示意图[47]

微乳液聚合法[47]：微乳液聚合法的原理是在乳化剂作用下，将单体在水中分散成乳状液，再通过热引发、辐射、光照等方法，由水溶性引发剂引发单体进行聚合，最后将芯材包覆形成微胶囊，如液晶（LC）/ 聚甲基丙烯酸甲酯（PMMA）微胶囊，见图 3-15。该方法具有不使用挥发性溶剂、操作方便、易于工业化应用等优点。

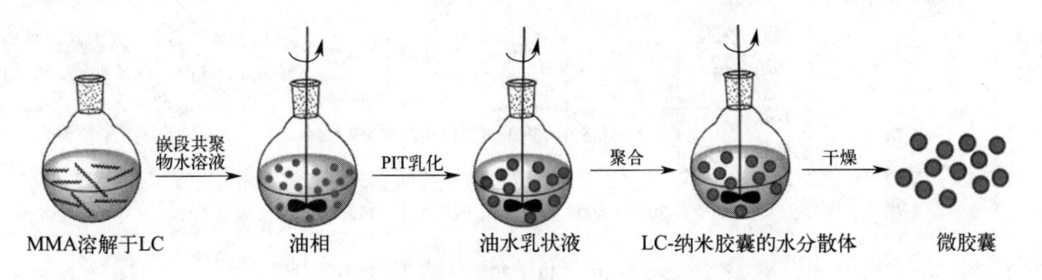

图 3-15　微乳液聚合法 MCPCM 材料合成示意图[47]

溶胶 - 凝胶法[47]：溶胶 - 凝胶法是一种无机物或者金属醇盐等具有较高化学活性的化合物（称为前体）经过溶液、溶胶、凝胶而固化，再经热处理以形成氧化物或其他化合物固体的方法。其具体流程为：常温下，分散在溶剂中的原料经过水解反应后可生成活性单体，活性单体再进行缩合反应，成为稳定的透明溶胶体系，溶胶经陈化后与其他溶胶缓慢聚合，形成了充满溶剂的三维网络结构的凝胶，最后经过干燥和热处理制备出微胶囊，如石蜡 / 二氧化硅微胶囊，见图 3-16。此方法的优点是反应可以在较低温度下进行、过程容易控制，缺点是所需原材料昂贵、溶胶 - 凝胶陈化过程周期过长、干燥过程会对微胶囊的形貌产生影响。

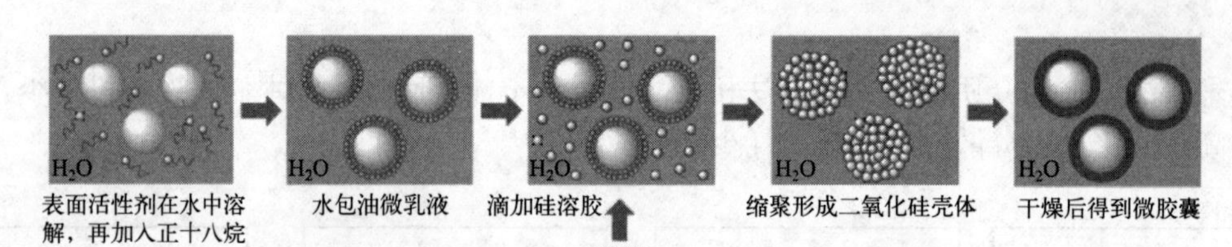

图 3-16　溶胶 - 凝胶法 MCPCM 材料合成示意图[47]

几种方法的比较列于表 3-16[47]。

表 3-16　几种微胶囊相变材料制备方法的比较[47]

制备方法	芯材	壳材	粒径分布 /μm	包覆率 /%	熔点 /℃	熔化热 /(J/g)	优点	缺点
喷雾干燥法	正十八烷	二氧化钛	0.1～5	—	28.7	92～97	操作简便、生产效率高、用途广泛、花费低、适宜工业化生产	包覆率低、设备复杂、占地面积大、一次性投资大、耗能大
	石蜡（Rubitherm®RT27）	低密度聚乙烯 - 乙酸乙烯酯共聚物	＜10	63.0	28.4	98.1		
	石蜡	二氧化硅		82.2	57.9	156.9		
溶胶 - 凝胶法	硬脂醇	二氧化硅	62～464	91.1	55.9	229.7	导热快、可靠性高	原料价格比较昂贵、部分有机物损害健康
	正十二醇	二氧化硅	—	49.2	21.0	116.7		
	棕榈酸	二氧化硅	386～488	53.5	62.0	109.9		
	石蜡	二氧化钛	80～90	69.4	61.8	90.4		
复凝聚法	石蜡（Rubitherm®RT27）	明胶 / 阿拉伯树胶	12.0	49.0	62.5	239.8	非水溶性芯材高效、高产	成本高、易凝聚、保质期短、可靠性低
	石蜡	明胶 / 阿拉伯树胶	—	80.0	25.0	144.7		
	辛酸	脲醛、三聚氰胺 - 甲醛	0.2～0.5	59.3	13.9	93.9		
界面聚合法	石蜡	聚甲基丙烯酸甲酯	200～400	52.9	20.3	122.4	操作方法简单、反应速率快、成本低、可降解、包覆率高	对壳材要求高、力学性能差
	正十八烷	聚氨酯	5～10	40～70	—	110.0		
	十二酸十二酯	聚脲	10～40	—	31.7	140.3		
	硬脂酸丁酯	聚氨酯	10～35	78.5	22.3	81.0		
	硬脂酸丁酯	聚脲树脂	10～300	—	17.7	104.4		
原位聚合法	石蜡	三聚氰胺 - 尿素 - 甲醛	2.7～5.6	—	27.4	134.3	易形成球形，壳层厚度及包覆的物质含量易控制	操作复杂、对壳材和芯材有要求、需要控制的反应条件多
	正十八烷	尿素 - 三聚氰胺 - 甲醛	0.3～6.4	72.0	36.5	167.5		
	正十九烷	尿素 - 三聚氰胺 - 甲醛	—	69.0	29.3	161.0		
	正二十烷	尿素 - 三聚氰胺 - 甲醛	—	71.0	45.3	172.0		

续表

制备方法	芯材	壳材	粒径分布/μm	包覆率/%	熔点/℃	熔化热/(J/g)	优点	缺点
原位聚合法	正十八烷	三聚氰胺-甲醛	2.2	59.0	40.6	144.0		
悬浮聚合法	正十八烷	甲基丙烯酸正十八烷基共聚物	0.5～4.0	—	26.5	91.0	良好的反应热控制、保质期长、可靠性高	单体水溶性差
	正十八烷	聚甲基丙烯酸丁酯	2～75	—	29.1	112.0		
	PRS® 石蜡	聚丙烯酸丁酯	0.1～221	75.6	—	153.5		
	石蜡（Rubitherm®RT27）	聚苯乙烯	3.8	—	—	79.0		
微乳液聚合法	正十八烷	聚二乙烯基苯	1.5	—	22.6	192.0	不使用挥发性溶剂、保质期长、可靠性高	
	正十七烷	聚苯乙烯	1～20	63.3	21.5	136.9		
	正十九烷	聚甲基丙烯酸甲酯	0.1～35	60.3	31.2	139.2		

悬浮聚合法和复凝聚法可以生产颗粒较大、芯材多的胶囊且封装效率高，而微乳液聚合法可用于生产纳米胶囊，但悬浮聚合法和微乳液聚合法均不用于大规模生产，这是由于在封装过程产生油滴时需要较高的搅拌速率，从而导致较高的能耗和生产成本。溶胶-凝胶法和原位聚合法都可用无机壳材封装有机芯材，以使相变胶囊具有高的热导率和良好的防火性，但无机壳材的力学性能较差，强度和弹性不如共聚物，可能会影响相变胶囊的使用寿命[40]。

③ 传热强化型复合相变材料（enhanced heat transfer）

一些相变材料特别是有机相变材料（如石蜡和脂肪酸类等）本身存在热导率低的缺点，从而在一定程度上制约其实际应用。在相变材料中加入高热导率材料成为复合相变材料以提高其表观热导率，改善传热性能。按照加入的材料可以分为金属填料、碳材料和纳米颗粒等三类。

a. 添加金属填料[48]

金属物质是热的良导体，可以把金属粉末、金属泡沫、金属丝网、金属球和金属肋片等加入相变材料中达到强化传热效果。金属材料可以是镍、铜、铝、铁等。加入粉末状金属时要考虑与相变材料密度相近原则以缓解分层问题。金属泡沫的孔隙率（孔隙体积与材料在自然状态下总体积的百分比）、孔密度（单位英寸长度上的平均孔数，pores per inch，PPI）和填充率（金属泡沫本身体积与相变材料体积之比）对强化传热效果有重要影响。另外要考虑金属与相变材料之间的相容性，如铝与石蜡的相容性较好，镍与石蜡则不相容。并且金属一般都具有较高的密度，易导致整个储热系统的质量增加。最近朱孟帅等[49]实验研究指出，当铜金属泡沫的填充率从 0% 增至 2.13% 时，复合相变材料的熔化时间从 901s 缩短到 791s，综合热导率从 1.26W/(m·K) 提高至 4.16W/(m·K)。制备的铜金属泡沫复合石蜡如图 3-17 所示[49]。

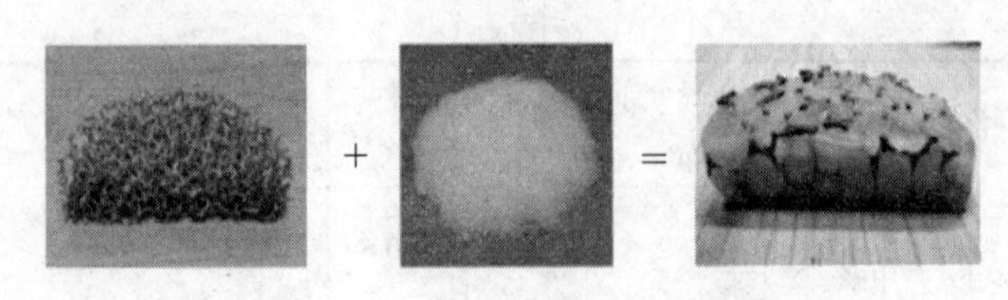

图 3-17 铜金属泡沫复合石蜡[49]

b. 添加碳材料[36]

碳材料具有良好的导热性能，主要有碳纳米管（carbon nano tube，CNT）、碳纳米纤维（carbon nano fiber，CNF）、碳纤维（carbon fiber，CF）、膨胀石墨（expanded graphite，EG）、石墨（graphite）和石墨烯（graphene）。

碳纳米管和碳纳米纤维具有热导率高［1950 ～ 4000W/(m · K)］、密度小的优点，且可以与大多数相变材料相容。但 CNT/CNF 易团聚，很难在相变材料中均匀分散，所以二者在复合材料中的分散性是提高热导率的关键因素。

膨胀石墨在常温下热导率可达 300W/（m · K），兼具天然石墨良好的自润滑性、低摩擦系数、抗高温腐蚀性、高导电导热性等，同时解决了天然石墨的高脆性和抗冲击性能差的缺陷。膨胀石墨吸附石蜡后仍然保持了原来疏松多孔的蠕虫状形态，石蜡被膨胀石墨微孔所吸附。复合相变材料的相变温度与石蜡相似，其相变潜热与基于复合材料中石蜡含量的潜热计算值相当，且含 80% 石蜡的复合相变材料充热时间比纯石蜡减少 69.7%，放热时间减少 80.2%[50]。图 3-18 和图 3-19 分别给出膨胀石墨和石蜡 / 膨胀石墨的扫描电镜图[50]。

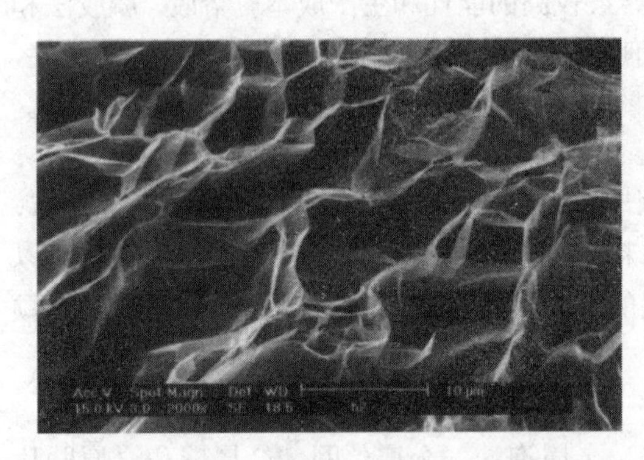

图 3-18 膨胀石墨扫描电镜图（×2000）[50]

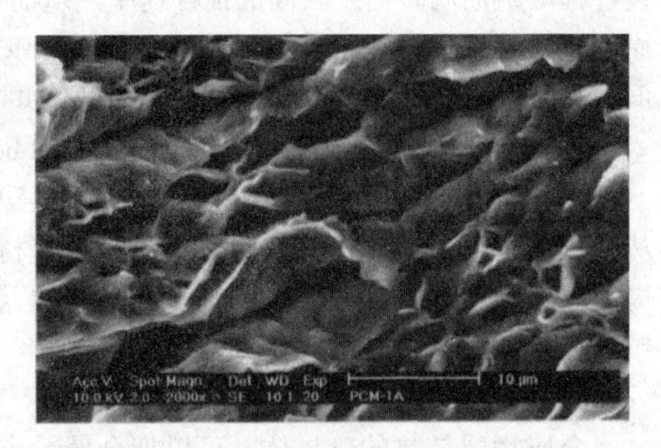

图 3-19 石蜡 / 膨胀石墨扫描电镜图（×2000）[50]

石墨烯是由单层碳原子组成的新型二维碳纳米材料，热导率高达 5300W/(m · K)，因此近年来研究中常采用石墨烯或氧化石墨烯对相变材料进行改性，增强其导热性能。另外，将石墨烯构筑形成宏观尺度上的石墨烯自组装体，比如石墨烯气凝胶具有多孔结构，孔径分布从几纳米到数十微米，对有机液体吸附能力很强，与相变材料复合，为相变材料增强导热性能提供了新的路径。

c. 添加纳米颗粒[36]

纳米材料尺寸小（小于 100nm），具有极大的表面积 / 体积比值、高热导率，与相变材料的相容性较好，且易于分散，重复性好。因此，添加纳米颗粒是提高相变材料导热性能的重要发展方向。按照材料类别，可以有碳基纳米结构，如纳米纤维、石墨烯纳米片和碳纳米管；金属基，如纳米 Ag、纳米 Al、纳米 C/Cu 和纳米 Cu；金属氧化物，如纳米 Al_2O_3、纳米 CuO、纳米 NiO、纳米 ZnO、纳米 MgO 和纳米 TiO_2[51]。添加碳纳米管（质量分数 80%）的脂肪酸热导率达 0.67W/(m · K)，扫描电镜如图 3-20 所示[52]。棕榈酸中分别加入质量分数为 0.5%、1%、3% 和 5% 的 TiO_2 纳米颗粒，热导率可分别提高 12.7%、20.6%、46.6% 和 80%。TiO_2 纳米颗粒和 TiO_2- 棕榈酸的扫描电镜如图 3-21 所示[53]。

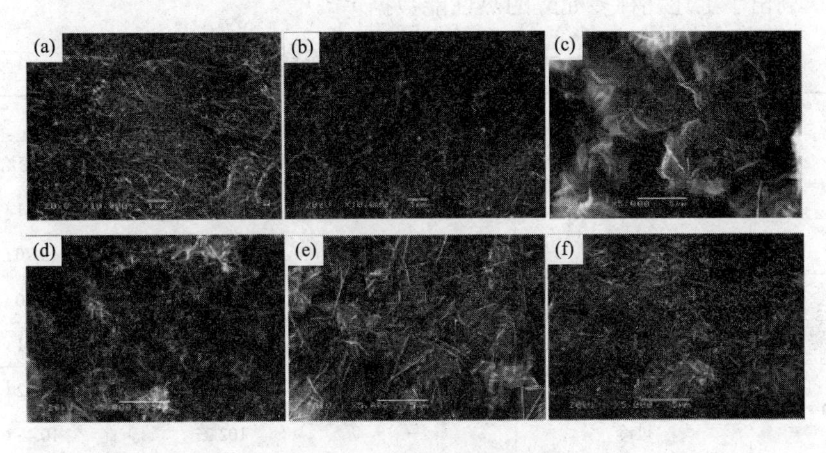

图 3-20　扫描电镜图[52]

（a）未处理 CNT；（b）硝酸氧化 CNT；（c）～（f）CNT 质量分数分别为 50%、60%、70%、80% 的脂肪酸 /CNT

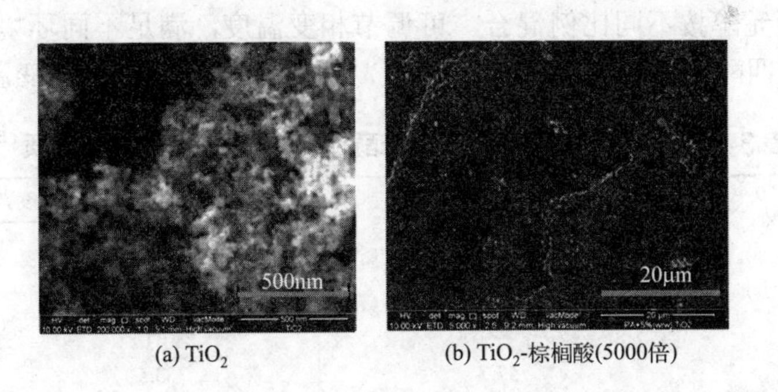

图 3-21　扫描电镜图[53]

3.2.2.2　固固相变材料[54]

固固相变通过有序 - 无序结构相变吸放热。与固液相变材料相比，其优点是：不需要容器盛装，可以直接加工成型；相变膨胀系数及体积变化小；过冷及相分离程度小；性能稳定，使用寿命长；无毒、无腐蚀、无污染；使用方便，装置简单。是一种很有发展前景的相变储热材料。但也存在成本高、导热性能差以及具有潜在可燃性等缺点。固固相变材料主要包括多元醇类、无机盐类及高分子类等三大类。

（1）多元醇类

常见的多元醇固固相变材料有季戊四醇（PE）、新戊二醇（NPG）、三羟甲基乙烷（PG）、2-氨基2-甲基-1,3-丙二醇（AMPD）及三羟甲基氨基甲烷（THAM）等。多元醇类受热发生固固相变时一般由低对称的层型晶体变为高对称的面心立方结构，同时分子中氢键发生断裂导致旋转无序和振动无序，吸收较多的热能。多元醇固固相变时也有一定的过冷度，并且在加热到固固相变温度以上时会出现塑晶现象，即由晶态固体变为塑性晶体。

表3-17列出了上述几种多元醇的热性能数据[55]。

表3-17 一些多元醇相变性质[55]

物质	固固相变		固液相变	
	相变温度/℃	相变焓/(J/g)	相变温度/℃	相变焓/(J/g)
PE	185.45	209.45	257.07	33.61（加热）
	165.19	180.93	244.99	13.70（冷却）
NPG	44.09	116.54	123.05	28.80（加热）
	17.51	81.9	119.04	25.61（冷却）
AMPD	56.96	114.06	108.72	28.02（加热）
	过冷	—	102.25	10.43（冷却）
PG	81.76	172.58	199.63	42.65（加热）
THAM	133.83	270.31	171.72	24.99（加热）

将两三种多元醇按不同比例混合，可调节相变温度，满足不同环境及场合需求。表3-18给出了季戊四醇（PE）和新戊二醇（NPG）按不同比例混合时的相变温度和相变焓[56]。

表3-18 季戊四醇（PE）/新戊二醇（NPG）混合物的相变性质[56]

PE质量分数/%	相变焓/(J/g)	相变温度/℃	
		起始	终点
0	116.5	37	44
16	99	34	42
20	57.7	33.5	41
28	26	33.5	41.5
30	13.4	33	41
40	13	35	39.5
60	10.7	32	38.5
80	—	32	42
90	—	35	40

（2）无机盐类

这类固固相变材料有层状钙钛矿、NH_4SCN、Li_2SO_4、KHF_2等物质。

层状钙钛矿是一类有机金属化合物，是在温度范围0～120℃可利用的固固相变储热材料，具有较高的相变焓，化学通式为 $(n\text{-}C_nH_{2n+1}NH_3)_2MX_4$（简写为 C_nM），其中 M 为金属，M = Mn、Cu、Fe、Cd、Hg、Zn、Co 等二价金属，X 为氯，下角 n 为碳原子数（n = 8 ～ 18）。X 射线衍射仪（XRD）揭示该类物质的结构为夹层状晶体，类似于钙钛矿（$CaTiO_3$）结构，故又称“层状钙钛矿”。受热条件下，n- 烷基链熔化，有序结构变为无序结构，而无机层的结构基本不变。一些层状钙钛矿的固固相变温度和相变焓见表 3-19。

表 3-19　一些层状钙钛矿的固固相变性质[57]

物质	相变温度 /K	ΔH/(kJ/mol)	物质	相变温度 /K	ΔH/(kJ/mol)
$C_{10}Cu$	306.92	28.74	$C_{12}Mn$	327.2	42.26
$C_{10}Zn$	353.29	43.37	$C_{12}Co$	333.86	19.31
$C_{10}Mn$	305.95	36.11	$C_{16}Cu$	345.95	39.41
$C_{10}Co$	350.86	38.43	$C_{16}Zn$	372.28	86.76
$C_{12}Cu$	325.69	34.16	$C_{16}Mn$	346.28	59.72
$C_{12}Zn$	361.38	60.82	$C_{16}Co$	366.57	7.26

硫氰化铵（NH_4SCN）从室温加热到 150℃发生相变时没有液相生成，相变焓较高，相变温度范围宽，过冷度小，稳定性好，不腐蚀。硫氰化铵的固固相变温度和相变焓见表 3-20。

表 3-20　硫氰化铵固固相变性质[58]

相态	始态温度 /℃	终态温度 /℃	相变温度 /℃	峰温 /℃	相变焓 /(J/g)
单斜Ⅳ→正交Ⅲ	90.83	95.83	91.86	92.95	44.33
正交Ⅲ→四方Ⅱ	116.23	121.56	118.42	119.94	5.33
四方Ⅱ→Ⅰ硫脲	146.68	155.73	150.11	151.61	128.22

（3）高分子类

高分子类包括改性聚乙二醇、聚氨酯、高密度聚乙烯等。姜勇等[59]分别用物理共混法和化学改性法制备了聚乙二醇 / 二醋酸纤维素相变材料 PEG/CDA，指出物理共混法制备的相变材料属于定形固液相变材料，不是固固相变材料。而化学改性法制备的 PEG/CDA 为固固相变材料。化学改性采用接枝共聚与嵌段共聚的方法，把具有储热功能的基团键联到高分子的主链或侧链上，制备出相应的固态相变材料，具有力学性能好、易加工成型等优点。表 3-21 列出纯聚乙二醇（PEG）及其与二醋酸纤维素物理共混和化学改性所得材料性能数据[59]。

表 3-21　纯聚乙二醇（PEG）及其与二醋酸纤维素改性材料相变性质[59]

物质	起始温度 /K	终止温度 /K	相变温度 /K	相变峰宽 /K	相变焓 /(J/g)
纯 PEG 原料	317.1	337.05	328.85	19.95	185.7
物理共混改性材料	299.65	330.81	311.73	31.16	104.5
化学改性材料	289.69	319.6	308.31	29.91	73.6

同样制备的嵌有聚乙二醇（PEG6000）的聚氨酯也是良好的固固相变材料，相变温度约为 60℃，相变焓可达 176J/g[60]。图 3-22 示出了在 25℃条件下纯 PEG6000 以及分

别采用六亚甲基二异氰酸酯（hexamethylene diisocyanate，HMDI）、异佛尔酮二异氰酸酯（isophorone diisocyanate，IPDI）和 2，4- 甲苯二异氰酸酯（2，4-toluene diisocyanate，TDI）作为偶联试剂制得的 PEG/PU 的偏光显微镜图片[60]。

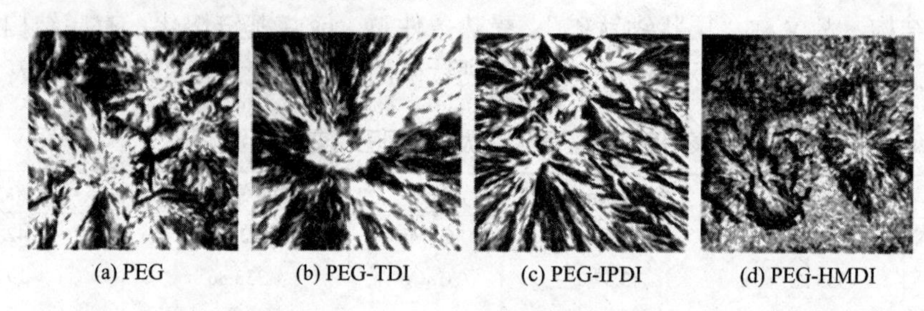

(a) PEG　(b) PEG-TDI　(c) PEG-IPDI　(d) PEG-HMDI

图 3-22　PEG6000 及 PEG/PU 偏光显微镜照片（25℃，放大倍数 100 倍）[60]

高密度聚乙烯熔点为 135℃，相变焓达 210J/g。为了提高聚乙烯作为固固相变材料使用时的形状稳定性，在更高使用温度下防止出现液态，可以使用化学、辐射交联的方法对聚乙烯的颗粒进行表面交联，也可以在聚乙烯颗粒表面加上一薄层包封物。这种交联改性和包覆的聚乙烯已经被用于 120 ～ 135℃温度条件下的热能储存[61]。通过共聚的方法可以适当降低聚乙烯的相变温度，也可以将聚乙烯与低熔点的聚合物复合使用。不过共聚后聚乙烯部分的储热能力会随结晶度的降低而降低[61]。

3.2.3　潜热储存材料的选择原则和传热强化方法

（1）潜热储存材料的选择原则

选择潜热储存材料（相变材料）时应考虑如下几个方面：①合适的相变温度；②较大的熔化热；③密度大；④固、液态比热容均比较大；⑤固、液态有比较高的热导率；⑥不分层，热稳定性好；⑦热膨胀小，熔化体积变化小；⑧凝固时无过冷现象，熔化时无过饱和现象；⑨无（低）腐蚀性，危险性小。

（2）提高相变材料传热性能的方法

① 相变材料与传热流体直接接触，可减小接触热阻，如多元醇 - 空气。

② 将相变材料微封装，如采用微纳米胶囊，减少泄漏的同时增大传热面积。

③ 相变材料在换热器壳程，换热管外侧加翅（肋）片，可增大传热面积。

④ 采用 3.2.2 小节所述强化传热型复合相变材料的方法：添加铁、铜、铝等金属粉屑、泡沫；添加膨胀石墨、石墨烯等碳材料；添加碳基和金属基纳米颗粒。

3.3　化学热储存[62]

3.3.1　化学热储存方法

化学热储存是利用化学变化过程中吸收和放出热量进行热能储存，有浓度差热储存、化学吸附热储存以及化学反应热储存三类。以可逆化学反应热储存为例：

$$A+\Delta H_r \rightleftharpoons B+C$$

式中，对于正向吸热反应，A 为反应物，B 和 C 是生成物；对于逆向放热反应，B 和 C 为反应物，A 是生成物；ΔH_r 为反应焓，kJ/mol。正向吸热反应为储热过程，A 受热分解为 B 和 C；逆向放热反应为释热过程，B 和 C 混合反应生成最初的反应物 A。两个反应的生成物可储存在环境温度或工作温度下，储存热量可按式（3-10）计算：

$$Q = n_A \Delta H_r \tag{3-10}$$

式中，Q 为化学反应储热量，kJ；n_A 是反应物 A 的物质的量，mol。

3.3.2 化学热储存材料

（1）浓度差热储存

浓度差热储存是利用酸、碱或盐溶液在浓度发生变化时吸收或放出热量的原理来储存或释放热能。典型的浓度差热储存工质有硫酸 - 水、氢氧化钠 - 水以及溴化锂 - 水、氨 - 水、氯化锂 - 水等，例如稀释浓硫酸可以得到 120 ～ 180℃的释热温度。图 3-23 给出了 NaOH-H_2O 浓度差热储存系统示意图[62]。

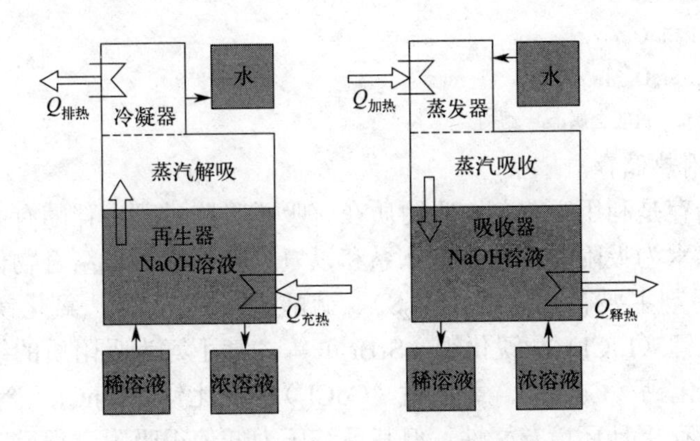

图 3-23 NaOH-H_2O 浓度差热储存系统[62]

各工质对的储热或释热温度和储热密度如表 3-22 所示。

表 3-22 一些工质对的储或释热性能[63]

现象	吸着剂	吸着物	储热温度 /℃	释热温度 /℃	储热密度 /(kW · h/m³)
吸附					
	硅胶	H_2O	88	32	50 ～ 125
	沸石 13X[a]	H_2O	160 ～ 230	20 ～ 40	97 ～ 160.5
	沸石 4A[b]	H_2O	180	65	130 ～ 148
	沸石 5A[c]	H_2O	80 ～ 120	20 ～ 30	83
	APO-n[d]	H_2O	95 ～ 140	40	240
	SAPO-n[d]	H_2O	95 ～ 140	40	—
	MeAPO-n[d]	H_2O	95 ～ 140	40	—

续表

现象	吸着剂	吸着物	储热温度/℃	释热温度/℃	储热密度/($kW \cdot h/m^3$)
吸收					
	$CaCl_2$	H_2O	45～138	21	120～381
	LiCl	H_2O	66～87	30	253～400
	LiBr	H_2O	40～90	30	252～313
	NaOH	H_2O	50～95	70	154～250
	$SrBr_2$	H_2O	80	—	60～321
化学反应					
	$BaCl_2$	NH_3	56～70	40	787
	$CaCl_2$	NH_3	95～99	—	673
	$CaSO_4$	H_2O	—	89	390
	$CuSO_4$	H_2O	92	—	575
	Li_2SO_4	H_2O	103	—	255
	$MgCl_2$	H_2O	130～150	30～50	556～695
	$MgSO_4$	H_2O	122～150	120	420～924
	$MnCl_2$	NH_3	152	—	624
	Na_2S	H_2O	80～95	80～110	780

注：[a] $|Na^{+}_{58}(H_2O)_{240}|[Al_{58}Si_{134}O_{384}]$。

[b] $|Na^{+}_{96}(H_2O)_{216}|[Al_{96}Si_{96}O_{384}]$。

[c] $|Ca^{2+}_{48}(H_2O)_{216}|[Al_{96}Si_{96}O_{384}]$。

[d] A = Al，S = Si，Me = 过渡金属，n = 结构类型。

（2）化学吸附热储存

化学吸附热储存是利用吸附剂与吸附质在解吸或吸附过程中伴随有大量的热能吸收或释放，主要包括以水为吸附质的水合盐体系和以氨为吸附质的氨络合物体系。常用参与水合反应的盐类吸附剂主要有硫化钠（Na_2S）、硫酸镁（$MgSO_4$）、氯化镁（$MgCl_2$）、氯化钙（$CaCl_2$）、氯化锂（LiCl）和溴化锶（$SrBr_2$）等。基于氨为吸附质的络合物吸附剂如氯化锶（$SrCl_2$）、氯化钙（$CaCl_2$）、氯化钴（$CoCl_2$）、氯化锰（$MnCl_2$）等。基于水合盐体系的化学吸附热储存更具环境友好性，但其系统压力低使得吸附过程反应动力学受限。氨络合物体系的化学吸附热储存则存在安全风险[64]。目前，化学吸附热储存研究的应用领域局限于低品位热能的回收利用以及太阳能的跨季节热储存，尚处于实验开发阶段。图3-24给出其工作原理图[62]。

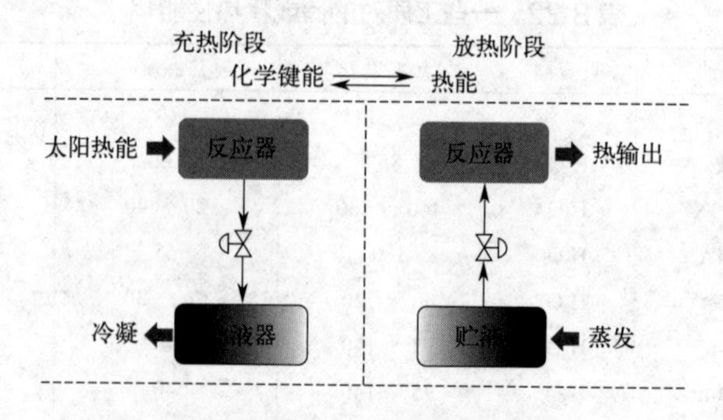

图 3-24 化学吸附热储存的工作原理[62]

（3）化学反应热储存

利用化学反应的结合热储存热能，有金属氢化物体系、无机氢氧化物体系、有机体系（如甲烷重整）、金属氧化物体系、氨分解体系、碳酸盐分解体系等。化学反应过程复杂，有时需催化剂，投资大，效率低，存在安全性问题，故目前尚未广泛应用。

① 金属氢化物储热系统

一般金属吸氢放热，生成金属氢化物，反过来金属氢化物受热分解生成氢气，有较好的反应可逆性。储氢金属多用镁或镁基合金，如 MgH_2（可以通过添加少量 Ni 或 Fe 元素来改善其反应动力学性能）、Mg_2NiH_4、Mg_2FeH_6、Mg_2CoH_5 和 $Mg_6Co_2H_{11}$ 等[65]。镁基氢化物化学反应式为：

$$MgH_2 \rightleftharpoons Mg+H_2 \qquad \Delta H_r = 75kJ/mol$$

金属氢化物储热系统有“储热反应器＋储氢反应器”和“储热反应器＋储氢罐”两种结构形式（图 3-25）[65]。

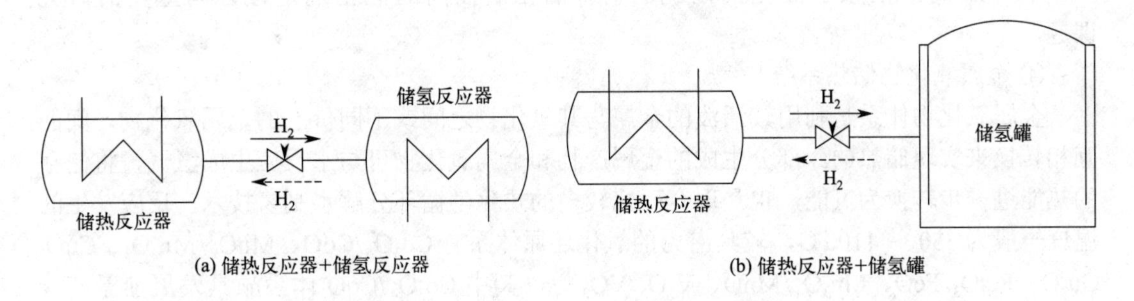

图 3-25　基于金属氢化物的高温储热系统示意图[65]

“储热反应器＋储氢反应器”系统由高温储热反应器、金属氢化物储氢反应器和阀门等部件构成。高温储热反应器内填充镁基金属氢化物，储氢反应器内一般填充稀土系储氢合金如 $TiV_{0.62}Mn_{1.5}$。其储热模式是镁基金属氢化物受热（390℃）分解，释放氢气（压力 1.5MPa）与储氢反应器储氢合金反应，放热被冷却水带走。放热模式是低温热源（如工厂废热、地热等）加热储氢反应器，释放氢气与镁基金属反应放热。

“储热反应器＋储氢罐”系统是对储热反应器进行加热，氢化物分解放出氢气由储氢罐暂时储存，当需要放出热量时，打开相应的阀门，氢气从储氢罐注入储热反应器中与金属反应放出热量。金属氢化物储热安全性是一个问题且成本较高。

② 无机氢氧化物储热系统[66]

用于储热系统的无机氢氧化物有 $Ca(OH)_2/CaO$、$Mg(OH)_2/MgO$、$Ba(OH)_2/BaO$、$Sr(OH)_2/SrO$ 等，其中以 $Ca(OH)_2/CaO$ 和 $Mg(OH)_2/MgO$ 体系研究居多，因其原材料丰富、便宜。化学反应式为：

$$Ca(OH)_2 \rightleftharpoons CaO+H_2O \qquad \Delta H_r = 104.4kJ/mol$$

$$Mg(OH)_2 \rightleftharpoons MgO+H_2O \qquad \Delta H_r = 81kJ/mol$$

$Ca(OH)_2$ 储热过程的发生温度为 410 ～ 520℃，且反应体系对压力不敏感，可在常压下进行。而其逆反应常温下即可快速发生，能显著提高能量转换的效率。$Mg(OH)_2$ 的反应过程温度为 250 ～ 400℃。

无机氢氧化物体系的储热密度大、反应速率快、稳定、安全且价格低廉，但采用无机氢氧化物体系容易出现反应物烧结导致反应器内床层导热性能差以及反应速率减慢等问题。

③ 甲烷重整储热系统[62,66]

甲烷重整反应储热包括甲烷与水蒸气的重整反应和甲烷与二氧化碳的重整反应两类。甲烷重整反应具有的高吸热特性使得工业生产能耗很高，但此特性可被用于储存太阳能、核能以及工业的高温废热。甲烷 - 水蒸气或甲烷 - 二氧化碳重整储热反应式如下：

$$CH_4+H_2O \rightleftharpoons CO+3H_2 \qquad \Delta H_r = 250kJ/mol$$

$$CH_4+CO_2 \rightleftharpoons 2CO+2H_2 \qquad \Delta H_r = 247kJ/mol$$

在操作温度为 1043K 时，平衡转化率可超过 90%。反应生成的气态燃料可通过传统联合循环进行发电，实现能量主动调控，相应可实现 CO_2 减排约 20%。但反应的稳定、高效依赖于催化剂性能，制备催化活性高的催化剂是该方向重要的研究课题。

④ 金属氧化物储热系统[62,66]

金属氧化物体系是利用较活泼的金属与其氧化物之间或不同价态的金属氧化物之间的互相转换来实现储热的。部分生成的金属产物和金属氧化物可与水反应生成氢气，将储存的热能进一步转换为氢能，也是现今研究较多的热化学循环分解水制氢技术。反应发生的温度一般为 350 ～ 1100℃，较具潜力的氧化还原体系有 Co_3O_4/CoO、MnO_2/Mn_2O_3、CuO/Cu_2O、Fe_2O_3/FeO、Mn_3O_4/MnO、V_2O_5/VO_2 等，其中 Co_3O_4/CoO 体系颇具发展前景[66]，有很高的储热密度，反应方程式为：

$$2Co_3O_4 \rightleftharpoons 6CoO+O_2 \qquad \Delta H_r = 205kJ/mol$$

但 Co_3O_4 本身具有毒性且价格较贵，对于规模储热有所限制。加入 10% 的铁氧化物二元体系与纯的 Co_3O_4/CoO 体系具有相似的转化温度，可缓解毒性，不仅有较高的反应焓，进而有较大的储热密度，而且有很好的循环稳定性。

⑤ 氨分解储热系统[62,66]

氨作为重要的无机化工产品之一，被广泛应用于化学肥料的生产以及作为冷冻、塑料、冶金、医药、国防等工业的原料，相应地利用合成氨的可逆热化学反应（氨分解），可实现制氢储热。反应方程式为：

$$2NH_3 \rightleftharpoons N_2+3H_2 \qquad \Delta H_r = 67kJ/mol$$

反应发生温度介于 400 ～ 700℃之间，压力为 1 ～ 3MPa。氨分解储热系统原理如图 3-26 所示[66]。

氨分解储热系统不仅有成熟的氨工业支撑，而且原材料丰富廉价，且储热密度高、反应易控制、无副反应、储存和分离方便。但是在实际应用中仍有一些问题需要解决，如 H_2 和 N_2 的长期安全储存问题、反应条件较苛刻、储热系统操作成本高、反应转化率不高等。

⑥ 碳酸盐分解储热系统[62]

碳酸盐分解体系具有高的反应焓和化学稳定性，反应方程式为：

$$CaCO_3 \rightleftharpoons CaO+CO_2 \qquad \Delta H_r = 167kJ/mol$$

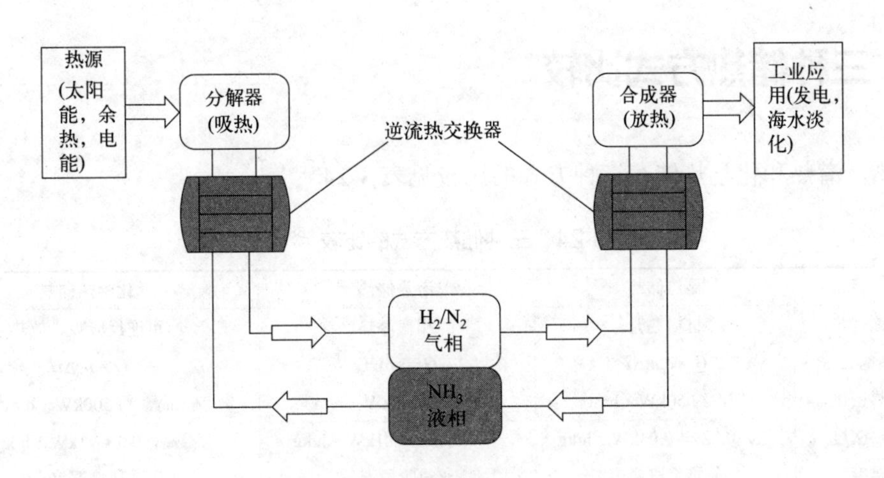

图 3-26 氨分解储热系统原理图[66]

碳酸钙的分解温度为900℃左右。此体系需要解决CO_2的储存问题，一种方法是将CO_2压缩进行储存，或采用另一种金属氧化物，使其与产生的CO_2发生碳酸化以达到储存CO_2的目的，或采用吸附剂对CO_2进行吸附储存[62]。该体系研究进展较少。

表3-23汇总了上述储热化学反应温度和反应热[8,66,67]。

表 3-23 一些化学反应热储存体系性质[8,66,67]

化合物	温度 /℃	反应	吸收的热量 ΔH_r/（kJ/mol）
MnO_2	530	$MnO_2 \rightleftharpoons 1/2Mn_2O_3+1/4O_2$	42
$Ca(OH)_2$	410 ～ 520	$Ca(OH)_2 \rightleftharpoons CaO+H_2O$	104.4
$CaCO_3$	896	$CaCO_3 \rightleftharpoons CaO+CO_2$	167
MgH_2	250 ～ 500	$MgH_2 \rightleftharpoons Mg+H_2$	75
NH_3	400 ～ 700	$NH_3 \rightleftharpoons 1/2N_2+3/2H_2$	33.5
CH_4	500 ～ 1000	$CH_4+H_2O \rightleftharpoons CO+3H_2$	250
MgO	250 ～ 400	$MgO+H_2O \rightleftharpoons Mg(OH)_2$	81
$FeCO_3$	180	$FeCO_3 \rightleftharpoons FeO+CO_2$	—
CH_3OH	200 ～ 250	$CH_3OH \rightleftharpoons CO+2H_2$	—

3.3.3 化学热储存体系的要求[66]

① 反应具有较高的焓值和较大的储热密度；
② 反应发生的温度和压力要在设备条件允许的范围之内，且操作条件要温和；
③ 反应在动力学上能够快速进行，具有较高的充、放热速率及储热效率；
④ 反应过程可逆性好，无副产物；
⑤ 反应物和产物在常温下稳定、无毒、无污染、无腐蚀性，便于长时间储存和运输；
⑥ 反应材料来源丰富，价格便宜以降低反应成本。

3.4 三种储热方式比较

显热、潜热和化学热储存三种方式的比较见表 3-24[68,69]。

表 3-24 三种储热方式的比较[68,69]

比较项目	显热储热	潜热储热	化学热储热
储热原理	材料温升	相变潜热	可逆反应吸、放热
储热量	$Q=c_p m\Delta T$	$Q=m\Delta H_m$	$Q=n_A\Delta H_r$
容积储热密度	低，约 50kW·h/m³	中，约 100kW·h/m³	高，约 500kW·h/m³
质量储热密度	低，0.02～0.03kW·h/kg	中，0.05～0.1kW·h/kg	高，0.5～1kW·h/kg
储存温度	充热阶段温度	充热阶段温度	环境温度
储存期	短，限于环境散热损失	短，限于环境散热损失	理论上长时间
能量输运距离	近距离	近距离	理论上长距离
技术成熟度	产业规模	中试规模	实验室和中试规模
技术复杂度	简单	简单 / 中等	复杂
优点	简单、价廉、来源广	较高储热密度、体积小	储热密度最高、损失小、储存时间长
缺点	储存时间短、储热密度小、保温要求高	热导率小、部分有腐蚀性、保温要求高	昂贵、复杂

三种储热方式及材料的储热密度参见图 3-27[63]。图中：C 代表化学反应热储存，S 代表化学吸附热储存，P 代表相变材料热储存，W 代表用水储热。

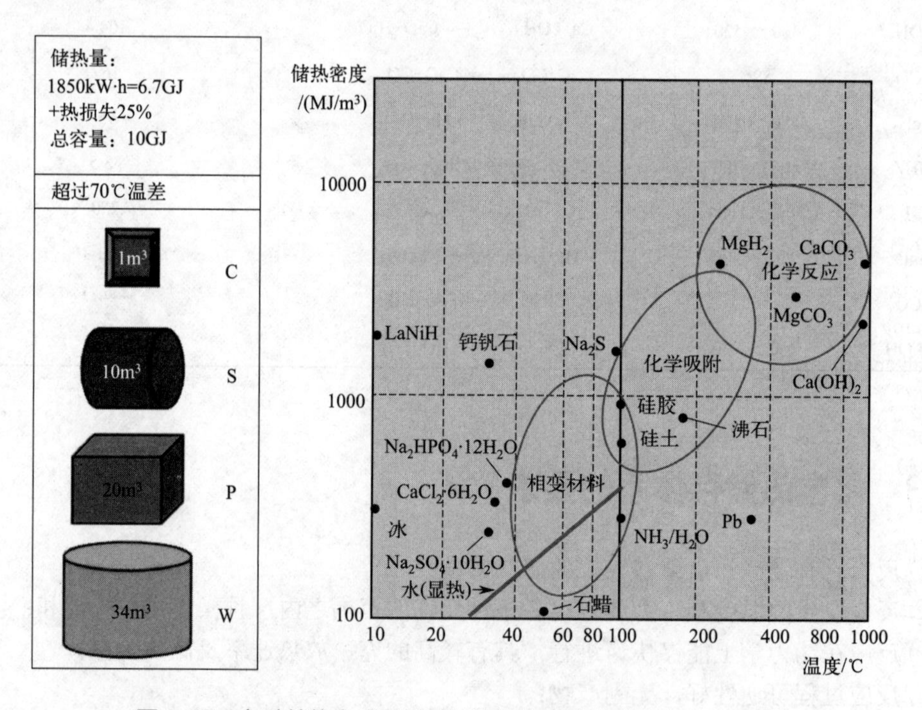

图 3-27 各种储热方式及材料的储热密度（修改自文献［63］）

参考文献

[1] 郭茶秀，魏新利．热能存储技术与应用．北京：化学工业出版社，2005.

[2] 樊栓狮，梁德青，杨向阳．储能材料与技术．北京：化学工业出版社，2004.

[3] 崔海亭，杨锋．蓄热技术及其应用．北京：化学工业出版社，2004.

[4] 汪琦，俞红啸，张慧芬．熔盐和导热油蓄热储能技术在光热发电中的应用研究．工业炉，2016，38 (03)：34-38，48.

[5] Fleuchaus P，Godschalk B，Stober I，et al. Worldwide application of aquifer thermal energy storage—a review. Renewable and Sustainable Energy Reviews，2018，94：861-876.

[6] 杨世铭，陶文铨．传热学.4 版．北京：高等教育出版社，2006.

[7] 章熙民，朱彤，安青松，等．传热学.6 版．北京：中国建筑工业出版社，2014.

[8] 郭苏，杨勇，李荣，等．太阳能热发电储热系统综述．太阳能，2015 (12)：42，46-49.

[9] GB 50176—2016. 民用建筑热工设计规范．

[10] 张寅平，胡汉平，孔祥冬，等．相变贮能——理论和应用．合肥：中国科学技术大学出版社，1996.

[11] 张仁元．相变材料与相变储能技术．北京：科学出版社，2009.

[12] 朱茂川，周国兵，杨霏，等．过冷水合盐相变材料跨季节储存太阳能研究进展．化工进展，2018，37 (6)：2256-2268.

[13] Zhou G B，Han Y W. Discharging performances of supercooled $CH_3COONa \cdot 3H_2O$ and $Na_2S_2O_3 \cdot 5H_2O$ in the rounded rectangular unit and parametric analysis. Journal of Energy Storage，2021，41：102869.

[14] Hirano S，Saitoh T S. Influence of operating temperature on efficiency of supercooled thermal energy storage. Proceedings of the Intersociety Energy Conversion Engineering Conference，2002，37：684-689.

[15] Sandnes B，Rekstad J. Supercooling salt hydrates：stored enthalpy as a function of temperature. Solar Energy，2006，80：616-625.

[16] 项宇彤．水合盐过冷蓄能单元设计与触发释能特性实验研究．北京：华北电力大学，2016.

[17] 陶文，张毅，孔祥法，等．无机水合盐相变材料过冷度抑制方法的研究进展．过程工程学报，2020，20 (06)：619-627.

[18] Safari A，Saidur R，Sulaiman F A，et al. A review on supercooling of phase change materials in thermal energy storage systems. Renewable and Sustainable Energy Reviews，2017，70：905-919.

[19] Zhang X，Fan Y，Tao X，et al. Crystallization and prevention of supercooling of microencapsulated *n*-alkanes. Journal of Colloid and Interface Science，2005，281：299-306.

[20] 徐海卫，常春，余强．太阳能热发电系统中熔融盐技术的研究与应用．热能动力工程，2015，30 (05)：659-665，816.

[21] 路阳，彭国伟，王智平，等．熔融盐相变储热材料的研究现状及发展趋势．材料导报，2011，25 (21)：38-42.

[22] 赵倩，王俊勃，宋宇宽，等．熔融盐高储热材料的研究进展．无机盐工业，2014，46 (11)：5-8.

[23] 常春，肖澜，王红梅，等．储热材料在太阳能热发电领域中的应用与展望．新材料产业，2012 (07)：12-19.

[24] 吴建锋，宋谋胜，徐晓虹，等．太阳能中温相变储热材料的研究进展与展望．材料导报，2014，28 (17)：1-9，29.

[25] 叶锋，曲江兰，仲俊瑜，等．相变储热材料研究进展．过程工程学报，2010，10 (06)：1231-1241.

[26] 杨磊，姚远，张冬冬，等．有机相变储能材料的研究进展．新能源进展，2019，7 (05)：464-472.

[27] 余建祖，高红霞，谢永奇．电子设备热设计及分析技术．2版．北京：北京航空航天大学出版社，2008.
[28] 顾庆军，费华，王林雅，等．脂肪酸相变储能材料热性能研究进展．化工进展，2019，38（06）：2825-2834.
[29] Nazir H, Batool M, Ali M, et al. Fatty acids based eutectic phase change system for thermal energy storage applications. Applied Thermal Engineering, 2018, 142: 466-475.
[30] Zhang Z L, Yuan Y P, Zhang N, et al. Experimental investigation on thermophysical properties of capric acid - lauric acid phase change slurries for thermal storage system. Energy, 2015, 90 (1): 359-368.
[31] Pielichowska K, Pielichowski K. Phase change materials for thermal energy storage. Progress in Materials Science, 2014, 65: 67-123.
[32] 张锦涛，尹冠生，史明辉，等．癸酸-十六醇/气相二氧化硅定型复合相变材料的制备及性能表征．功能材料，2021，52（12）：12143-12151.
[33] 付江辉，郑丹星．饱和一元脂肪醇类相变材料的蓄热特性．北京化工大学学报（自然科学版），2004（03）：18-21.
[34] Gunasekara S N, Stalin J, Marçal M, et al. Erythritol, glycerol, their blends, and olive oil, as sustainable phase change materials. Energy Procedia, 2017, 135: 249-262.
[35] 李贝，刘道平，杨亮．复合相变蓄热材料研究进展．制冷学报，2017，38（04）：36-43.
[36] 夏永鹏，崔韦唯，张焕芝，等．复合相变储能材料的制备及强化传热研究进展．现代化工，2017，37（06）：15-19，21.
[37] Li G, Hwang Y, Radermacher R. Review of cold storage materials for air conditioning application. International Journal of Refrigeration, 2012, 35: 2053-2077.
[38] Singh P, Sharma R K, Ansu A K, et al. A comprehensive review on development of eutectic organic phase change materials and their composites for low and medium range thermal energy storage applications. Solar Energy Materials & Solar Cells, 2021, 223: 110955.
[39] 王慧丽．局部低温诱发过冷水合盐凝固释能特性实验研究．北京：华北电力大学，2020.
[40] Su W G, Darkwa J, Kokogiannakis G. Review of solid-liquid phase change materials and their encapsulation technologies. Renewable and Sustainable Energy Reviews, 2015, 48: 373-391.
[41] Barrett P F, Best B R. Thermal energy storage in supercooled salt mixtures. Materials Chemistry and Physics, 1985, 12 (6): 529-536.
[42] Liu Y S, Yang Y Z. Preparation and thermal properties of $Na_2CO_3 \cdot 10H_2O$-$Na_2HPO_4 \cdot 12H_2O$ eutectic hydrate salt as a novel phase change material for energy storage. Applied Thermal Engineering, 2017, 112: 606-609.
[43] Pereira da Cunha J, Eames P. Thermal energy storage for low and medium temperature applications using phase change materials—a review. Applied Energy, 2016, 177: 227-238.
[44] Sarvghad M, Maher S D, Collard D, et al. Materials compatibility for the next generation of concentrated solar power plants. Energy Storage Materials, 2018, 14: 179-198.
[45] Ye H, Ge X S. Preparation of polyethylene—paraffin compound as a form-stable solid-liquid phase change material. Solar Energy Materials and Solar Cells, 2000, 64 (1): 37-44.
[46] Zhang Y P, Yang R, Lin K P, et al. Preparation, thermal performance and application of shape-stabilized PCM in energy efficient buildings. Energy and Buildings, 2006, 38 (10): 1262-1269.
[47] 公雪，王程遥，朱群志．微胶囊相变材料制备与应用研究进展．化工进展，2021，40（10）：5554-5576.
[48] 谢望平，汪南，朱冬生，等．相变材料强化传热研究进展．化工进展，2008（02）：190-195.

[49] 朱孟帅，闫勤学，王子龙，等．铜金属泡沫填充率对相变材料融化过程强化传热的机理研究．中国电机工程学报，2022，42（13）：4915-4924.
[50] 张正国，王学泽，方晓明．石蜡 / 膨胀石墨复合相变材料的结构与热性能．华南理工大学学报（自然科学版），2006（03）：1-5.
[51] Kibria M A，Anisur M R，Mahfuz M H，et al. A review on thermophysical properties of nanoparticle dispersed phase change materials. Energy Conversion and Management，2015，95：69-89.
[52] Meng X，Zhang H，Sun L，et al. Preparation and thermal properties of fatty acids/CNTs composite as shape-stabilized phase change materials. Journal of Thermal Analysis and Calorimetry，2013，111：377-384.
[53] Sharma R K，Ganesan P，Tyagi V V，et al. Thermal properties and heat storage analysis of palmitic acid-TiO_2 composite as nano-enhanced organic phase change material（NEOPCM）. Applied Thermal Engineering，2016，99：1254-1262.
[54] 于少明，蒋长龙，杭国培，等．固固相变贮能材料研究现状与进展．化工新型材料，2002（07）：19-21.
[55] 阮德水，张太平，梁树勇，等．相变贮热材料的 DSC 研究．太阳能学报，1994，15（01）：19-24.
[56] 张太平，阮德水，张道圣，等．新戊二醇 - 季戊四醇二元系固 - 固相变贮热的研究．华中师范大学学报（自然科学版），1992，26（3）：323-326.
[57] Li W，Zhang D，Zhang T，et al. Study of solid-solid phase change of $(n\text{-}C_nH_{2n+1}NH_3)_2MCl_4$ for thermal energy storage. Thermochimica Acta，1999，326：183-186.
[58] 武克忠，张建军，鲁彬，等．硫氰化铵固固相变贮能的研究．河北师范大学学报（自然科学版），1999，3（1）：79-81.
[59] 姜勇，丁恩勇，黎国康．化学法和共混法制备的 PEG/CDA 相变材料的性能比较——储热性能与链结构的关系．纤维素科学与技术，2000（01）：17-25.
[60] Alkan C，Gunther E，Hiebler S，et al. Polyurethanes as solid-solid phase change materials for thermal energy storage. Solar Energy，2012，86：1761-1769.
[61] 张伟，黄荣荣，俞强，等．高分子固 - 固相转变储能材料的研究进展．现代塑料加工应用，2003（06）：52-56.
[62] 闫霆，王文欢，王程遥．化学储热技术的研究现状及进展．化工进展，2018，37（12）：4586-4595.
[63] Krese G，Koželj R，Butala V，et al. Thermochemical seasonal solar energy storage for heating and cooling of buildings. Energy and Buildings，2018，164：239-253.
[64] 闫霆，王文欢，王如竹．化学吸附储热技术的研究现状及进展．材料导报，2018，32（23）：4107-4115，4124.
[65] 鲍泽威，吴震，孟翔宇，等．基于金属氢化物的太阳能热电站高温蓄热系统经济性分析．华北电力大学学报，2012，39（1）：18-22.
[66] 孙峰，彭浩，凌祥．中高温热化学反应储能研究进展．储能科学与技术，2015，4（6）：577-584.
[67] Kuravi S，Trahan J，Yogi Goswami D，et al. Thermal energy storage technologies and systems for concentrating solar power plants. Progress in Energy and Combustion Science，2013，39：285-319.
[68] Desai F，Jenne S P，Muthukumar P，et al. Thermochemical energy storage system for cooling and process heating applications：a review. Energy Conversion and Management，2021，229：113617.
[69] Pardo P，Deydier A，Anxionnaz-Minvielle Z，et al. A review on high temperature thermochemical heat energy storage. Renewable and Sustainable Energy Reviews，2014，32：591-610.

思考题

1. 三种热能储存方法分别是什么？如何计算其储热量？
2. 举例固体显热储存材料有哪几类，说明其优缺点和使用场合。
3. 举例液体显热储存材料有哪几类，说明其优缺点和使用场合。
4. 常用的潜热储存有哪两类？
5. 固液相变材料的分类有哪些？分别举出生活中常用的例子并说明其优缺点。
6. 举例说明固固相变材料的特点。
7. 什么是过冷和相分离现象？有什么减缓措施？
8. 复合相变材料可以有哪几类？分别举例说明其复合原理和方法。
9. 举例说明提高相变材料热导率的方法。
10. 化学热储存有哪几种方法？
11. 举例说明化学热储存有哪几种体系，给出其反应方程式。
12. 比较分析三种储热方式的优缺点。

第四章
蒸汽蓄热器技术

本章基本要求

掌　握　蒸汽蓄热器工作原理以及卧式圆筒形蓄热器结构（4.2，4.3）；鲁茨喷射器原理与结构（4.3）；全日积分曲线法、分段积分曲线法（4.4）；蓄热量和蓄热器容积的计算方法（4.4）。

理　解　蒸汽蓄热器形式和连接形式（4.3）；周期性分段积分曲线法、高峰负荷法、充热速率法（4.4）；蒸汽蓄热器充放热过程特性（4.5）；蒸汽蓄热器应用条件、场合和效益（4.6）。

了　解　蒸汽蓄热器应用实例（4.7）。

从本章开始将陆续介绍国民经济和社会生产生活各领域中的热能储存技术及其应用的具体方法和系统。本章介绍蒸汽蓄热器技术，主要用于存在负荷波动的工业用汽场合，内容包括蒸汽蓄热器背景、工作原理、结构、热工计算、充放热特性和应用条件与实例等。

4.1 背景与现状[1,2]

在许多工业生产过程中存在用汽负荷不均衡、用汽量忽高忽低等大幅波动的状况，或用汽设备不断开停，不仅会引起锅炉汽压和水位上下波动，使锅炉运行操作困难，而且造成锅炉运行效率下降，结果浪费了能源，产品产量、质量也受到影响，司炉人员劳动强度加大、设备寿命缩短。使用蒸汽蓄热器能有效稳定锅炉负荷，改善锅炉运行条件。

蒸汽蓄热器的设想发端于19世纪，经过多位学者的努力，1916年瑞典工程师Ruths博士发明了著名的鲁茨蒸汽蓄热器，为蓄热器的广泛应用打开了局面。我国在20世纪60年代开始研究蒸汽蓄热器，20世纪80年代开始应用。随着节能、低碳、环保的理念逐渐深入人心，在21世纪蒸汽蓄热器的应用和发展愈加得到重视，应用范围涵盖了石油、化工、机械、钢铁、纺织、玻璃、橡胶、酿造、烟草、造纸、热电联产、太阳能热发电、舰船等行业的工业用汽系统。随着智能化、自动化技术的不断发展，蒸汽蓄热器也开始实现智能化管理和自动化控制。例如，通过对蒸汽蓄热器的自动监测，可以实现更精确的温度控制，进而提高能源利用效率和满足及时响应负荷需求。

4.2 蒸汽蓄热器工作原理[3,4]

在压力容器中以水为介质，将热能以饱和水的形式储存起来。充热和放热过程如下。

充热过程：当用汽负荷下降时，锅炉供汽主管压力上升，产生的多余蒸汽以热能形式通过充热装置充入软水中储存，使蓄热容器内水的压力和温度上升，形成一定压力下的饱和水。充热达到设定的压力时终止充热，这时容器内的压力称为充热压力，亦即蓄热器变压范围的上限。

放热过程：当用汽负荷上升、锅炉供汽不足时，随着压力下降，蓄热器内饱和水成为过热水而自蒸发产生饱和蒸汽，流出蓄热器向用户供汽。设定的终止放热压力称为放热压力，即蓄热器变压范围的下限。

蓄热器中的水既是蒸汽和水进行热交换的介质，又是蓄存热能的载体。在一定压力下，尽管单位质量饱和蒸汽的焓值比饱和水的焓值大，但饱和水的密度比饱和蒸汽的密度大很多，因此相同体积水的含热量远远大于蒸汽的含热量，这是蒸汽蓄热器能够吞吐大量热能的原理。

例如在0.5MPa（绝对压力）时，饱和蒸汽的比焓为2748kJ/kg、密度为2.67kg/m^3，则

$1m^3$ 蒸汽的含热量为 7337kJ；相同压力下饱和水的比焓为 640kJ/kg、密度为 915kg/m^3，则 $1m^3$ 饱和水的含热量为 585600kJ，即相同体积饱和水的含热量是蒸汽的 79.8 倍。

蒸汽蓄热器设置在汽源和用汽负荷之间，在室内、室外均可安装，通常装设在锅炉房附近。通过蓄热器对热能的吞吐作用，使供热、用热系统平稳运行，从而可使锅炉在满负荷或某一稳定负荷下平稳运行。

4.3 蒸汽蓄热器形式和结构[3-9]

4.3.1 蒸汽蓄热器形式

蒸汽蓄热器多为钢制圆筒形和球形，圆筒形有立式和卧式两种。卧式蒸汽蓄热器（图 4-1）的蒸发面积较大，安装检修方便，对强度和稳定性的要求也比较低，所以目前卧式蒸汽蓄热器应用较多，但缺点是占地面积大。立式蒸汽蓄热器占地面积小，但存在振动和蒸发面积小的缺点，故应用得较少。

图 4-1 西班牙 PS10 电站卧式蒸汽蓄热器[5]

受制作工艺、运输条件等的限制，圆筒形蒸汽蓄热器直径一般不超过 3400mm[6]，体积一般不超过 $200m^3$。球形蒸汽蓄热器具有占地面积小、储热量大、结构简单及节约钢材等优点，且球形蒸汽蓄热器的蒸汽空间大于卧式圆筒形蒸汽蓄热器，有利于降低饱和蒸汽的含水率[7]。球形蒸汽蓄热器有 $1000m^3$、$650m^3$ 和 $400m^3$ 三种规格，对应的内径分别为 12300mm、10700mm 和 9200mm。

4.3.2 蒸汽蓄热器结构

（1）卧式圆筒形蒸汽蓄热器结构

如图 4-2 所示[8, 9]，卧式圆筒形蒸汽蓄热器由蓄热器本体和进出口自动调节阀组成。蒸汽蓄热器一般是钢制圆筒形或球形压力容器，外壁敷设保温层。

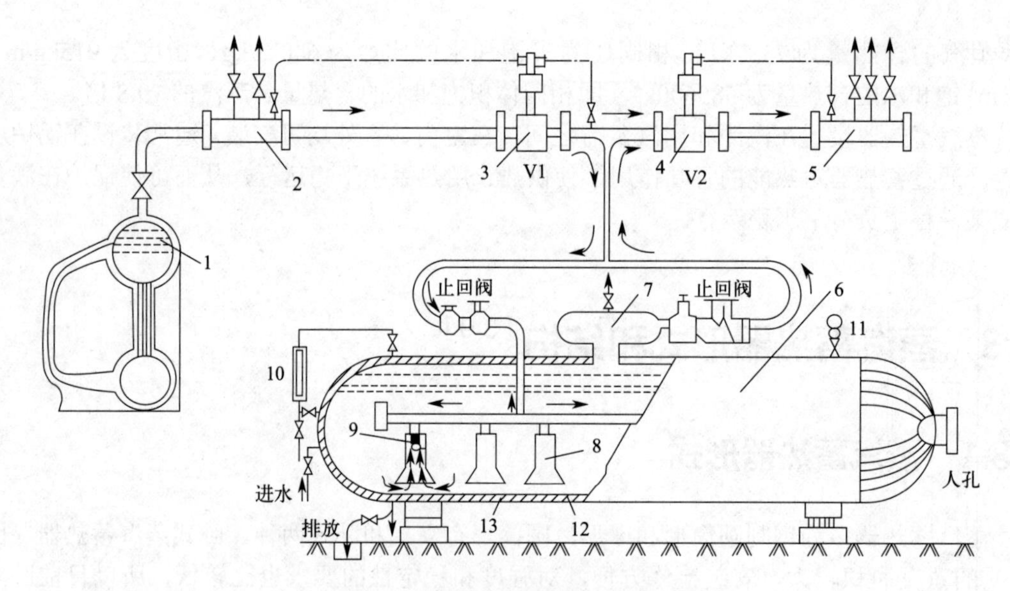

图 4-2 卧式圆筒形蒸汽蓄热器结构[8,9]

1—锅炉；2—高压分汽缸；3—高压侧自动控制阀 V1；4—低压侧自动控制阀 V2；5—低压分汽缸；6—蓄热器本体；7—汽水分离器；8—水循环套管；9—蒸汽喷嘴；10—水位计；11—压力表；12—保温层；13—保温层罩壳

蓄热器本体包括以下部分。

① 蓄热器壳体：是蓄热介质和各部件的承载容器。

② 内部充热装置：包括分配总管、支管及鲁茨喷射器，其作用是使容器内的储存水进行必要的循环，消除温度分层现象。其中鲁茨喷射器包括蒸汽喷嘴和水循环套管，如图 4-3 所示。蒸汽从喷嘴斜向上方喷出，依靠循环套管内外密度差和喷汽引射作用，使套管内外水循环，同时将蓄热器内水加热。鲁茨喷射器具有汽水混合效果好、上下水温均匀速度快、振动和噪声小等优点。

③ 顶部波形板汽水分离器：改善出汽品质及均匀性，组装和维修方便。

④ 固定支座和活动支座：除了用于支撑蓄热器外，固定支座限制蓄热器位移，而活动支座则使筒体能自由伸缩以补偿蓄热器内温度变化引起的筒体热胀冷缩。

⑤ 安全附件：包括水位计、压力表、温度计、安全阀。

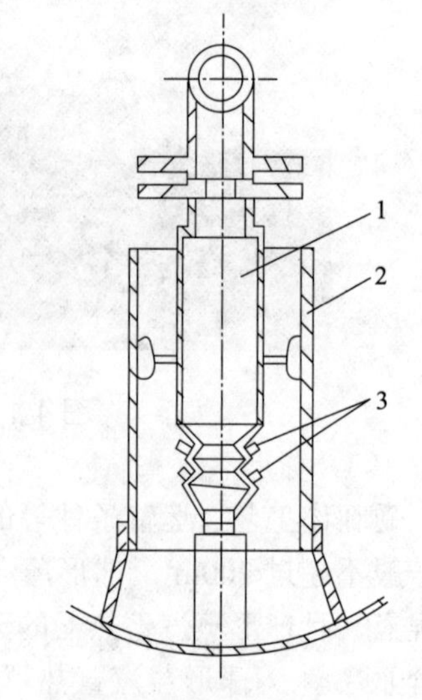

图 4-3 鲁茨喷射器结构[8]

1—蒸汽支管；2—水循环套管；3—蒸汽喷嘴

图 4-2 中，蓄热器高压侧蒸汽由 V1 阀控制，用于调节锅炉蒸汽量与流入蓄热器蒸汽量；V2 阀是蓄热器的蒸汽输出阀，也是减压阀，以满足用户对蒸汽流量的变化要求，并保持一定的输出压力。蓄热器筒体壁上有蒸汽入口和出口、人孔、排气口以及进水口，其底部有排水口和支座。

（2）立式圆筒形蒸汽蓄热器结构

如图 4-4 所示[4]，立式圆筒形蒸汽蓄热器的内部装置随设计的不同可有多种形式，一般除有相同的圆柱形循环导流筒之外，还装有若干截头圆锥形的导流圈，它使蓄热器在充热和放热过程中水流按设定的循环路线流动，以优化充热和放热过程。充热蒸汽的喷嘴有的装在循环导流筒之内，有的装在筒外的环形蒸汽管上。

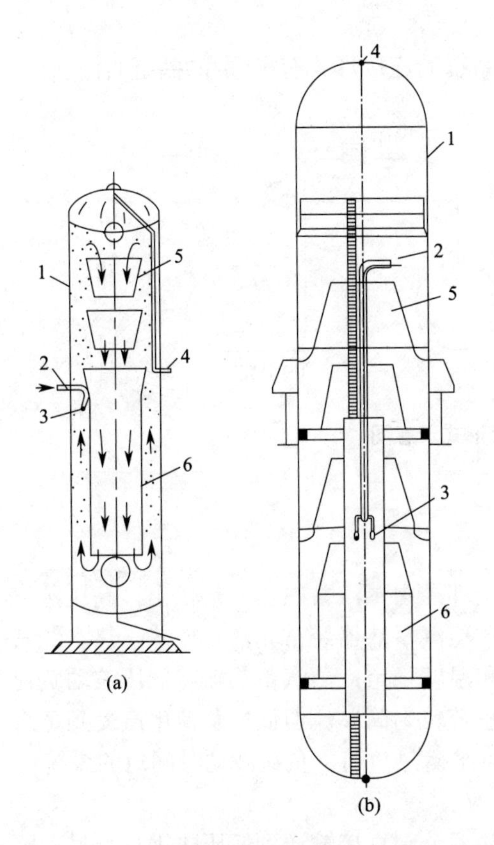

图 4-4　立式圆筒形蒸汽蓄热器两种结构示意图[4]

1—筒体；2—充热蒸汽管；3—蒸汽喷嘴；
4—蒸汽输出管；5—截头圆锥形导流圈；
6—循环导流筒

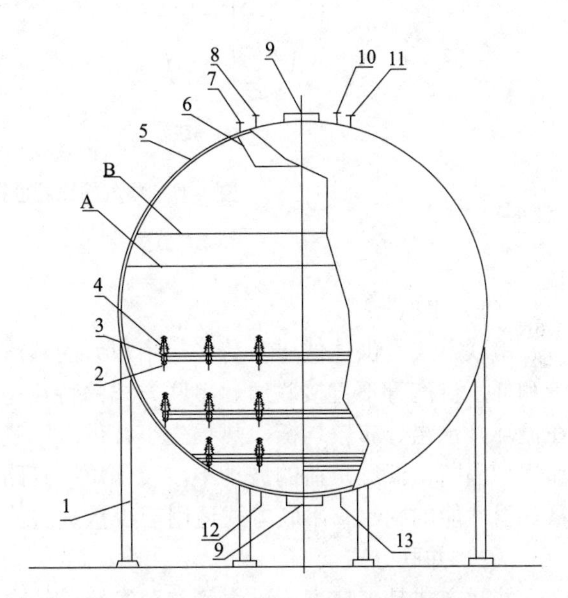

图 4-5　球形蒸汽蓄热器结构示意图[10]

1—支架；2—循环管支撑装置；3—循环管；4—充热装置；
5—球形壳体；6—汽水分离装置；7—进汽管；8—出汽管；
9—人孔；10—泄压管；11—人工排汽管；12—补水管；
13—排污管；A—水位下限；B—水位上限

（3）球形蒸汽蓄热器结构

球形蒸汽蓄热器由球形壳体（简称“球壳”）、支架、内部装置、安全排放装置、测量仪表装置和球形梯台等组成[6,10]，其结构如图 4-5 所示[10]。球壳与支架可采用 U 形托板连接结构以降低应力集中。球形壳体上开有人孔，设有连接蒸汽进出口管、补水管、排污管、安全阀、泄压管、人工排汽管，以及温度、压力和液位等测量仪表。内部装置主要包括充热装置、汽水分离装置和补水放水装置等。蒸汽通过进汽管进入球形蒸汽蓄热器，通过循环管、充热装置与球壳内存水充分混合并均匀加热球壳内存水，完成充热过程。汽水分离装置布置在球壳顶部，靠近上人孔，位于蒸汽空间内。补水放水装置用于控制球形蒸汽蓄热器内水位，保障蓄热效率。球壳底部的排污管定期排出球壳内杂质。球形梯台沿球壳外沿螺旋上升至球壳顶部，在球壳顶部设环形检修平台。球形壳体及受压元件应满足强度要求，接管焊缝应避免应力集中。文献［7］中设计的球形蒸汽蓄热器球壳材料为 Q370R，接管材料为 20MnMo。该球形蒸汽蓄热器体积为 650m^3，壳体设计压力为 3.5MPa，设计温度为 245℃，腐蚀裕量为 1.5mm，工作压力为 1.3 ～ 3.2MPa，工作温度为 195 ～ 240℃。

4.3.3 蒸汽蓄热器连接形式[4]

如图4-6所示[4]，蒸汽蓄热器与锅炉和供热系统的连接形式有串联和并联两种。

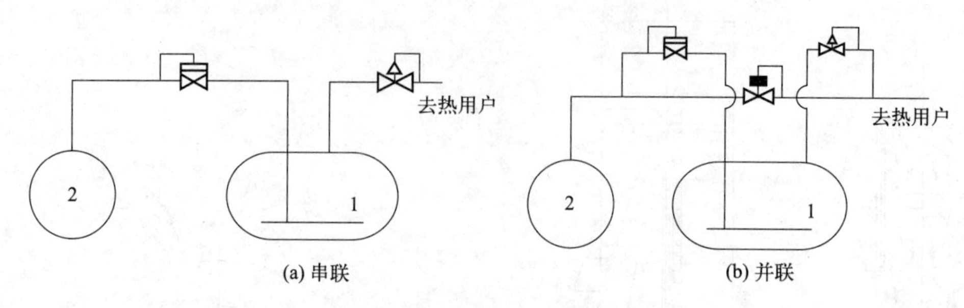

图4-6 蒸汽蓄热器连接形式示意图[4]

1—蒸汽蓄热器；2—锅炉

（1）串联方式

串联方式是供往低压负荷（热用户）的蒸汽全部经由蒸汽蓄热器放热供出，高压蒸汽管和低压供汽管不直接联通。串联方式的特点是：蒸汽蓄热器经常充热、放热，热水经常在循环，水温分布较均衡，热损失小；供汽干度和温度稳定；蒸汽蓄热器将低压波动负荷和锅炉隔断，低压负荷的波动不波及锅炉；管路系统较为简单。但低压负荷用汽受到蒸汽蓄热器性能的制约。串联方式适用于少量蒸汽就可平衡热负荷、负荷波动时间短的系统。

（2）并联方式

并联方式是来自高压供汽管的蒸汽一路经自动调节阀直接输送到低压热用户，另一路经高压管送入蒸汽蓄热器充热，在需用蓄热时蒸汽蓄热器放热，其输出的蒸汽和来自锅炉的蒸汽汇流后送往低压热用户。当锅炉的直接供汽量和低压用汽量相平衡时，蒸汽蓄热器暂不起作用。当低压用汽量小于直接来自高压管的供汽能力时，多余蒸汽便流入蒸汽蓄热器充热。当低压用汽量大于直接来自高压管的供汽量时，蒸汽蓄热器便放热送汽，以补充直接供汽量的不足。当低压负荷侧停止用汽时，来自锅炉的蒸汽就全部充入蒸汽蓄热器达到充热压力为止。并联方式的特点是：仅有部分蒸汽进入蒸汽蓄热器充热，不充热时间较多，导致热水有时停止循环，易使蒸汽蓄热器底部水温下降；低压负荷侧蒸汽的品质因来源不同而稍异；低压负荷在剧烈波动时有可能波及高压侧锅炉；管路系统比串联方式含有更多弯头和连接点；短时间内对低压负荷侧供汽能力较强。并联方式用于负荷波动递增速率较缓和的情形。

4.4 蒸汽蓄热器热工参数和计算

4.4.1 蒸汽蓄热器的热工参数

蒸汽蓄热器的热工参数包括输出蒸汽压力、蒸汽空间或充水系数、单位容积蓄热量和蓄热器热效率。

输出蒸汽压力是蒸汽蓄热器内降压至自蒸发产生的饱和蒸汽压力。

蒸汽空间是为了使蒸汽蓄热器在放热初始时即能供出较多的饱和蒸汽，必须在蒸汽蓄热器内保持足够的蒸汽空间，剩下的水容积占蒸汽蓄热器总容积的百分率通常称为**充水系数**。根据不同的热用户情况，充水系数一般在 0.75 ～ 0.9 之间。

单位容积蓄热量是蒸汽蓄热器内 1m^3 饱和水从完全充热到完全放热两种状态之间所蓄存的热量或蒸汽量，kJ/m^3 或 kg/m^3。可近似按式（4-1）计算[4]：

$$q=\frac{i_1'-i_2'}{(i_1''+i_2'')/2-i_2'}\rho_1' \tag{4-1}$$

式中，q 为单位容积蓄热量，kg/m^3；i_1'、i_2' 分别是充热压力 p_1 和放热压力 p_2 时饱和水的比焓值，kJ/kg；i_1''、i_2'' 分别是充热压力 p_1 和放热压力 p_2 时饱和蒸汽的比焓值，kJ/kg；ρ_1' 是充热压力 p_1 时饱和水的密度，kg/m^3。

单位容积蓄热量与充、放热压差成正比，并随放热压力提高而降低，但是充、放热压力受到热源（锅炉）和热用户压力要求的制约。

由于充热和放热过程中存在着散热损失，放热输出焓值与充热输入焓值之比为**蓄热器热效率**。

4.4.2 蓄热量计算方法

蒸汽蓄热器必须蓄热量的计算可以采用全日积分曲线法、分段积分曲线法、高峰负荷计算法和充热速率计算法等。

（1）全日积分曲线法

全日积分曲线法是根据热用户在周期时间（一昼夜）内的波动负荷曲线 $Q\sim\tau$，求出该阶段的平均负荷 Q_{avg}，然后根据负荷曲线和平均负荷间的差值积分得到积分曲线 $\Delta Q\sim\tau$，积分曲线上最高点与最低点间差值为蒸汽蓄热器必须蓄热量 G，如图 4-7（a）、图 4-7（b）所示[11]。

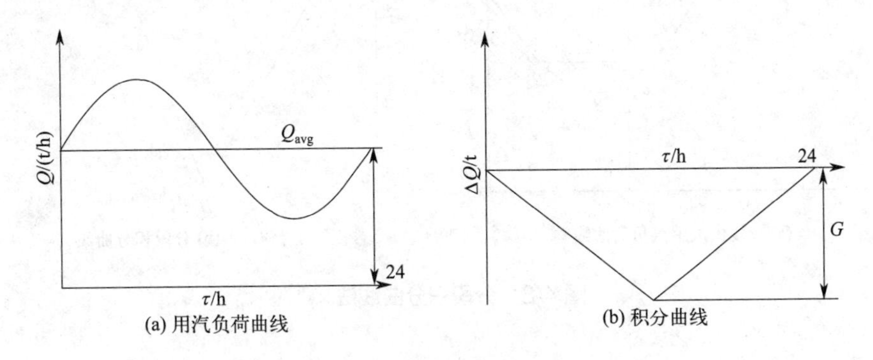

图 4-7　全日积分曲线法[11]

用汽负荷曲线（瞬时负荷 Q）可表示为：

$$Q=f(\tau) \tag{4-2}$$

则平均负荷 Q_{avg}：

$$Q_{avg}=\frac{\int_0^{24} f(\tau)\,d\tau}{24} \tag{4-3}$$

在锅炉与热用户之间装有蒸汽蓄热器时，锅炉可按平均负荷 Q_{avg} 定常供汽。当 $Q < Q_{avg}$ 时，锅炉供汽多于热用户用汽，蒸汽蓄热器充汽；当 $Q > Q_{avg}$ 时，锅炉供汽少于用户用汽，蒸汽蓄热器放出储存的蒸汽以补充锅炉供汽的不足。

对用汽负荷 Q 与平均负荷 Q_{avg} 的差值积分则得到积分曲线：

$$\Delta Q=\int_0^{\tau}(Q_{avg}-Q)\,d\tau \tag{4-4}$$

则必须蓄热量为最高点蓄热量与最低点蓄热量之差，即：

$$G=\max(\Delta Q)-\min(\Delta Q) \tag{4-5}$$

（2）分段积分曲线法

以一昼夜用汽负荷为周期，在此期间内一段时间平均用汽量较小，而另一段时间用汽量较大，此种情况在实际的工程应用中较为常见。如以一昼夜为周期来计算平衡波动负荷所需的蓄热量，所得结果往往过大，使蒸汽蓄热器容积过大，投资较多。此时可用分段积分曲线法，即把一个波动周期的连续负荷曲线按接近的峰值分成数段，作为波动负荷的几个分段，分别计算出每段的平均负荷，并由此画出每段的积分曲线，求出每个分段的必须蓄热量 G_i，采用其中最大的蓄热量作为确定蒸汽蓄热器容积的依据。这样求得的蒸汽蓄热器容积一般比以一昼夜为一个平衡周期所求得的容积显著减小，从而降低制造费用，如将图 4-7 中的负荷分成两段（0 ～ 16h，16 ～ 24h），则分段负荷曲线和分段积分曲线如图 4-8（a）、图 4-8（b）所示[11]。

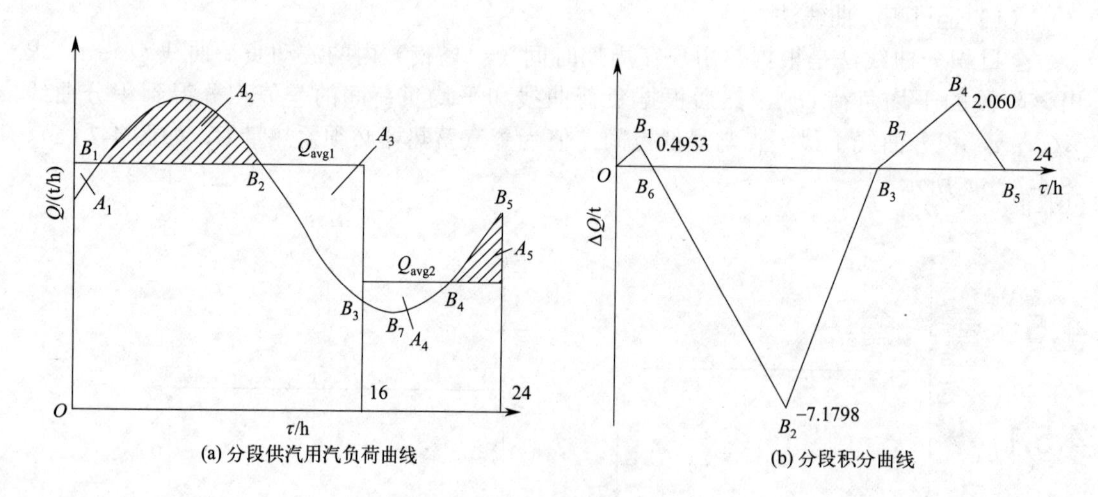

图 4-8　分段积分曲线法[11]

分段曲线第一段的必须蓄热量 G_1 对应于图 4-8（b）中 B_1 点的值 0.4953t 减去 B_2 点的值 −7.1798t 得到 7.6751t，相应第二段的必须蓄热量 G_2 为 B_4 点的值减去 B_5 点的值即 2.060t，取二者中最大值，这样确定蒸汽蓄热器的必须蓄热量为 7.6751t，比图 4-7 全日积分曲线法得到的必须蓄热量 15.28t 小很多。

文献［11］指出，利用分段积分法得到的必须蓄热量偏小，因为蒸汽蓄热器充热到 B_3

后并未停止，而是继续充热到 B_7 点，宜将各段积分曲线首尾相接形成对应整个波动周期的积分曲线，即周期分段积分曲线，其整个周期内最高点和最低点之差即为必须蓄热量。对应于图 4-8（b）中，最高点 B_4 点的值 2.060t 减去 B_2 点的值 −7.1798t 得到 9.2398t，此值介于全日积分曲线法和分段积分曲线法的必须蓄热量值之间。

（3）高峰负荷计算法

高峰负荷计算法，即必须蓄热量 G 为高峰用汽量减去锅炉供汽量，可表示为：

$$G=(Q_{\max}-Q_0)\tau/60 \tag{4-6}$$

式中，$Q_{\max}$ 和 Q_0 分别为每小时高峰用汽量和锅炉供汽量，kg/h；τ 是高峰用汽时间，min。

这种计算方法适用于当蒸汽蓄热器主要作为保存大量蒸汽的容器供给负荷短时间内使用的场合。它基本上无平衡负荷的作用，因为相对于瞬时的巨大用汽量有时锅炉的容量很小，因此对于这类负荷蒸汽蓄热器的蓄热量主要决定于高峰用汽量。

（4）充热速率计算法

当蒸汽蓄热器用于将间断供汽的热源转变为连续供汽的热源，或要求在一定时间内蓄存多余的汽轮机排汽时，蒸汽蓄热器的蓄热量 G 主要取决于充热蒸汽的流量，即：

$$G=Q_1\tau/60 \tag{4-7}$$

式中，Q_1 是间断供汽热源的平均产汽量，kg/h；τ 是高峰用汽时间，min。

4.4.3 蒸汽蓄热器容积的确定

必须蓄热量确定以后，按照已设定的蒸汽蓄热器充热压力和放热压力求得饱和水的单位容积蓄热量，再结合充水系数确定蒸汽蓄热器容积。蒸汽蓄热器容积 V 可以计算为[8]

$$V=G/(q\varphi\eta) \tag{4-8}$$

式中，G 是必须蓄热量，kg；q 是单位容积蓄热量，kg/m^3；η 是蒸汽蓄热器热效率，可取值 0.98；φ 是充水系数。

4.5 蒸汽蓄热器充放热过程特性[12-17]

4.5.1 蒸汽蓄热器充热过程特性

蒸汽蓄热器的充热（汽）过程是来自锅炉或换热器的过热蒸汽经进汽管进入蒸汽蓄热器，通过充热装置与蒸汽蓄热器内的水进行复杂的两相质量和热量交换。孙宝芝等[12]实验研究了为舰载机弹射提供蒸汽的蒸汽蓄热器充热过程，表明在充汽过程中蒸汽温度要高于水温，当充汽阀完全关闭后，蒸汽温度逐渐降低而水温逐渐升高。水空间温度出现分层现象，蒸汽蓄热器底层水温较低，上层水温较高。图 4-9 示出了不同充汽流量下蒸汽蓄热器压力和温度曲线[12]，充汽过程中由于过热蒸汽的充入，蒸汽蓄热器压力急剧升高，当压力升至充汽预设压力后，充汽阀接受压力反馈信号关闭，停止进汽；但蒸汽蓄热器压力没有稳定在充汽阀完全关闭时刻的数值，而是蒸汽蓄热器压力高于水温对应饱和压力，蒸汽液化，导致蒸汽蓄热器压力下降。当水完全饱和后，蒸汽蓄热器压力便不再发生变化。充汽流量越大，蒸汽蓄热器所需的充汽时间越短，由不均衡势差导致的压降越大。同样，水温增加的速率也随充汽流量的增加而加快，达到饱和后趋于稳定。另外，在充汽压差一定的情况下，充汽初压的提升有利于船用蒸汽蓄热器能量的快速储存，充汽时间越短；而初始水位越高，水所具有的热惯性越大，蒸汽蓄热器充到指定压力所需的充汽时间越长。

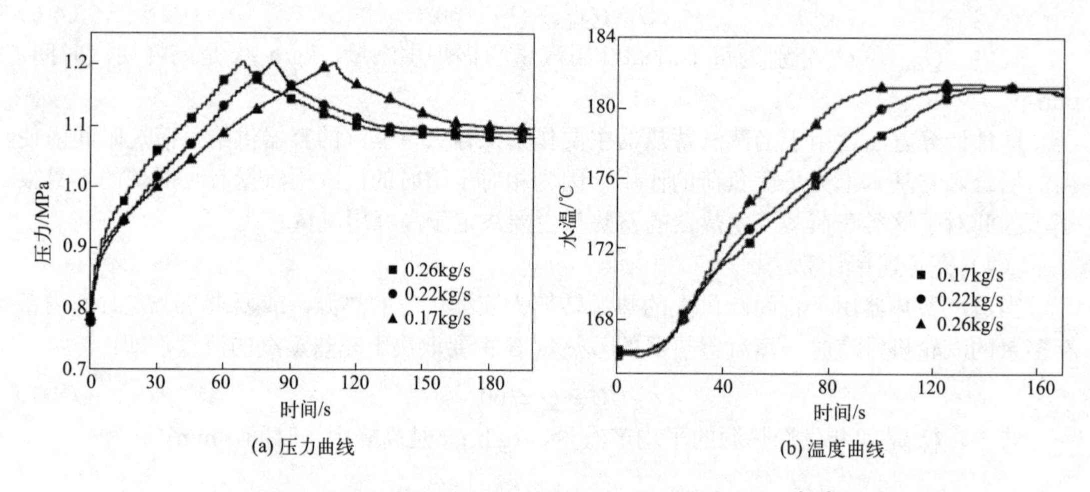

图 4-9　不同充汽流量下蒸汽蓄热器压力和温度曲线[12]

充热过程增加蒸汽喷射速度和增强气液混合换热强度对于缩短充热时间，加快从非稳态到稳态过渡有重要影响，而这与充热装置的结构参数密切相关。喷嘴与竖直方向夹角（θ 角）越大，循环筒的横向混合越强烈，速度分布越均匀。而 θ 角越小，蒸汽射流的竖向分量就越大，循环速度越快。故 θ 角存在最佳值，实验条件下单排喷嘴 θ 角为 30° 或 60° 时充热效果较好。分层布置时，相邻两排喷嘴错开 15° 布置且 θ 角相差 7° ～ 10°[13,14]。喷嘴出口直径越小，蒸汽喷射速度越大，引起水空间扰动强度越大，水循环越快，喷射蒸汽雾化效果越好，增大了与水的接触表面积。但减小喷嘴出口直径，会增大蒸汽喷射节流阻力，增加不可逆热损失，最佳范围为 4.5 ～ 7.5mm，可取 6mm[13,14]。

4.5.2　蒸汽蓄热器放热过程特性

蒸汽蓄热器的放热过程是开启放气阀后的降压自蒸发过程。孙宝芝等[15]同样实验研究了为舰载机弹射提供蒸汽的蒸汽蓄热器放热过程，图 4-10 示出了蒸汽蓄热器压力随时间变化曲线（实验 D 为蒸汽蓄热器初始压力 1.15MPa，放汽终了压力 0.85MPa；实验 E 为蒸汽蓄热器初始压力 0.59MPa，放汽终了压力 0.48MPa）。可以看出，蒸汽蓄热器压力在短时间内迅速由初始压力降至设定值，放汽阀关闭后蒸汽蓄热器压力并未稳定在设定压力，而是由于蒸汽蓄热器热惯性的存在，蒸汽蓄热器液空间仍存在大量处于过热态的水，出现了压力回升并稳定在回升值左右。实验 D 和 E 的放汽时间相差不大。郝金玉等[16]的模拟结果表明在放汽起始阶段，由于闪蒸作用，蒸汽蓄热器内部水位会形成“虚假水位”；

放汽过程后期，蒸汽蓄热器水空间诱发涡流效应，产生自然对流循环，强化汽水两相流动与沸腾传热，促进闪蒸放汽过程进行。

一定容积条件下，蒸汽蓄热器的蓄热量与充、放热的压差成正比。而在相同的压差下，蓄热量随着放热压力的降低而上升。图 4-11 示出某蒸汽蓄热器放热压力与单位体积饱和水蒸发量（即单位蓄热量）关系曲线，可见放热压力越高，单位蓄热量越小。当放热压力超过 1.5MPa 以后，曲线趋于平缓，放热压力越低则产生的蒸汽量越多。

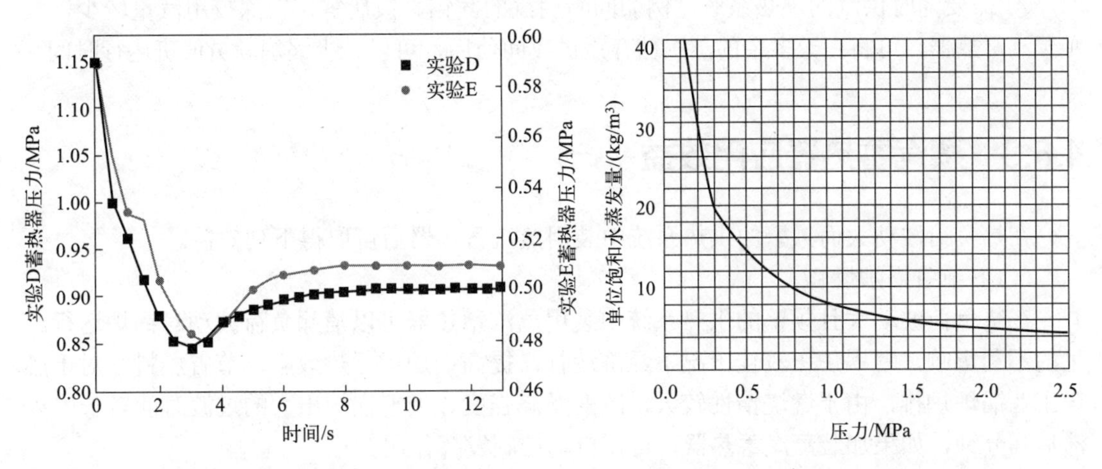

图 4-10 蒸汽蓄热器放热过程压力曲线[15]　图 4-11 放热压力和单位体积饱和水蒸发量关系图[17]

4.6 蒸汽蓄热器应用条件、场合和效益[4]

4.6.1 蒸汽蓄热器应用条件

为了平衡高峰负荷、减少锅炉设备容量、节约能源等拟设置蒸汽蓄热器的条件为：

① 设备用汽负荷有较大、频繁的波动，该波动负荷有一定的周期性或交变出现一定的最大峰值和最低负荷；

② 汽源的供汽压力必须大于部分或全部用汽设备需求的汽压，一般要求有 0.3MPa 以上的压差，否则饱和水的比蓄热量小，储存一定蓄热量的蒸汽蓄热器容积须很大，经济性差；

③ 汽源（锅炉）一昼夜的供汽能力必须大于一昼夜的平均热负荷；

④ 具有装设蒸汽蓄热器的场所和空间（必要时可从地面上用支柱支撑在空间或安装在地下）。

4.6.2 蒸汽蓄热器应用场合

① 用汽负荷存在较大幅度频繁波动的供热系统，例如造纸、化纤、纺织、酿造等行业，其用汽负荷随工艺过程剧烈且频繁波动。安装蒸汽蓄热器可以在低谷负荷时储存锅炉

多余的蒸发量来补给后面高峰负荷时锅炉蒸发量的不足。

② 瞬时用汽量较大的供热系统，例如使用蒸汽弹射器、蒸汽喷射真空泵的行业，间隙制气的煤气厂、氮肥厂等，可通过配置蒸汽蓄热器，满足瞬时极大耗汽量。

③ 汽源间断供汽或不稳定的供热系统，例如转炉炼钢系统采用余热锅炉（汽化冷却）供汽的体系，随炼钢工艺间歇产生蒸汽，如果直接并入热网会导致供汽压力不稳定，利用蒸汽蓄热器可实现连续供汽。由于太阳能自身的间歇特性，太阳能发电站的场合也属于此类情况。

④ 需要随时供汽的供热系统，例如间断用汽的宾馆、饭店等，在深夜用汽量较少，安装蒸汽蓄热器，可将白天多余的蒸汽储存后供夜间使用，可以减少锅炉满员值班运行时间。

4.6.3 蒸汽蓄热器应用效益

在热负荷波动大而频繁的供热系统中装用蒸汽蓄热器后可取得下列效益。

（1）节省锅炉燃料

在热负荷波动大且频繁的供热系统中装用蒸汽蓄热器可以消除负荷波动对锅炉运行产生的不利影响，使锅炉在较佳工况下经济运行，提高锅炉运行热效率，节省燃料。对于燃煤工业锅炉炉排，由于燃烧惰性较大，改变燃烧强度、调整锅炉出力的过渡时间较长，须滞后几分钟，如果加装蒸汽蓄热器，可使自动控制发挥作用。

（2）增大锅炉供汽能力，节省建设投资

对于热负荷波动大且频繁的供热系统，如果没有蒸汽蓄热器，锅炉总容量须按小时最大用汽量即高峰负荷配备，或考虑检修备用炉，锅炉运行实际负荷率较低且锅炉房投资大，运行费用高。如果安装蒸汽蓄热器，利用负荷低谷时蓄热满足高峰时锅炉供汽不足，锅炉容量可按平均热负荷计算，投资较小。

（3）减少锅炉故障

装用蒸汽蓄热器后锅炉出力稳定，可避免锅炉随热负荷剧烈波动而实时改变燃烧工况进而产生炉壁温度变化引起的炉墙砌体开裂、炉管弯曲变形或水冷壁上结渣、超温爆管等后果。

（4）保持供汽压力稳定，提高产品产量或质量

对剧烈波动的热负荷，如有蒸汽蓄热器配合锅炉供汽，可避免在高峰负荷时供汽压力下降或汽包水位剧烈波动导致的蒸汽带水量增多，减少对生产工艺的影响，从而保证产品的产量或质量。

（5）有利于保护环境

锅炉配用蒸汽蓄热器供汽后，燃烧工况稳定，容易实现低氧燃烧，废气中氮氧化物减少，烟气含尘量低，有利于保护环境。

（6）减轻司炉劳动强度

装用蒸汽蓄热器后锅炉能达到稳定的燃烧工况，这样就消除了司炉原来必须追随波动热负荷而实时调节燃烧的紧张劳动和心情。

（7）具有应急的蒸汽储备

在供热系统中装用蒸汽蓄热器后，如锅炉机组在运行中突然出现故障或临时停电而停运抢修时，蒸汽蓄热器可继续供汽一段时间，获得抢修或采取应急措施的时间，保持向必须连续用汽的设备供汽，可减少或避免生产损失。

4.7 蒸汽蓄热器应用实例

4.7.1 蒸汽蓄热器在太阳能热电站中的应用[5]

聚光太阳能热电站常采用直接蒸汽发电（direct steam generation，DSG）模式，即水作为太阳能吸热器的传热流体同时也作为发电站热力循环的工作流体。不论规模大小，太阳能热电站都配置有蓄热装置，白天储存多余太阳热能供夜间或阴天使用。蒸汽蓄热器在DSG热电站中已有实际应用，如西班牙的PS10和PS20以及南非的Khi Solar One电站，本节以Khi Solar One电站为例介绍蒸汽蓄热器在太阳能热电站中的应用。

如图4-12所示，Khi Solar One电站有两组蒸汽蓄热器，即16个基本蓄热器（1.4～4.2MPa）和3个过热蓄热器（3.9～8.2MPa），还有1台换热器用于使饱和蒸汽过热。蓄热器容积均为197m^3，电站正常运行期间，给水进入第一个吸热器吸收太阳能，在12.3MPa压力下变为饱和蒸汽，然后进入太阳能过热器中在12MPa压力下过热至530℃，再流入汽轮机发电机组进行发电。当第一个吸热器接受多余的太阳能时，开启蓄热模式。在这种情况下，部分给水从凝结水箱进入吸热器蒸发后引入蒸汽蓄热器。充热过程先从并联的过热蓄热器开始，达到最大允许压力和水位后，再给并联的基本蓄热器充热，同样达到设置的最大压力和水位后结束充热过程。

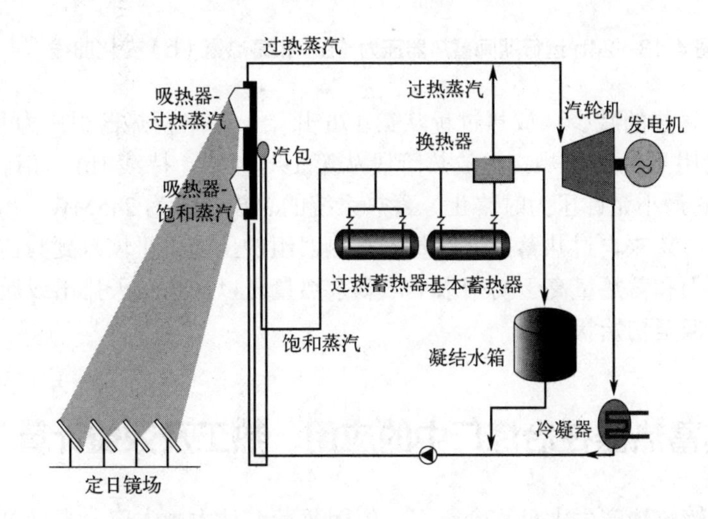

图4-12 配置蒸汽蓄热器的50MW Khi Solar One太阳能热电站[5,18]

在放热过程中，基本蓄热器在储存压力下释放饱和蒸汽，进入换热器，被来自过热蓄热器较高温度的饱和蒸汽加热至过热，然后流入汽轮机用于发电。饱和蒸汽的过热过程对于避免汽轮机中产生水滴以及提高循环热效率至关重要。基本蓄热器的放热模式也可在电站正常运行期间用于加热给水。

图4-13示出在24h运行期间基本蓄热器和过热蓄热器内的压力和蓄热量变化情况。在第10h，由于太阳能得热大于发电所需热量，多余的热量蒸发出的蒸汽用于储存，即进入充热阶段。首先过热蓄热器充入饱和蒸汽，直至达到8.2MPa的最大压力，耗时约

16min。同时，从基本蓄热器中提取一些蒸汽以预热多余冷凝水，导致图中基本蓄热器中的压力和蓄热量有些降低。随太阳能得热逐渐增加充热过程持续（在第11h斜率更高些是由于进汽质量流率的上升），直至第12h中间，将基本蓄热器和过热蓄热器充完，总充热时间为152min。之后，发电站以满额定功率运行，直至第16h结束。

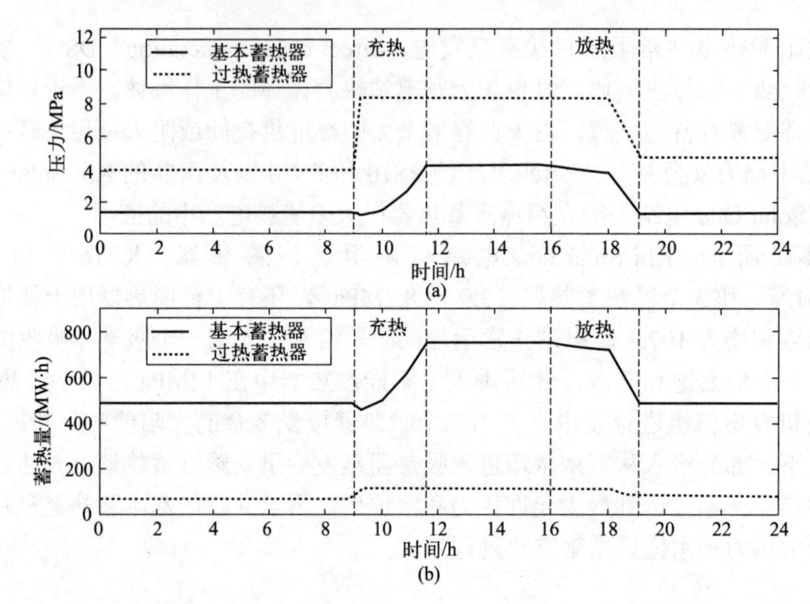

图4-13　24h运行期间蓄热器压力（a）和蓄热量（b）变化曲线[18]

随着太阳能得热的减少，放热过程从第17h开始，基本蓄热器中压力和蓄热量下降，但排出的蒸汽仅用于给水加热。主放热阶段从第19h开始，持续1h，直到汽轮机入口压力达到1.4MPa的最小允许压力时终止。蓄热系统的总放热量为245MW·h，其中89%来自基本蓄热器，11%来自过热蓄热器。基本蓄热器组的压力水平恢复到其初始状态，而过热蓄热器组的压力和蓄热量高于初始水平，剩余热量可以在第二天排出或通过释放蒸汽或注入冷凝水将其调至初始状态。

4.7.2　蒸汽蓄热器在冶炼厂中的应用、热工及效益计算[1]

铜冶炼厂熔炼转炉产生大量富余蒸汽，但因负荷波动大，大部分直接对空排放，造成能源浪费。通过增设蒸汽蓄热器，可使其变为汽轮机稳定补汽源，充分利用铜冶炼工艺余热，提高全厂热效率。典型运行工况（一）、典型运行工况（二）如图4-14所示，利用分段积分曲线法计算所需蓄热量也示于图中。蒸汽蓄热器最大计算蓄热量$G=47$t，充汽压力p_1为2.5MPa（绝对压力），放汽压力p_2为0.7MPa（绝对压力）。

（1）热工计算

① 单位容积蓄热量

查饱和水蒸气表可得充、放热压力下饱和水和蒸汽的焓值及饱和水的密度分别为：$i_1'=961.91$kJ/kg，$i_2'=697$kJ/kg；$i_1''=2801.9$kJ/kg，$i_2''=2762.8$kJ/kg；$\rho_1'=835.12$kg/m^3。根据公式（4-1）计算单位容积蓄热量：

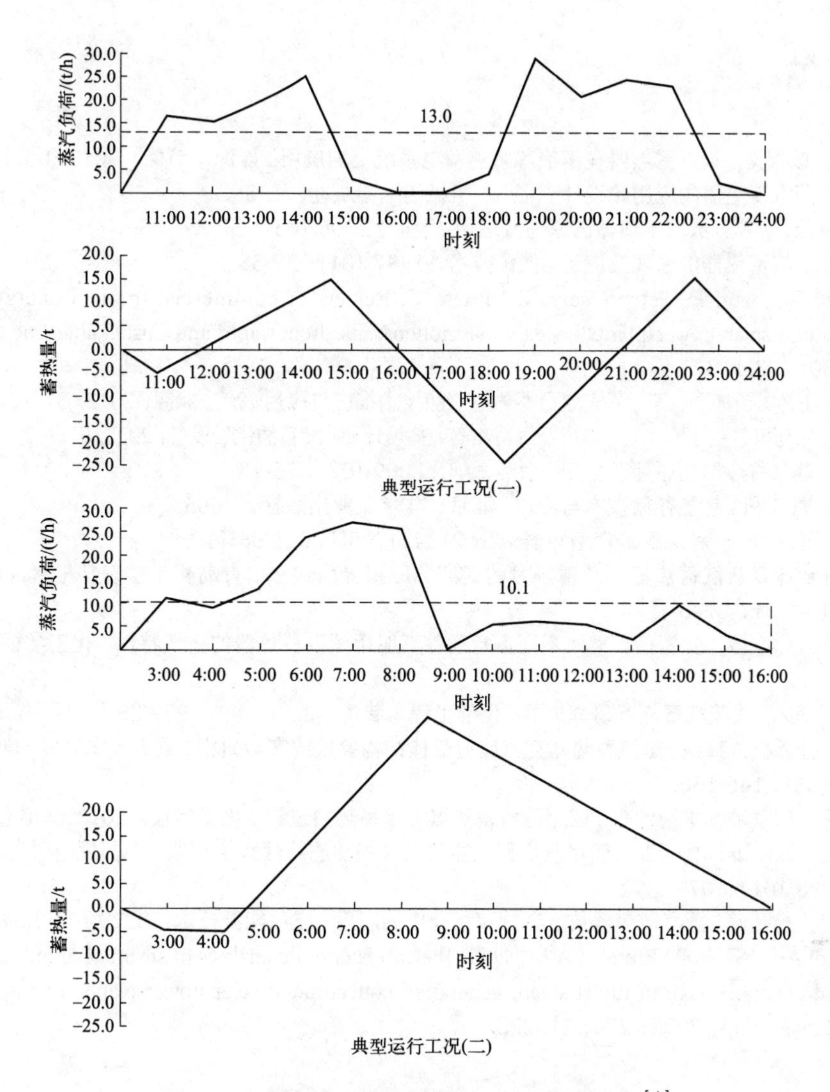

图 4-14　某冶炼厂蒸汽负荷工况及所需蓄热量[1]

$$q=\frac{961.91-697}{(2801.9+2762.8)/2-697}\times 835.12=106.1\text{kg/m}^3$$

② 蒸汽蓄热器容积

蒸汽蓄热器热效率取 $\eta=0.98$，充水系数 $\varphi=0.85$，则根据公式(4-8)，蒸汽蓄热器容积：

$$V=\frac{47000}{106.1\times 0.98\times 0.85}=532\text{m}^3$$

故设置 2 台 300m^3 蒸汽蓄热器。

（2）效益计算

设备本体加配套工程，总计投资约 360 万元。按汽轮机平均补汽流量 11t/h 计算，补汽可发电 1230kW，按年利用 6000h，上网电价 0.46 元 /(kW · h)，每年发电新增加收益约为 339.5 万元。按凝结水回收量 11t/h，年利用 6000h，凝结水回收按 10 元 /t，年收益约为 66 万元。其他如人员工资、杂费等费用，按 6 万元 / 年，则设置蒸汽蓄热器总投资回收期（不含建设期）约为 0.9 年。

参考文献

[1] 韦士波，戚永义．蒸汽蓄热器在铜冶炼余热发电系统上的应用．能源与节能，2013（08）：22-24.
[2] 程祖虞．蒸汽蓄热器的应用和设计．北京：机械工业出版社，1986.
[3] 张渝，段琼，彭岚．蒸汽蓄热器的原理及应用．节能，2006（05）：38-39，55.
[4] 程祖虞．蒸汽蓄热器的原理及应用．能源技术，1997（01）：27-38.
[5] González-Roubaud E，Pérez-Osorio D，Prieto C. Review of commercial thermal energy storage in concentrated solar power plants：steam vs. molten salts. Renewable and Sustainable Energy Reviews，2017，80：133-148.
[6] 周春丽，王冰，杨加国，等．蒸汽球形蓄热器节能技术推广与应用．冶金能源，2012，31（01）：49-51.
[7] 李疆鸿，朱巧家，兰小刚，等．球形蒸汽蓄热器壳体设计要点．石油化工设备，2022，51（02）：48-54，68.
[8] 应仁丽．蒸汽蓄热器的原理及应用．余热锅炉，2009（02）：25-28.
[9] 郭茶秀，魏新利．热能存储技术与应用．北京：化学工业出版社，2005.
[10] 周平，阮祥志．一种球形蒸汽蓄热器：CN 213421925U.2021-06-11.
[11] 马连湘．计算蒸汽蓄热器必须蓄热量的周期分段积分曲线法．青岛化工学院学报（自然科学版），2001（02）：117-120.
[12] 孙宝芝，郭家敏，史智俊，等．不同运行条件下船用蒸汽蓄热器的充汽特性．化工学报，2015，66（S2）：172-179.
[13] 熊从贵．变压式蒸汽蓄热器研究进展．化学工程与装备，2016（09）：259-261.
[14] 吴晓，孙泽权，彭岚．蒸汽蓄热器充汽装置最佳结构参数的实验研究．重庆大学学报（自然科学版），1993（05）：146-150.
[15] 孙宝芝，郭家敏，雷雨，等．船用蒸汽蓄热器非平衡热力过程．化工学报，2013，64（S1）：59-65.
[16] 郝金玉，张晓滨，杨元龙．船用蒸汽蓄热器放汽过程动态特性数值模拟．中国舰船研究，2015，10（03）：98-101，107.
[17] 孙小明，杨跃武．蒸汽蓄热器技术在烟草行业中的应用．应用能源技术，2020（02）：24-31.
[18] Al Kindi A A，Sapin P，Pantaleo A M，et al. Thermo-economic analysis of steam accumulation and solid thermal energy storage in direct steam generation concentrated solar power plants. Energy Conversion and Management，2022，274：116222.

思考题

1. 简述蒸汽蓄热器的工作原理。

2. 蒸汽蓄热器有哪两种形式？其结构分别是怎样的？

3. 简述蒸汽蓄热器在系统中是怎样连接的，各有什么优缺点，分析其使用场合。

4. 蒸汽蓄热器的热工参数有哪几个？是怎样定义的？

5. 简述蒸汽蓄热器的必须蓄热量有哪几种计算方法并说明计算过程。

6. 某用汽负荷曲线，以 24h 为周期按正弦规律循环变化，负荷曲线为 $Q=6+2\sin(\pi\tau/12)$，t/h；试结合图 4-7 和图 4-8 分别利用全日积分曲线法、分段积分曲线法以及周期分段积分曲线法计算蒸汽蓄热器的必须蓄热量。

7. 对于上题中的条件，如果充汽压力为 2.4MPa，放汽压力为 0.6MPa，试计算蒸汽蓄热器的容积。

8. 简要分析蒸汽蓄热器的应用条件和应用场合。

9. 应用蒸汽蓄热器有哪些效益？

10. 举例说明蒸汽蓄热器在某个工业领域中的应用方法和效益。

第五章
工业余热储存技术

本章基本要求

掌　　握　余热的定义和利用方式（5.1）；回转型和换向型余热储存装置的结构和工作原理（5.2）；蓄热式高温空气燃烧技术原理与构成（5.3）。

理　　解　余热的种类（5.1）；余热储存材料（5.2）；蓄热式高温空气燃烧技术的优点（5.3）。

5.1 余热及其利用[1-3]

5.1.1 余热的定义

余热是一次能源和可燃物燃烧过程中所发出的热量在完成某一工艺过程后所剩下的热量，属于二次能源。典型的余热如火电厂凝汽排热、冶炼厂炉渣余热、工业窑炉和锅炉气体余热。

5.1.2 余热的种类

按余热的温度可分为高温余热、中温余热和低温余热三大类。

高温余热：＞650℃，如精炼炉、熔化炉的气体和炉渣排热；

中温余热：230～650℃，如蒸汽锅炉、干燥炉、石油催化裂化炉排气等；

低温余热：＜230℃，如蒸汽的凝结水或高中温余热回收后的低温排热。

5.1.3 余热的利用方式

大量的工业余热通过废气或冷却介质排放到环境中或用于加热产物。回收和再利用工业余热为低碳和低成本能源开发利用提供了极其具有吸引力的机会，一方面减少对环境的影响，另一方面也可以提高企业自身的竞争力。余热利用有直接利用、间接利用和综合利用三种方式。

① 直接利用：利用高温余热直接加热物料，如预热入炉空气、燃料等。

② 间接利用：利用高温余热先加热水或空气，吸热后的热水或空气再供给其他用途。如高温烟道中安装余热锅炉产生蒸汽发电，或通过换热器加热水和空气用于采暖或生活热水等。

③ 综合利用：一种余热同时作两种用途。如高温烟气同时预热入炉空气和煤气，或者预热空气、煤气的同时还用于余热锅炉产生蒸汽发电。

总之，余热利用的基本方法是将较高温度的余热经过各种换热器（余热锅炉、空气预热器等）传给另一种温度较低的流体。余热回收利用的换热器类型、原理和工艺可参见第二章 2.3.1 小节。

5.2 余热回收中的能量储存[1,3-11]

5.2.1 余热回收中能量储存的必要性

作为余热源的一些工业生产过程的间歇性抑或是用热负荷随时间变化特征（如随昼

夜、季节而不同）以及余热供需双方在时间和空间上的不匹配，导致在余热回收利用中需要设置储热系统。

应该指出，当不加储热系统也可以实现余热回收利用的目的时，则不应设置储热系统。因为根据热力学第二定律，能量储存环节会使余热利用系统的整体效率降低，储热系统也不可能提高余热利用系统的功率和能量平衡。另外，当采用储热系统时，首先要弄清楚余热源和负荷随时间变化的情况，从而决定各时刻需要储存能量的温度和容量范围。

5.2.2 余热储存装置及材料

余热储存的方法如第三章介绍的有显热、潜热和化学热储存。显热储热材料有气（汽）体、液体和固体，如蒸汽、水和陶瓷等；潜热储热材料如赤藓糖醇、甘露醇、三水醋酸钠、氢氧化钠以及六水氯化镁等；化学热储存如利用沸石的吸附热等。余热储热装置除了蒸汽蓄热器、水箱、岩石床以及前述各种间壁式蓄热式换热器外，典型的固体介质储存余热的装置主要有回转型和换向型（蓄热室）两种，即借助于热容量较大的固体蓄热体，将热量由热流体传给冷流体。当蓄热体与热流体接触时，从热流体处接受热量，蓄热体温度升高，然后与冷流体接触，将热量传递给冷流体，蓄热体温度下降，从而达到换热的目的。该类蓄热式换热装置主要用于回收和利用高温废气的热量，适用于流量大的气 - 气热交换场合，广泛应用于动力、硅酸盐、石油化工等工业中的余热利用和废热回收等。

（1）回转型蓄热式换热器

回转型蓄热式换热器如图 5-1 所示，利用锅炉尾部烟气热量来预热锅炉所需空气，可有效降低热量损耗，提高锅炉效率，是回转型空气预热器的典型形式。

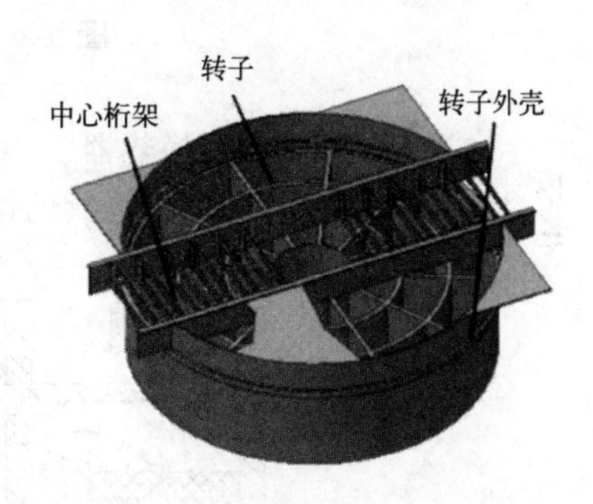

图 5-1　回转型蓄热式换热器[6]

回转型蓄热式换热器整机由转子和壳体构成，在转子（直径 2 ～ 5m）内装有固态蓄热物质，呈网状、球状或板状等。工作时，转子由壳体（机罩）封闭，并由电动机驱动回转（转速一般为 3/4 ～ 5/4r/min）。扇形板和密封装置将转子通道分割成烟气流通通道和空气流通通道，分别位于转子旋转轴的两侧，基本呈对称分布。空气和烟气在格子通道内相对流动。当转子旋转到烟气通道时，烟气将热量传递给蓄热元件，蓄热元件被加热，成为蓄热区；当转子旋转到空气通道时，蓄热元件将热量传递给空气，成为预热区。随着转子的转动，蓄热元件周期性地吸热和放热，空气持续吸收锅炉烟气的热量，提高了炉膛燃烧时内部空气的温度，因而提高了锅炉工作效率，减少了不完全燃烧损失。改变转子的转速，便能很容易地调节排热回收率和两种气体的温度。

转子中的蓄热元件是决定热交换效率的主要部件，按材料分主要有钢蓄热体、陶瓷 / 搪瓷蓄热体、铝 / 纸（或其他纤维）蓄热体。钢蓄热体又有钢蓄热板和钢丝网等。钢蓄热板由碳素钢板压成斜波纹板拼装而成，斜波纹与气流成 30° 角，板厚为 0.5mm 左右，气体流速为 8 ～ 16m/s，尽可能湍流以避免积灰和腐蚀，并设置吹灰装置。采用普通钢丝网，成本低廉，经过渗氮处理，可以提高耐蚀性。对于排烟温度较高的情形可采用陶瓷/搪瓷蓄热体，相应的空气被加热后温度也比较高，甚至可达1000℃以上。陶瓷/搪瓷蓄热体可以是板状，也可以是无定形产品，陶瓷元件阻力是搪瓷元件的3～4倍[8]。图5-2示出了三种搪瓷板蓄热元件结构[6]，模拟结果表明在$Re=5600$、壁面温度为373K工况时，与板型1相比，板型2和板型3的努赛特数分别增加了5.39%和17.23%，而阻力系数分别增加了12.28%和48.84%。

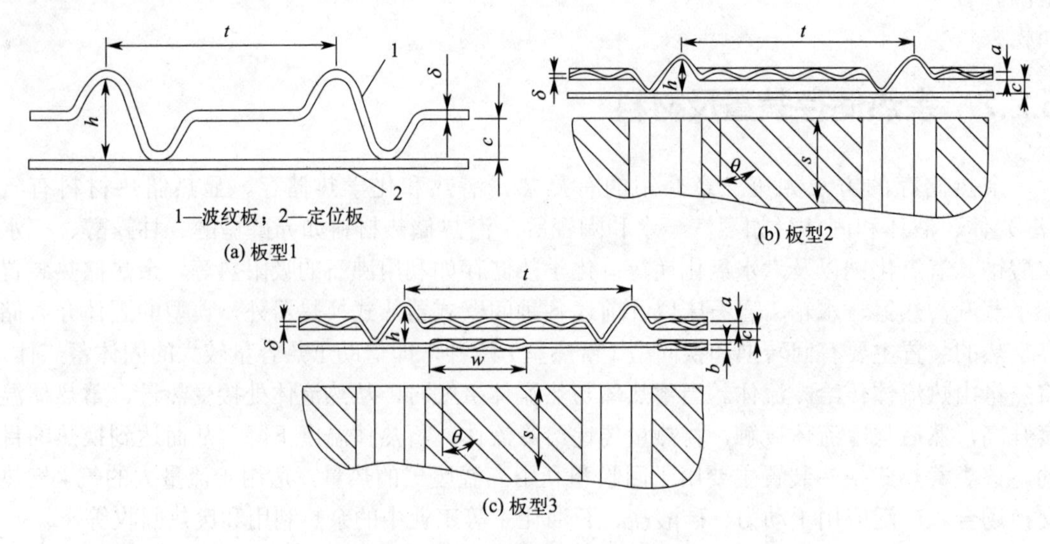

图5-2 三种搪瓷板蓄热元件结构[6]

（2）换向型蓄热式换热器

换向型蓄热式换热器又称阀门切换型蓄热式换热器或蓄热室，其结构如图5-3所示[9]。

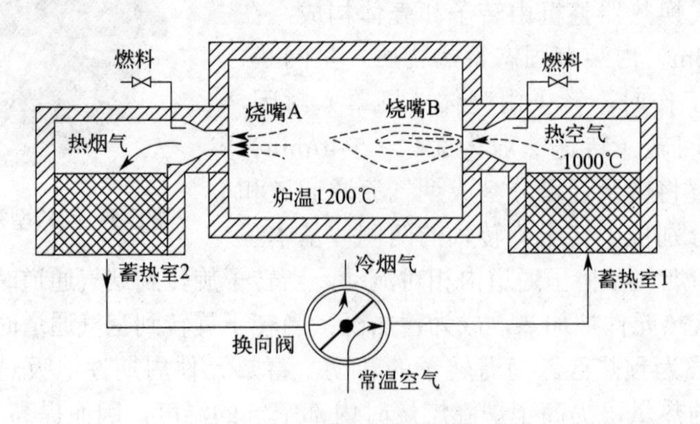

图5-3 换向型蓄热式换热器[9]

换向型蓄热式换热器由两个充满蓄热体的蓄热室组成，开始工作时，常温空气通过右侧通道进入蓄热室1被高温蓄热体预热，与燃料混合后经右侧烧嘴B喷出燃烧，左侧的烧嘴A用于排出烟气，高温烟气进入蓄热室2内将大部分热量传递给蓄热体，完成热量交换后以200℃左右的温度排入大气，到达换向时间后（如20s），换向装置改变空气与燃料的流动方向，常温空气进入蓄热室2被高温蓄热体预热到较高温度后，与燃料混合通过左侧通道经烧嘴A喷出燃烧，此时烧嘴B用于排出烟气，高温烟气进入蓄热室1后将大部分热量传递给蓄热体成为低温烟气排放到大气，到达设定时间后再次换向。由于蓄热体周期性地被加热、放热，为了保证炉膛加热的连续性，蓄热体必须成对设置。同时，要有换向装置完成蓄热体交替加热、放热。

蓄热室中的蓄热体有格子砖、球状、片状、蜂窝状等。格子砖蓄热体多用于烟气 - 空气的换热，如玻璃窑炉、炼钢炉等。球状和片状蓄热体比如卵石和铝波纹片常用于空分装置，卵石也常用于太阳能空气集热系统蓄热室。陶瓷蜂窝状蓄热体具有热膨胀系数低、表面积大、热稳定性好和耐腐蚀等特点，其材质有黏土、碳化硅、铸铁等。图5-4给出了回转型和换向型蓄热式换热器以及蓄热体照片[10]。

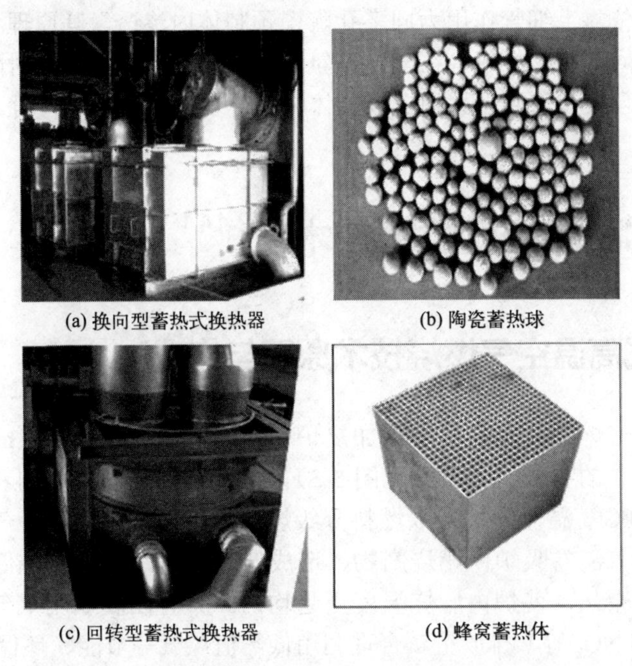

(a) 换向型蓄热式换热器　(b) 陶瓷蓄热球

(c) 回转型蓄热式换热器　(d) 蜂窝蓄热体

图5-4　回转型和换向型蓄热式换热器以及蓄热体[10]

（3）无机盐 / 陶瓷基复合相变蓄热材料[11]

无机盐 / 陶瓷基复合相变蓄热材料如 $Na_2CO_3+BaCO_3/MgO$、Na_2SO_4/SiO_2 等。这种材料既可以利用陶瓷基材料（载体）的显热，又可以利用无机盐（工作物质）相变潜热和显热，而且其使用温度随复合的无机盐（工作物质）种类的不同而变化，结合了无机盐相变材料和陶瓷材料的优点，克服了其缺点。表5-1给出了两种无机盐 / 陶瓷基复合相变蓄热材料的热物性[11]。

表5-1　两种无机盐 / 陶瓷基复合相变蓄热材料的热物性[11]

复合相变蓄热材料	Na_2SO_4/SiO_2		$Na_2CO_3+BaCO_3/MgO$	
复合相变蓄热材料试样来源	国内	德国	国内	美国
无机盐（相变材料）质量分数 /%	50	45	24+26	24+26
密度 ρ/ (g/cm^3)	1.8 ～ 2.0	2	2.88	2.7

续表

熔融温度 T_m/℃	880 ～ 885	880	685	700
平均比热容 c_p/（600 ～ 800℃）[J/(g · ℃)]	1.25	1.27	1.154	1.27
潜热 ΔH/(J/g)	70	80	83	82
蓄热能力 U/（ΔT=100K）(J/g)	180 ～ 200	200	150	210

制备方法有混合烧结法和烧结 - 浸渗法。混合烧结法的工艺流程为：备料（无机盐和陶瓷体）→粉碎→烘干→成型→烧结。这种方法工艺简单，无机盐的含量易于掌握，便于工业化生产，但是较高的烧结温度易造成无机盐的扩散分解。烧结 - 浸渗法是在高温下熔融无机盐，无机盐依靠毛细管作用力向多孔陶瓷预制体内渗透。其原理和工艺过程为：多孔陶瓷预制体与熔融无机盐接触，在一定气氛和工艺温度下，无机盐对陶瓷体的润湿性增强，使熔融无机盐自发浸渗到多孔陶瓷预制体中制得复合相变蓄热材料。

5.3 蓄热式高温空气燃烧技术[12-14]

5.3.1 蓄热式高温空气燃烧技术原理与构成

蓄热式高温空气燃烧技术是蓄热式加热炉与高温空气燃烧技术（high temperature air combustion，HTAC）的有机结合（参见图 5-5），它通过高效蓄热材料将助燃空气从室温预热至 800 ～ 1000℃高温，同时采取燃料分级燃烧（将燃烧所需的空气分成两级或三级送入炉内）和高速气流卷吸炉内燃烧产物，造成低氧气氛，大幅度降低 NO_x 排放量，最大限度地回收烟气余热，使炉内燃烧温度更趋均匀。具有回收利用烟气废热、降低废气（CO_2、CO、SO_2 和 NO_2 等）排放量、合理利用低热值煤气等节能、环保技术特点[12]。该技术有两大关键点：一是可将助燃空气预热到 1000℃以上；二是燃料在贫氧（2% ～ 20%）状态下进行燃烧[13]。

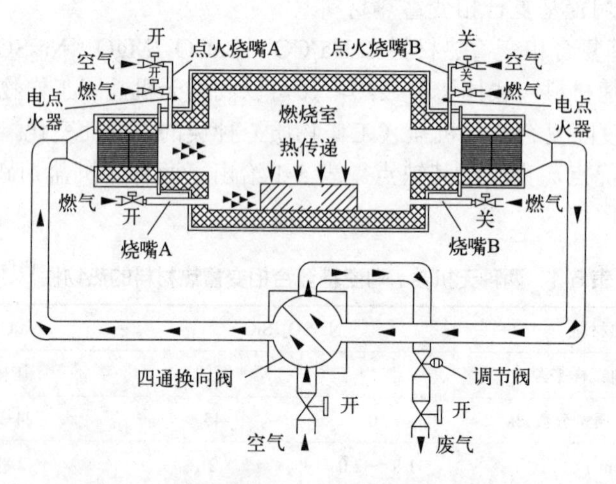

图 5-5　蓄热式高温空气燃烧技术原理图[12]

蓄热式加热炉是高效蓄热式换热器与常规加热炉的结合体，主要由蓄热室、燃烧器、换向系统、加热炉炉体以及燃料、供风和排烟系统构成。

（1）蓄热室

蓄热室是蓄热式加热炉烟气余热回收的主体，它是填满蓄热体的室状空间，是烟气和空气流动通道的一部分。在加热炉中，蓄热室总是成对使用。要求蓄热体比表面积大，蓄热量（C_p）大，换热速度（λ）快，高温下材料黑度（ε）大，结构强度高，抗热震性能好，抗腐蚀，高温下不变形、不脱落、无脆裂，经济性价比好，等。温度稍低且化学腐蚀性低的气体宜用堇青石材质，因其线膨胀系数低，抗热震性能好，能经受巨大温差、压强和高频变换而无脆裂和剥落。但在大于1200℃高温时，尤其在较强腐蚀性气体条件下，宜用高铝质或复合质材料制作蓄热体。表5-2给出蜂窝状与球状蓄热体性能比较，可见蜂窝状较球状要优良很多，但其制造难度大，成品率低，价格贵，运行中不易更换清洗，因此这种蓄热体宜在较洁净的气体中使用，且适宜作小型（轻型）化的蓄热式烧嘴用蓄热体。另外因切换频率高，使用蜂窝状蓄热体对与之匹配的换向阀和控制系统要求严格、精密。

表5-2　蜂窝状与球状蓄热体性能比较[13]

蓄热体结构形状	球状蓄热体	蜂窝状蓄热体
比表面积 /(m^2/m^3)	ϕ15mm 252	格孔2.5mm 1646（为球状7倍）
有效通气截面率 /%	约9	约70
气体阻力（相同流速及截面积）	大	为球状的1/7
单位体积传热能力	小	为球状的5倍
切换时间	3～4min	20～30s
温度效率 /%	约85	约95
体积和质量（相同效率下）	体积大，质量大	体积为球状的1/6～1/3， 质量为球状的1/10～1/6

（2）燃烧器

对于只预热高温助燃空气的蓄热式燃烧器来说，为了实施贫氧燃烧，一般应用两段供应燃料的蓄热式烧嘴；而对预热高温空、燃双气的蓄热式燃烧器来说，大都应用俗称为喷火孔（或吸火孔）的烧嘴。两类HTAC技术烧嘴如图5-6所示[12,14]。

对于图5-6（a）中的烧嘴，一次燃料量F_1比二次燃料量（主燃料）F_2少得多，而且燃料供给方式可分为两种。第一种：点火时，先用一次燃料，当炉温达到800℃时，切换成二次燃料，关掉一次燃料。第二种：一次燃料和二次燃料同时加入炉内。一次燃料的燃烧属于富氧燃烧，在高温条件下，燃烧很快完成，当其流经烧嘴后，形成高速烟气射流和周围的卷吸回流流动。大部分燃料则通过主燃料通道进入氧含量低于15%的高温烟气中。此时燃烧属于扩散燃烧，不再存在局部炽热高温区。这种类似于燃煤锅炉分级燃烧的方式，从根本上抑制了NO_x的生成，从而大大降低了NO_x的排放量。

对于图5-6（b）中的烧嘴，气体通过中心管和中心烧嘴进入炉膛，而助燃空气通过设置在燃气烧嘴周围的孔口射入炉膛，燃气和助燃空气几乎平行，且速度较快，因此动量大，喷射距离长，大量卷吸周围烟气，降低反应区的最高温度，从而减少 NO_x 生成。混合燃烧区域一般在烧嘴的下游，可以形成更大的热氛围区域。

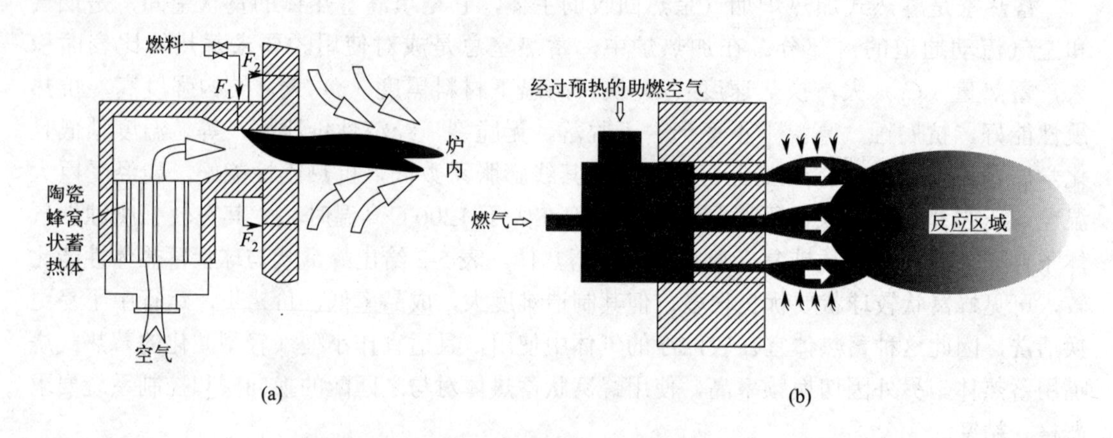

图 5-6 两类 HTAC 技术烧嘴示意图[12,14]

（3）换向系统

由于空气和烟气切换时间短（如 30s），则换向阀动作频繁（每年约 100 万次），所以换向系统操作性能、灵敏性、安全可靠性及耐高温性、使用寿命是换向系统的关键技术。传统换向阀采用线位移阀，亦有阀杆旋转 90° 就能换向的角位移阀（旋转式四通、五通换向阀），阀体小、动作灵活、寿命也较长（可达 100 万次）。

（4）加热炉炉体

流经蓄热体的空气、燃气与烟气进行频繁的蓄热与换热切换，使得密布气体通道的墙体也受到频繁的温压作用，同时墙体双面还受到高温气流冲刷及高温化学侵蚀作用，尤其当使用劣质的高炉煤气时，这种侵蚀作用更为强烈。因此作为高效蓄热式工业炉炉体材料，要具有高温强度大、高温体积稳定性好、抗热震性能好、抗化学侵蚀性能高等优异的使用性能。我国目前蓄热式加热炉炉体多采用加热炉专用莫来石自流浇注料。

5.3.2 蓄热式高温空气燃烧技术的优点

① 大幅度节能降耗：烟气经蓄热体后温度可降到 150 ～ 200℃及以下，实现烟气余热的“极限回收”，降低了燃料消耗量，可节能 30% 左右。

② 炉温更加均匀：两侧燃烧器交替蓄放热，改善了整个炉膛的温度分布。

③ 降低 NO_x 生成量：一方面高温低氧（空气氧含量由 21% 下降到 2%）状态下燃烧，避免了 NO_x 的大量生成；另一方面，由于充分利用废气余热，减少了燃料消耗量，也大大降低了 NO_x 和 CO 等有害气体的排放量。

④ 燃料选择范围更大：由于具有存在高温助燃空气、燃烧温度高等燃烧条件，一些品质稍劣的燃料也可采用。

⑤ 低氧燃烧降低金属的氧化烧损。

⑥ 提高生产能力：采用蓄热式高温空气燃烧技术后，提高了加热区火焰的温度，加大了热量传输速率，进而提高了工件的加热速度，因此生产能力可提高约20%。

参考文献

[1] 郭荼秀，魏新利. 热能存储技术与应用. 北京：化学工业出版社，2005.

[2] 黄素逸，高伟. 能源概论. 北京：高等教育出版社，2004.

[3] Miró L，Gasia J，Cabeza L F. Thermal energy storage（TES）for industrial waste heat（IWH）recovery：a review. Applied Energy，2016，179：284-301.

[4] Du K，Calautit J，Eames P，et al. A state-of-the-art review of the application of phase change materials（PCM）in mobilized-thermal energy storage（M-TES）for recovering low-temperature industrial waste heat（IWH）for distributed heat supply. Renewable Energy，2021，168：1040-1057.

[5] 崔海亭，杨锋. 蓄热技术及其应用. 北京：化学工业出版社，2004.

[6] 于玉真，邸海宽，赵博，等. 回转式空气预热器蓄热元件流动传热数值模拟. 热力发电，2020，49（11）：95-100.

[7] 徐永铭，齐玉成，常建民，等. 回转蓄热式高效锅炉排热回收装置的研究. 东北林业大学学报，1987（06）：78-83.

[8] 毛明江，王恩禄，王谦，等. 回转式空气预热器低温段传热元件阻力特性试验研究. 锅炉技术，2012，43（04）：13-15，20.

[9] 汪建新，王恩浩，吴启明，等. 蜂窝陶瓷蓄热室内气体传热过程及规律仿真. 工业加热，2021，50（11）：42-46.

[10] 卢继延，周玉焕，黄隆盛，等. 旋转式蓄热器与换向式蓄热器在铝熔炉中的比较. 有色金属加工，2012，41（06）：50-52.

[11] 李爱菊，王毅，张仁元. 无机盐/陶瓷基复合相变储能材料的研究进展. 材料导报，2007（05）：29-31，39.

[12] 布焕存. 蓄热式高温空气燃烧技术的应用. 钢铁研究学报，2005（05）：1-6.

[13] 吴存宽，吴彬林. 高温空气燃烧技术的发展与应用. 工业炉，2003（02）：13-18，28.

[14] 杨钧，秦朝葵. 高温空气燃烧（HTAC）关键技术概述. 城市燃气，2019（05）：9-12.

思考题

1. 什么是余热？简述其种类和利用方式。

2. 分析余热回收中能量储存的必要性。

3. 简述回转型蓄热式换热器的结构、原理及其使用场合。

4. 简述换向型蓄热式换热器的结构、原理及其使用场合。
5. 回转型和换向型蓄热式换热器中常用的蓄热材料是什么？
6. 举例说明无机盐 / 陶瓷基复合相变蓄热材料的制备方法。
7. 简要分析蓄热式高温空气燃烧技术的原理与构成。
8. 蓄热式高温空气燃烧技术的优点是什么？

第六章
太阳能热储存技术

本章基本要求

掌　握　太阳常数、太阳能的特点尤其是间歇性和不稳定性（6.1）；太阳能热储存原理（6.2）；储热水箱分层特性及指标、岩石床材料及注意事项、埋管土壤储热原理及技术、相变材料储热器结构（6.2）；太阳能储热热水供热系统和空气供热系统组成及技术（6.3）；太阳能热发电储热介质（6.5）。

理　解　太阳能利用方式（6.1）；相变储热水箱原理与结构（6.2）；太阳能热泵供热系统和太阳能制冷储热系统（6.3，6.4）；太阳能热发电熔融盐储热系统组成及原理（6.5）。

太阳能既是一次能源，又是可再生能源。本章主要讨论太阳能的特点，热储存方法、材料、装置及储热应用系统。

6.1 太阳能的特点及利用方式[1,2]

6.1.1 太阳能的来源

太阳能是一种可再生能源，通常所指的太阳能是指穿过地球大气层到达地表（包括陆地、海洋）的太阳辐射能。太阳辐射能来源于内部持续进行的氢核聚变反应，温度从中心向表面逐渐降低。在太阳能利用中，通常将它视为一个温度为6000K，发射波长为0.3 ～ 3μm 的黑体。地球大气上方的太阳辐射强度随每天日地间距离不同而异。在平均日地间距离时，在地球大气层上界垂直于太阳辐射的单位表面积上所接受的太阳辐射能，标准值为1367W/m^2，此值称为**太阳常数**。一年中由日地间距离变化引起的太阳辐射强度变化不超过 ±3.4%。

太阳辐射穿过大气层到达地面时，由于大气中的分子和尘埃等对太阳辐射的吸收、反射和散射，太阳辐射强度减弱，并且改变辐射的方向和光谱分布。实际到达地面的太阳辐射包括直射（辐射方向未发生改变）和漫射（被大气层反射和散射后方向发生改变）。大气层越厚，对太阳辐射的吸收、反射和散射就越严重，到达地面的太阳辐射就越少。大气质量和大气状况对到达地面的太阳辐射也有影响。

地球上不同地区、季节和气象条件下到达地面的太阳辐射强度不同。我国青藏高原地区太阳辐射强度最大，四川盆地最小。

6.1.2 太阳能的特点

太阳能有如下几个特点：

① 绿色清洁。太阳能可直接获取和利用，无排放，对环境无任何污染，属于洁净能源。

② 总量巨大。太阳能资源丰富，相对于地球寿命可以说取之不尽，用之不竭；既可免费使用，又无需运输。

③ 分散性。单位面积的功率小，能流密度低，是稀薄的能源。

④ 间歇性和不稳定性。季节变换、昼夜交替以及多云、阴雨天气造成太阳能的非连续性以及辐射强度变化。

太阳能本身的特点使得其利用必须先转换成热能、电能、化学能、机械能等形式储存起来，有需求时再直接或转换应用。

6.1.3 太阳能利用方式

人类对太阳能的利用已有悠久历史。太阳能利用主要包括太阳能热利用和太阳能光利用。

太阳能热利用范围很广，如太阳能热水、供暖和制冷；太阳能干燥农副产品、药材和木材；太阳能淡化海水；太阳能热动力发电；等。目前我国太阳能热水器产业规模居世界第一。

太阳能光利用主要是太阳能光伏发电和太阳能制氢。

6.2 太阳能热储存方法和装置[2]

通常热能储存的主要目的是缩小设备容量，削峰填谷，降低运行费用。而太阳能热储存的目的是弥补太阳能的分散性和间歇性。因此，太阳能热储存问题是太阳能利用中的关键环节，也是薄弱环节。

6.2.1 太阳能热储存原理

太阳能热储存通常是首先利用太阳能集热器把收集到的太阳辐射能转换成热能，并加热其中的载热介质，再经过换热器把热量传递给储热器中的储热介质，良好保温，有需要时从储热器提取出来，输送给热负荷。即太阳能储 / 取热的流程是：入射太阳辐射→太阳能集热器→储热器→热负荷。

6.2.2 太阳能热储存分类

（1）按储存温度分类

低温储热：＜100℃，用于建筑采暖、生活热水、干燥；

中温储热：100～200℃，用于吸收式制冷、小型太阳电站；

高温储热：200～1000℃，用于太阳灶、锅炉、太阳电站；

超高温储热：＞1000℃，用于大功率电站、高温太阳炉。

（2）按储存方式分类

太阳能显热储存：利用水、岩石、导热油、熔融盐等为储存介质，如地下土壤热储存、地下含水层热储存、地下岩石热储存等方式。

太阳能潜热储存：以十水硫酸钠、六水氯化钙、三水醋酸钠、石蜡、熔融盐等相变材料为储存介质。

太阳能化学热储存：包括吸收热储存（$LiCl/H_2O$、$NaOH/H_2O$ 等）、吸附热储存（沸石 /H_2O、Na_2S/H_2O、$BaCl_2/NH_3$ 等）以及化学反应热储存［$CaO+H_2O = Ca(OH)_2$ 等］。

（3）按储存时间分类

可分为太阳能短期热储存（储存时间为 1～2d）和太阳能长期热储存（储存时间长达数天甚至几个月，例如跨季节太阳能热储存）。

6.2.3 太阳能热储存材料和装置

如前所述，太阳能热储存有显热、潜热和化学热储存等方式，储热材料和装置同第三章所述，本小节针对工程中常用的几种太阳能储热材料、装置及其应用简述如下。

6.2.3.1 储热水箱[3-9]

水作为储热介质具有储热密度较高、来源丰富、价廉、安全以及系统运行简单方便等优点，水箱储热是目前太阳能低温热储存最普遍的方法，储热水箱是太阳能热水供热系统的重要部件。储热水箱有多种形式，分为圆柱形和方形、开式和闭式、卧式和立式、直接（容积）式和间接（内置盘管、外覆换热）式（图 6-1）[3,4]。除了保温性能，良好的水箱温度分层效果对于稳定水箱出水温度、降低集热器进口温度进而提高集热器效率及供热系统性能有重要影响。

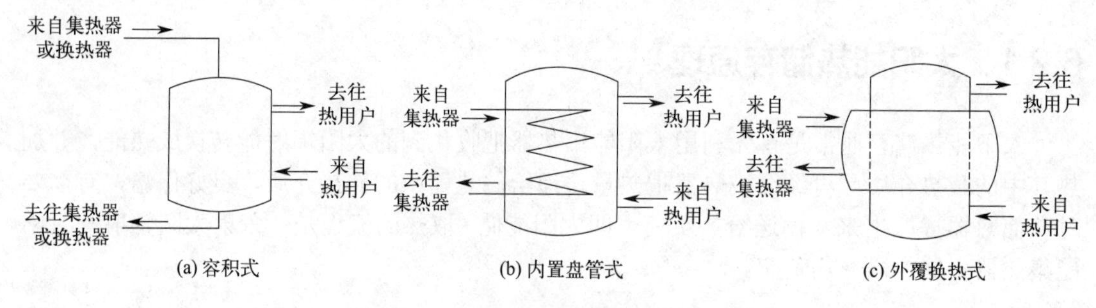

图 6-1 不同形式储热水箱示意图[3,4]

（1）储热水箱分层特性

在储热水箱中，由于冷热水密度的差异，热分层自然地发生，冷水存在于水箱底部而与上部的热水隔开。储热水箱温度分层的作用是：可以降低集热器的进口温度，从而提高集热器效率；减少冷热水的掺混，增加热水的出水量。

（2）储热水箱分层特性的指标[5]

表征储热水箱分层特性的指标较多，此处列出常用又直观的三种指标。

① 斜温层。水箱中冷热水密度的不同，导致热水上浮冷水下沉，介于两者之间的中间区域为斜温层。斜温层越薄，温度梯度越大，水箱分层效果越好。图 6-2 示出了水箱中三种斜温层厚度[5]。

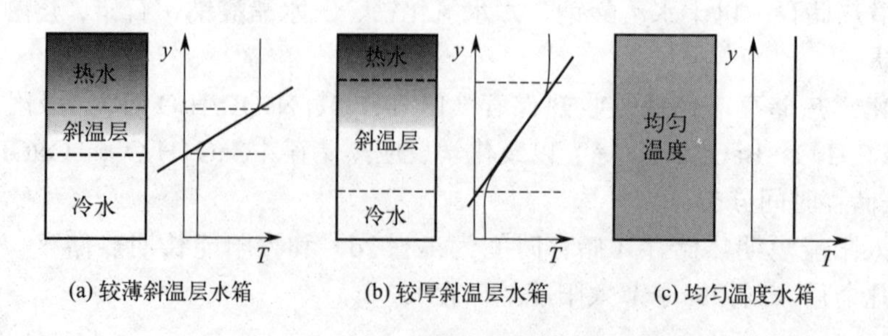

图 6-2 三种厚度斜温层示意图[5]

② 高径比。高径比指的是水箱的高度与直径的比值。相对高的水箱往往比矮一点的水箱具有更好的分层效果，但当高径比超过 3.3 时，对水箱分层特性的提高不明显。综合考虑水箱的分层效果和价格，高径比介于 3 和 4 之间是一个比较合理的值[5,6]。

③ 理查森数（Richardson number）。理查森数是浮力作用与混合作用比值的量度，即分层效果与掺混效果比值的量度。理查森数 Ri 可以通过式（6-1）计算：

$$Ri=\frac{Gr}{Re^2}=\frac{g\beta H(T_{\text{top}}-T_{\text{bottom}})}{u^2} \tag{6-1}$$

$$u=\frac{Q}{\pi r_{\text{stratifier}}^2} \tag{6-2}$$

式中，Gr 为格拉晓夫数；Re 为雷诺数；g 为重力加速度，m/s^2；H 为水箱高度，m；T_{top} 和 T_{bottom} 分别为水箱顶部和底部温度，℃；β 为热膨胀系数，1/K；u 为分水器流速，m/s；Q 为体积流量，m^3/s；$r_{\text{stratifier}}$ 为分水器当量半径，m。

理查森数小意味着储热水箱混合程度较大，而理查森数大则意味着储热水箱分层效果较好。

（3）影响储热水箱分层特性的因素[3,4]

① 水箱结构：大的高径比有助于提高热分层程度。

② 水箱进口流速和流向：大的进口流速会在水箱内部造成严重的掺混，从而降低热分层效果；进口流向应尽可能减少对箱内水层冲击和扰动（例如顶部进口流向水箱顶面，底部入口流向水箱底面），以利于水箱热分层。

③ 水箱进、出口形式及位置：水箱进、出口分别越靠近水箱顶部和底部分层效果越好。图 6-3 给出三种进口管形式，3 种进口管类型均能很好地促进水箱热分层现象的形成，其中槽管型进水口的效果最好，可以最大程度地降低水箱内冷热水掺混。

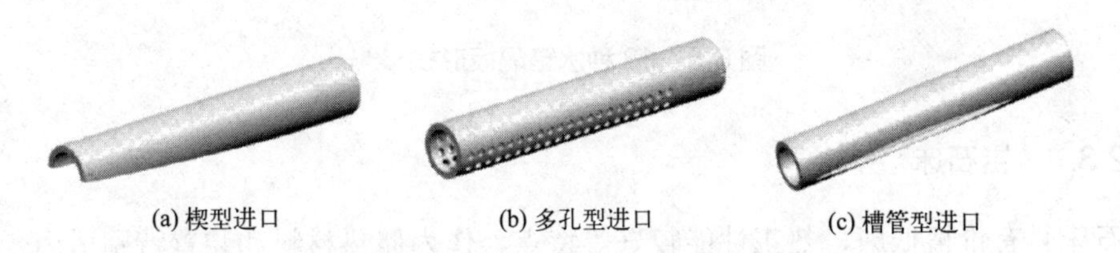

图 6-3　三种进口管形式[3,7]

图 6-4 示出了三种有、无缓冲器的水箱进口结构，无缓冲器进口的水箱热分层程度最差，带平板形缓冲器进口的水箱热分层程度最好，因其明显减弱了射流冲击。

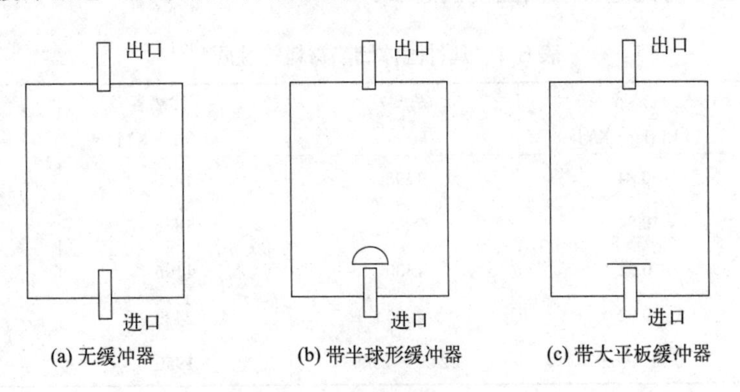

图 6-4　三种进口结构[3,8]

④ 水箱内部隔板：水箱内布置隔板可以促进水箱内热分层现象的形成，从而具有更好的水箱储热性能。图 6-5 示出 12 种隔板形式。研究结果表明：在中心处开孔的隔板，其水箱的热分层效果要好于在水箱壁附近开孔的隔板。在所研究的水箱中，11 号水箱的热分层效果是最好的，其次是 7 号水箱。

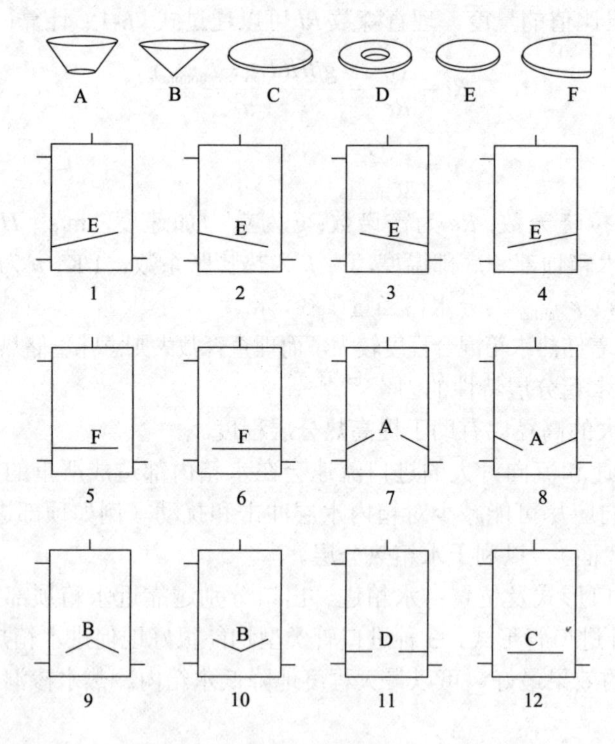

图 6-5　12 种水箱隔板形式[3,9]

6.2.3.2　岩石床[10-12]

岩石床具有价格低廉、热工性能较好等特点，作为储热材料和装置特别适用于太阳能热风采暖等系统。表 6-1 给出了几种固体储热介质的性质。几种储热材料中玄武岩容积比热容最大，储热量大。但采用卵石较多，因其表面光滑，阻力小，有利于提高对流换热系数，并且其热导率较小，热惯性大，保温效果好。由于地区岩石种类差异，在以其他岩石作为替代时，应尽可能选择表面圆滑的岩石。

表 6-1　几种固体储热材料的性质[10]

储热介质	比热容 /［kJ/(kg · K)］	密度 /(kg/m^3)	容积比热容 /［kJ/(m^3 · K)］	热导率 /［W/(m · K)］
砖	0.84	1698	1426	0.65
混凝土	0.84	2200	1848	1.74
凝灰岩	0.92	1300	1196	0.53
玄武岩	0.92	2695	2479	1.71
卵石	0.71 ～ 0.92	2245 ～ 2566	1950	1.2 ～ 1.4

岩石粒径和空隙率（颗粒间空隙体积与自然堆积体积之比）对平均储热功率和压力损失存在影响，粒径越小换热比表面积越大，但流动阻力也大；并且岩石粒径与空隙率之间存在一定关系，粒径越大，空隙率越大。考虑到阻力损失带来的运行费用问题，有学者建议岩石粒径取值在 6 ～ 10cm 之间[11]，亦有推荐值为 2 ～ 2.5cm[2]。Meier 等[12]建议对于圆形储热罐，其罐体直径与岩石粒径之比在 30 ～ 40 之间。Singh 等[13]给出了储热体内岩石当量粒径 D_e 的计算方法：

$$D_e = \frac{6V_t(1-\varepsilon)}{\pi n} \tag{6-3}$$

式中，V_t 为岩石床总体积，m^3；ε 为空隙率；n 是岩石颗粒数。

图 6-6 示出了某岩石床储热器简图[13]。充热模式下，空气经太阳能集热器吸热后进入岩石床，加热卵石后返回集热器；释热模式下，新鲜空气及从负荷房间出来的冷空气经太阳能集热器及岩石床后进入房间放热。岩石床既是储热器又是换热器，具有系统造价低、换热面积大、流通阻力小和换热效率高的优点。需注意卵石应洗净以避免灰尘进入房间。

6.2.3.3 埋管土壤储热[14-16]

地下储热因其大容积、低成本和能长时间储热等而颇具应用前景。地下储热主要包括四种方式[14-16]：地下水罐 / 箱（钢筋混凝土壳 + 保温层）、砾石 - 水坑（塑料外衬 + 保温层）、含水层（砂石水，无地下水流）和埋管土壤储热（土壤中埋入管道进行储热和取热）。四种地下储热方式如图 6-7 所示。本节主要介绍应用广泛的埋管土壤储热方式。

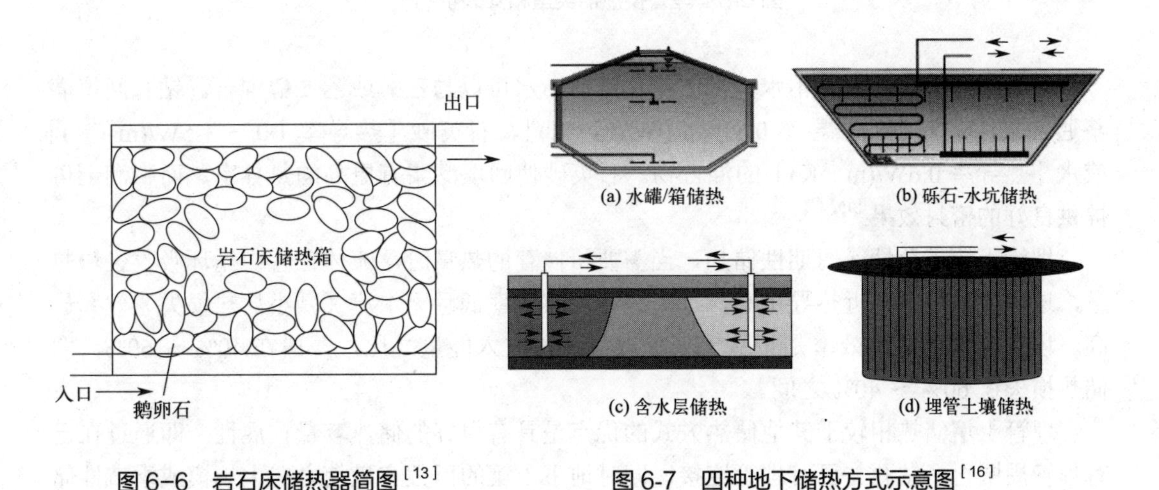

图 6-6　岩石床储热器简图[13]

图 6-7　四种地下储热方式示意图[16]

地下土壤或岩石提供了一个巨大的储热体，地下最深至 100m 相对较低温度热能称为“浅层地热”[14]。靠近地面直到约 10m 深度区域温度受外界季节性温度变化影响，但在这个深度以下直至约 100m 基本保持恒定温度，该恒定温度取决于当地气候条件，范围在 2 ～ 20℃，是浅层地热储存系统的基础。

埋管土壤储热方法是通过向地下垂直钻孔埋入换热管（如U形管）实现从土壤取热和释热。地质构造对储热容量有重要影响，一般含岩石或水分饱和的土壤储热容量大。垂直钻孔深度通常在30～100m范围内，最深可达200m，钻孔间距3～4m[15,16]。在钻孔中埋入双U形或单U形管或同心管与周围土壤进行热交换，如图6-8所示[16]。管道材料通常由高密度聚乙烯（HDPE）等合成材料制作。多个埋管可串联成排，各排管再并联连接。充热时，水流方向自储热土壤中心至周边，以便使中心温度高而周边温度低；取热时水流方向相反。为了减少地表热损失，在土壤储热层上面覆盖保温层。

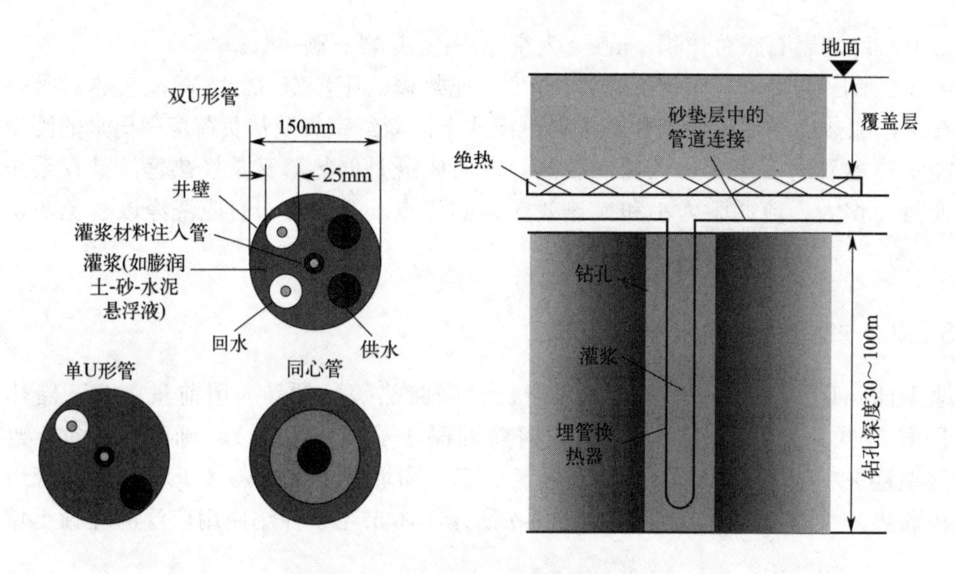

图6-8　埋管换热器类型和安装示例[16]

管道中的流体通常采用水，为了避免结冰，水可以与乙醇或乙二醇混合。钻孔回填灌浆通常采用膨润土［热导率0.8～1.0W/(m·K)］、石英砂［热导率1.0～1.5W/(m·K)］或水［热导率0.6W/(m·K)］的混合物。石英砂使回填灌浆有更高的热导率，而膨润土可提供良好的密封效果[15]。

埋管土壤季节性或周期性储热，当需要所储存的热量时，流体在管内循环吸收土壤热量，这时如果埋管附近热导率高，远离埋管处热导率低且无水流（减小储热损失）效率最高。埋管土壤储热的效率是指从土壤提取能量与注入能量之比，一般在40%～60%，即储热损失在60%～40%之间。

埋管土壤储热相较于其他储热方式的优点是具有很好的储热容量扩展性，即通过在已有埋管周围再多钻孔与已有埋管连接。同时地下土壤的巨大容量使之在大规模或季节性储热方面具有经济性[15]。但是如果地下水流（包括区域流动和自然对流——来自温差导致的浮升力、垂直深度以及渗透性等）存在会导致储热大量损失，需要考虑设置水流屏障。表6-2给出一些利用埋管土壤储热的集中供热站。

表 6-2　一些利用埋管土壤储热的太阳能供热站概况[15]

太阳能供热站名称	供热对象及面积 /m^2	总热负荷 /(GJ/ 年)	太阳能集热器面积 /m^2	储存体积 /m^3	太阳能保证率设计值 /%	储存温度设计最大值 /℃
Neckarsulm，德国	300 栋公寓，20000m^2	5987	5000	63400	50	85
Crailsheim，德国	260 户住宅、学校和体育馆，40000m^2	14760	7300	37500	50	85
Attenkirchen，德国	30 户住宅，6200m^2	1753	800	10000	55	85
Anneberg，瑞典	90 户住宅，9000m^2	3888	3000	60000	60	45
Okotoks，加拿大	52 户住宅，7000m^2	1900	2293	35000	90	80

6.2.3.4　相变材料储热器[17-20]

正如 3.2 节指出的，利用相变材料储存太阳能具有温度变化小、储热密度较高的优势。相变材料（PCM）储热装置通常与传热流体（HTF）进行间壁式换热，因此相变材料储热器又可称为相变材料储换热器。相变材料储热器同样具有各种换热器形式[17-19]，如平板式、管壳式、堆积床式、套管式及螺旋管式等，如图 6-9 所示。常用的太阳能热储存相变材料如十水硫酸钠、六水氯化钙、三水醋酸钠、五水硫代硫酸钠、石蜡、熔融盐等，具体可参见第三章。传热流体根据应用场合可以是空气或水等。

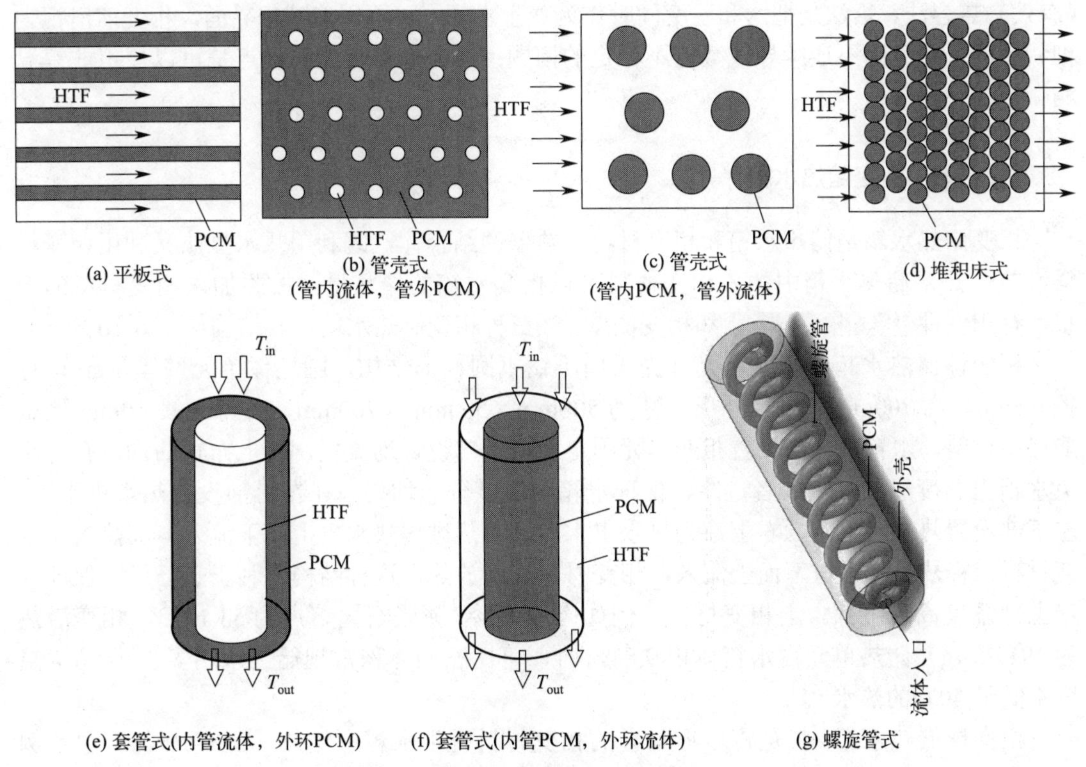

图 6-9　各种相变材料储热器形式[17-19]

相变材料储热器的结构和运行参数影响其充、放热性能。以管壳式相变材料储热器为例，包括管（壳）的直径和长度，管数，传热流体的流向、流量和入口温度等。传热流体流量对储 / 传热性能有重要影响，一般来说，增大流量（速）往往强化传热从而缩短充、放热过程。然而，流量增加也会导致流体进、出口温差减小，在某些应用场合是不利的，因此需要优化流量以便能在传热效能、储热量以及温度波动方面找到平衡点。并且在凝固放热阶段，传热以导热为主导方式，因而流量的影响要弱一些。另外，由于传热流体入口温度和相变材料熔点之间的温差是传热的驱动力，因此传热流体的入口温度对于传热性能有重要影响，提高传热温差可提高传热速率从而缩短充放热时间。然而，相较于入口流速，入口温度的影响更为重要[17]。

管壳式储热器中相变材料和传热流体的布置对储热性能亦有显著影响，主要与相变过程自然对流有关。相较于相变材料布置在壳侧的情形，管内布置相变材料提升了装置储热性能，特别是在熔化工况。对于入口流向来说，传热流体从底部流入竖直布置的装置传热效果好。对于竖直布置的相变装置，多管平行流动的相变速率要好于逆流。关于相变材料物性的影响，有研究[20]表明对于短期储热，参数影响大小依次为熔点、热导率、比热容、密度和潜热；对于长期储热，顺序依次为密度、潜热、比热容、熔点和热导率。因此，选择具有高密度、潜热和比热容的相变材料可以提高装置的储热效率[17]。

在储热器的充热阶段，固相熔化，液相率随时间增加；放热阶段，液相凝固，释放熔化热，固相率随时间增加。由于充热过程中的自然对流是较放热过程的导热更为有效的传热机制，充热过程往往比放热过程更快完成；并且固相的热导率往往较低，因此也延长了能量释放过程。固液相界面处发生的传热问题常称为Stefan问题，求解方法有焓法和等效（有效）热容法。焓法是把焓和温度同时作为变量求解，可不用追踪相界面，相变前沿视为糊状区，可避免因不连续导致数值不稳定的问题；而有效热容法的优点是可以模拟非等温相变[17]。

6.2.3.5 相变储热水箱[21-23]

相变储热水箱是储热水箱和相变材料储热器的结合体，既利用热水显热又利用相变材料潜热储热，储热水箱中加入相变材料可以提高水箱的储热量。按照加入相变材料的形状，有相变柱[21]、相变球[22]和相变侧壁[23]三种相变储热水箱，其结构如图6-10所示。

相变柱储热水箱的相变单元外壳采用不锈钢圆柱形结构，圆柱体单元壁厚1mm，直径60mm，高700mm。水箱外形尺寸为500mm×500mm×700mm，外部包裹50mm聚氨酯保温材料。水箱内上部设置相变单元固定板，下部设置均流板，其上布置的均流孔可避免水箱内温度局部过热或者过冷，保证水箱内温度分布均匀。在左上部设置热水进水口，左下部设置热水回水口，右上部为热水出水口。充热过程热水自上而下流入，加热熔化相变材料，释热时冷水自下而上流入，相变材料凝固放热，这种结构有利于热分层，保证水箱上部温度高于下部。当相变材料（例如肉豆蔻酸 / 膨胀石墨熔点为53.19℃，相变潜热为191.75J/g）储热单元占水箱体积9.84%时，可比相同体积常规储热水箱多提供20%温度不低于40℃的热水[21]。

相变球储热水箱[22]是将球形胶囊的相变材料置于水箱中储热，图6-10（b）中示例的相变球储热水箱是一个内径357mm，高度600mm的不锈钢圆筒，有效容积60L，水箱外层包裹有保温棉。在距离水箱底部200mm、300mm、400mm、500mm的高度处布置置物架和相变储热球（相变温度为58～62℃的相变储热小球，外径40mm；相变温度为48～52℃的相变储热大球，外径68mm；大、小球外壁均为聚氯乙烯塑料，壁厚2mm）。

每层均匀放置 13 个大球和 43 个小球，以保证水箱内各层储热量相等。试验运行结果表明相变储热球可以提高水箱的储热量，且相变储热球越靠近水箱进口，水箱的热分层效果越好[22]。

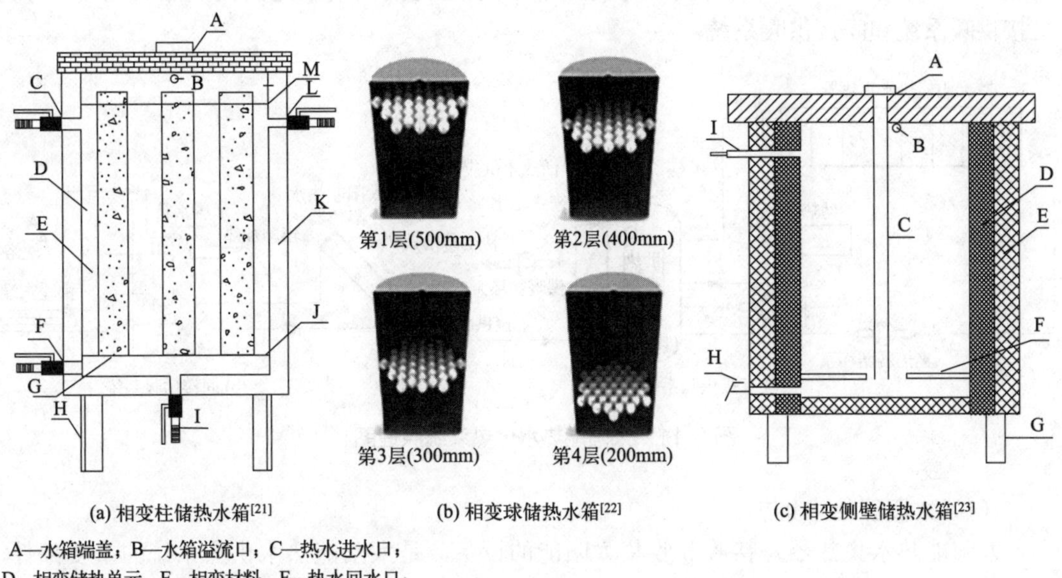

(a) 相变柱储热水箱[21]　(b) 相变球储热水箱[22]　(c) 相变侧壁储热水箱[23]

A—水箱端盖；B—水箱溢流口；C—热水进水口；
D—相变储热单元；E—相变材料；F—热水回水口；
G—均流孔；H—水箱支架；I—冷水补水口(排水口)；
J—均流板；K—聚氨酯保温层；L—水箱壳体；
M—热水出水口

图 6-10　三种相变储热水箱结构

相变侧壁储热水箱[23]是在水箱侧壁添加相变材料作为储热层，其优点是占用水箱容积较少。该水箱结构主要包括圆柱形水箱箱体（外径为 920mm，内径为 800mm，高度为 1200mm），水箱端盖 A，溢流口 B，固定杆 C，相变材料储热层 D（石蜡，厚度 30mm，相变温度为 58℃），不锈钢隔层（壁厚为 2mm），保温层 E（聚氨酯，厚度 30mm），电加热器 F，水箱支架 G，热水出水口 I 及水箱排水口 H。相变材料的使用延缓了水箱放热过程水温降低时间，对于出水口水温自 67℃降至 40℃，该相变储热水箱与传统结构（无相变材料）水箱相比延缓了 10h[23]。

6.3　太阳能储热供热系统[2]

太阳能储热供热系统是配置有储热装置的太阳能供热系统，按照热媒分类有水加热系统和空气加热系统；按照太阳能的利用方式分类有主动式太阳能供热系统（由外力如泵或风机驱动热媒的系统）、被动式太阳能供热系统（无外力驱动的自然循环系统）和太阳能热泵供热系统（经热泵进一步提升温度后供热）。被动式太阳能供热系统一般用于太阳能建筑，参见第七章建筑节能中的热储存技术。下面分别介绍其余几种太阳能储热供热系统。

6.3.1 太阳能热水供热系统

太阳能热水供热系统主要由太阳能热水集热器、储热器、配热系统、辅助加热装置、控制系统等组成，如图6-11所示，按水箱的热水是直接供暖还是间接换热后供暖，分为直接供暖系统和间接供暖系统。

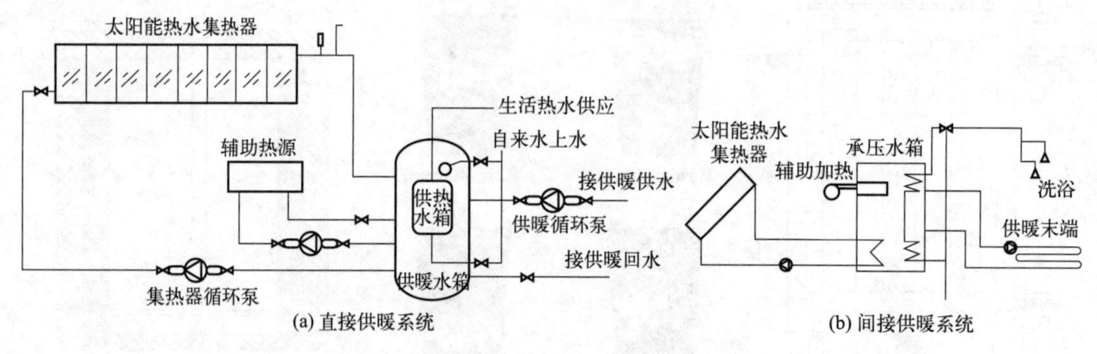

图6-11 太阳能热水供热系统原理图[24]

（1）太阳能热水集热器

太阳能热水集热器是接收和收集太阳能的设备，是太阳能热水供热系统的重要部件，其结构和布置对整个系统起决定性作用。供暖应用中主要有平板型和真空管型热水集热器两大类，真空管型热水集热器又分为全玻璃真空管、玻璃-金属结构真空管型热水和热管式真空管型热水集热器等三种。

① 平板型热水集热器

平板型热水集热器由吸热板系统、透明面板、隔热体（保温层）、载热剂系统和箱体结构组成，如图6-12所示。

a. 吸热板系统：用于吸收太阳入射光并将其热量传递给载热剂。一般为表面涂层（增强吸热）的金属或非金属，如铝板、铜板和不锈钢等。流道材质也可采用铝、铜和不锈钢等。涂层工艺可以采用真空镀、电镀、氧化镀等，吸热板结构形式有管板式、翼管式和扁盒式等，如图6-13所示[26,27]。吸热体流道可分为栅形和S形（蛇形）两种，如图6-14所示[26,27]。吸热材料与流道的结合方式有整板式、条带式和格板式。国外吸收涂层吸收率在0.95左右，国内标准GB/T 26974—2011《平板型太阳能集热器吸热体技术要求》规定吸收率不低于0.92[27,28]。

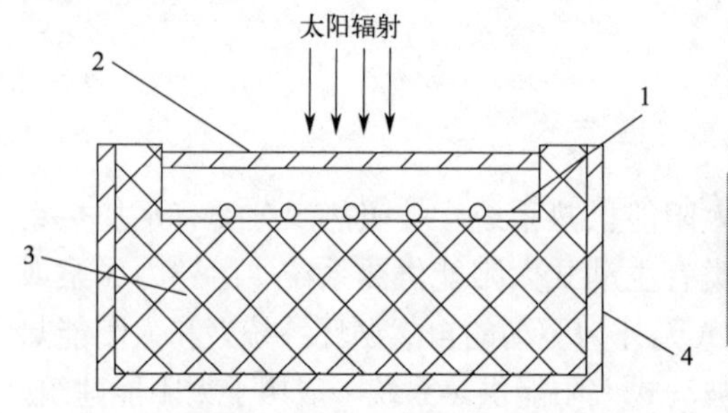

图6-12 平板型热水集热器结构示意图[25]

1—吸热板；2—玻璃盖板；3—保温层；4—箱体

图6-13 吸热板结构形式示意图[26, 27]

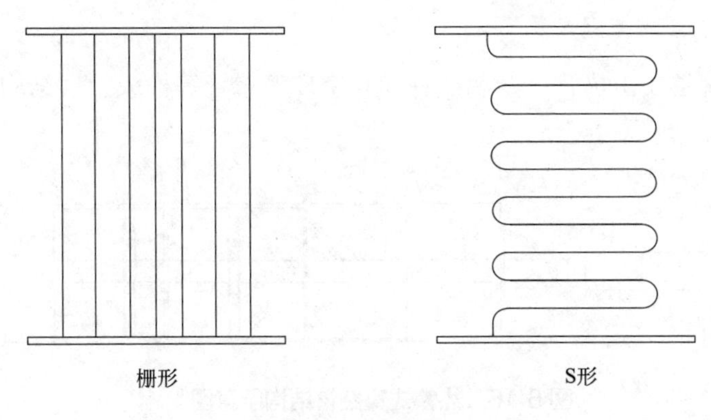

图 6-14　吸热体流道示意图[26,27]

b. 透明面板：为一层或两层玻璃或塑料的覆盖物，让太阳辐射透过，阻止或减少对外热辐射或热对流损失。透明面板可以采用普通平板玻璃、钢化玻璃或聚酯玻璃钢。国外当前平板型集热器玻璃盖板透光率基本在 0.93 以上，国内标准 GB/T 6424—2021《平板型太阳能集热器》规定平板型集热器玻璃盖板透光率不低于 0.9[28,29]。

c. 隔热体：用来降低吸热系统吸收的热量，通过集热器背面和侧面向外散热。用于隔热体的材料可以是岩棉、玻璃棉和聚苯乙烯泡沫塑料。国内标准 GB/T 6424—2021《平板型太阳能集热器》规定隔热体材料热导率不应大于 0.045W/(m・K)。

d. 载热剂系统：包括载热剂（集热器中的工作流体，如水或乙二醇 - 水溶液）、流道及其分配器。

e. 箱体结构：用于支撑透明面板、吸热板、隔热体等。

平板型热水集热器成本低，集热温度一般不超过 100℃，热效率较低。

② 真空管型热水集热器

这里主要介绍全玻璃真空管和热管式真空管型热水集热器。

a. 全玻璃真空管

两根玻璃管同心，内管有流体流过，带走热量。内管外壁敷设选择性涂层，内、外管间夹层抽真空（真空度 < 0.05Pa）以减小热损失，流体温度可达 100℃以上。单端开口，将内、外管口环形熔封；另一端圆头密封，内、外管头之间由弹簧卡支撑，可以自由伸缩，缓冲内、外管热应力。弹簧卡上装有吸气剂，保持管内真空度。根据吸气膜面积的大小和有无可判断真空管有无真空度。全玻璃真空管结构如图 6-15 所示。

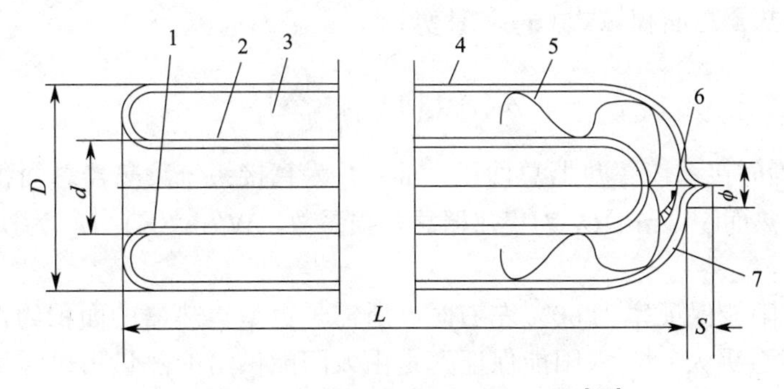

图 6-15　全玻璃真空管结构示意图[30]

1—内玻璃管；2—选择性涂层；3—真空夹层；4—外玻璃管；5—支撑件；6—吸气剂；7—吸气膜

b. 热管式真空管

热管式真空管主要由热管、金属翅片和真空玻璃罩管等构成，其结构如图 6-16 所示。

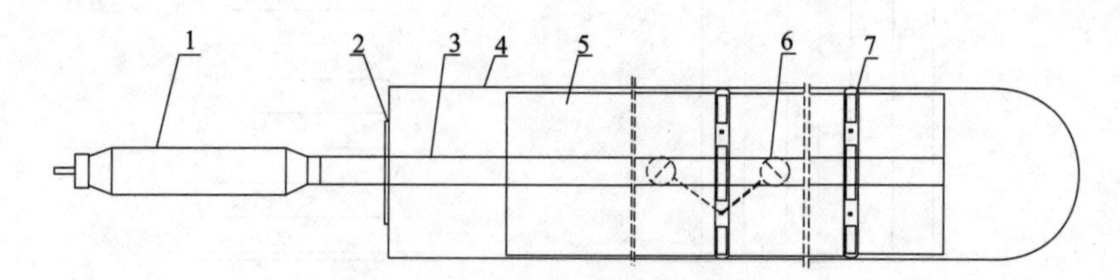

图 6-16 热管式真空管结构示意图[31]

1—热管冷凝段；2—金属封盖；3—热管蒸发段；4—真空玻璃罩管；5—金属翅片；6—吸气剂；7—支架

真空玻璃罩管内的金属翅片吸收太阳能并传导给热管蒸发段，再由热管内工质将热量传递到热管冷凝段。该热管式真空管具有集热效率高、传热速度快、产热量大、抗冻能力强等优点。

③ 集热器的面积和布置[32]

a. 集热器面积

根据国家标准 GB 50495—2019《太阳能供热采暖工程技术标准》，短期储热直接系统集热器面积可由式（6-4）计算：

$$A_{c}=\frac{86400Q_{J}f}{J_{T}\eta_{cd}(1-\eta_{L})} \tag{6-4}$$

式中，A_c 为短期储热直接系统集热器的面积，m^2；Q_J 为太阳能集热器的设计负荷，W；J_T 为供暖系统在当地 12 月平均日太阳辐射量，$J/(m^2 \cdot d)$；f 为太阳能保证率，%；η_{cd} 为基于总面积的集热器平均集热效率，%；η_L 为管道和储热器的热损失率，%。

季节储热直接系统集热器面积可按式（6-5）计算：

$$A_{c,s}=\frac{86400Q_{J}fD_{s}}{J_{a}\eta_{cd}(1-\eta_{L})\left[D_{s}+(365-D_{s})\eta_{s}\right]} \tag{6-5}$$

式中，$A_{c,s}$ 为季节储热直接式集热器的面积，m^2；Q_J 为太阳能集热器的设计负荷，W；J_a 为当地集热器采光面上年平均日太阳辐射量，$J/(m^2 \cdot d)$；f 为太阳能保证率，%；D_s 为当地采暖期天数，d；η_s 为季节储热系统效率，取值 0.7 ～ 0.9。

间接系统集热器总面积按式（6-6）计算：

$$A_{IN}=A_{c}\left(1+\frac{U_{L}A_{c}}{U_{hx}A_{hx}}\right) \tag{6-6}$$

式中，A_{IN} 为间接系统集热器总面积，m^2；A_c 为直接系统集热器总面积，m^2；A_{hx} 为间接系统换热器换热面积，m^2；U_L 为集热器总热损系数，$W/(m^2 \cdot K)$；U_{hx} 为换热器传热系数，$W/(m^2 \cdot K)$。

通常，当太阳能保证率为 60% 左右时，所需平板型集热器的面积约占供暖房间地板面积的 50%，甚至更大[2]。太阳能保证率是由太阳能供给的热量占供暖房屋总热负荷的比例，可按表 6-3 选取[32]。

表 6-3　各太阳能资源区的太阳能保证率推荐值[32]

太阳能资源	太阳能保证率 /%	
	短期储热系统	季节储热系统
极富区	≥ 50	≥ 70
丰富区	30 ～ 50	50 ～ 60
较富区	20 ～ 40	40 ～ 50
一般区	10 ～ 30	20 ～ 40

b. 集热器布置

太阳能热水集热器以朝向正南方向为宜，或偏东、偏西 20°。集热器的安装倾角应与当地的纬度相同，专门采暖用时，倾角应加大至比当地纬度大 10°。垂直放置时日照量减少 10% 左右[2,32]。

（2）储热装置

太阳能储热供热系统可采用 6.2 节所述各种储热装置，储热量应依当地太阳能资源、气候和工程投资等因素确定，短期储热一般应能储存 1 ～ 7 天集热系统的热量。对于储热水箱通常根据集热器的采光面积来选择，短期储热在 40 ～ 300L/m^2 之间；对于中型季节储热（集热器面积＜ 10000m^2），储热水箱体积为 1.5 ～ 2.5m^3/m^2；对于大型季节储热（集热器面积≥ 10000m^2），则储热水箱体积≥ 3m^3/m^2。

若需储存 1 ～ 2 天的热量，按 100m^2 住宅计算，则需 (2 ～ 4)×10^{5}kJ 热量。用水储存，温差为 10℃时，需 5 ～ 10m^3 储热水箱[2]。若用卵石储热，则需 15 ～ 30m^3。

（3）辅助热源和配热系统[2]

① 辅助热源

若太阳能供给的热量占供暖房屋总热负荷的比例为 60% 左右（即太阳能保证率），其余需由辅助热源提供。辅助热源可以是电加热器、油炉、气炉、热泵等。

辅助热源的位置可以有三种（图 6-17）[2]。一种是直接置于储热箱内，如采用电加热器，简单方便，但需加热水量大，易使集热器因温度高而效率降低；第二种是储热器与辅助热源并联，将部分回水加热；第三种是储热器与辅助热源串联 + 旁通管，当集热器供热温度不足时，可以由辅助热源来补充加热进一步提高温度，并且当集热温度过低时，热量可以全部由辅助热源提供。第三种位置更有利些。

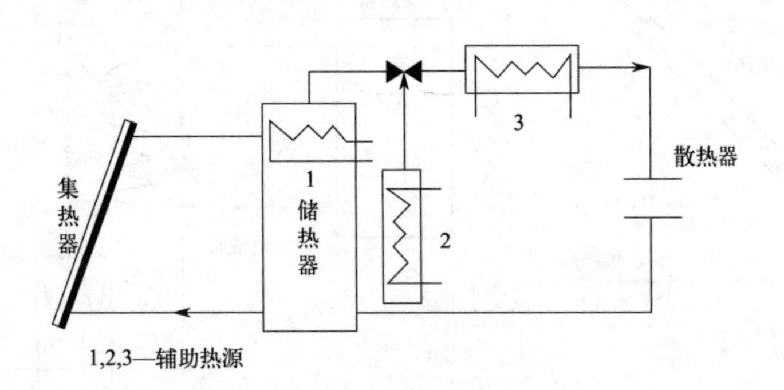

图 6-17　辅助热源的位置[2]

② 配热系统

配热系统指的是设置在采暖房间的散热设备，如暖气片、顶棚辐射板、风机盘管、地面辐射板等。冬季太阳能的集热温度为40℃左右，采用暖气片需增加其面积。风机盘管改装后也可适应40℃左右的供水温度。顶棚辐射板面积较大，可降低供热温度，一般顶棚辐射板表面温度小于32℃，故顶棚辐射板热媒温度在35℃左右。地面辐射板采暖面积也较大，且地板表面温度要求不超过28℃左右，故地板采暖可用30～35℃的热水供暖。地面辐射板采暖可以采用地暖盘管“I”字形和“回”字形布置，或敷设毛细管网。

图6-18示出了各种采暖末端形式。

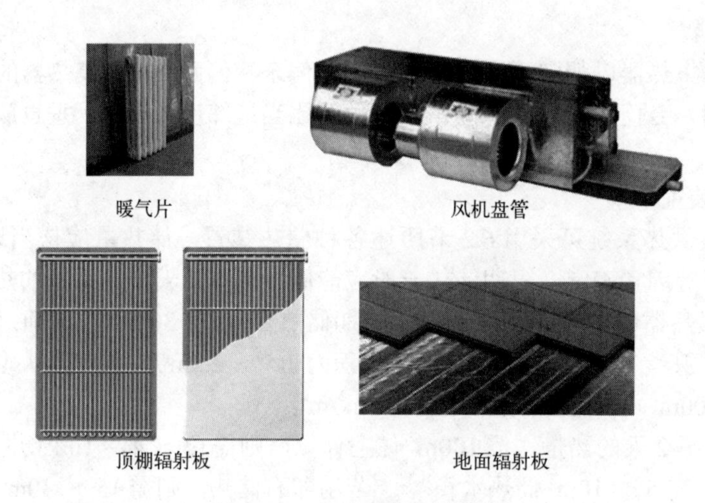

图6-18 各种采暖末端形式

(4) 控制系统[2]

气温变化和太阳辐射的不稳定性会引起供暖热舒适性的下降，为维持室温以及集热器等设备安全运行，太阳能热水供暖系统需要增加控制系统模块。图6-19给出一种太阳能供热系统控制原理图[2]。在集热器吸热板和储热箱底部出口敷设温度传感器（如铂电阻）$T_{板}$和T，当$T_{板}-T>5$℃时集热泵运转，否则集热泵停止工作。在采暖房间和储热箱顶部出口敷设温度传感器T_B和T_W，当$T_B<(16\pm1)$℃或$T_W>(30\pm1)$℃（如采暖末端为地面辐射板）时负载泵运转。若T_B持续下降，则启动辅助热源。储热水箱同时设置高压报警监测。

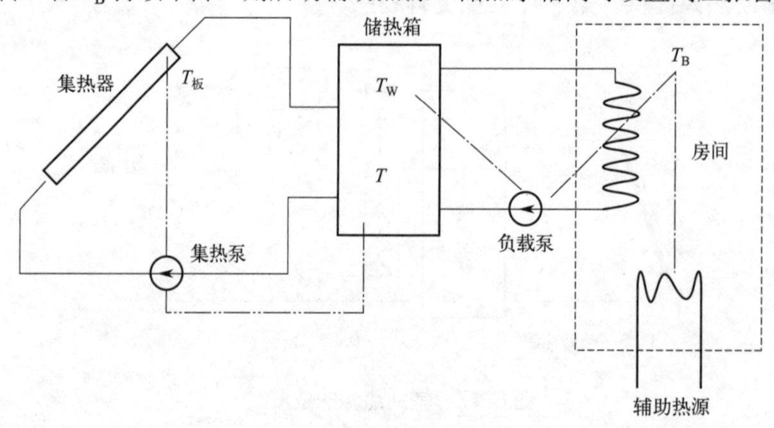

图6-19 控制系统原理图[2]

6.3.2 太阳能空气供热系统[33-36]

6.3.1 小节所述太阳能热水供热系统的优点是储热装置体积小，运行可靠，但在冬季需防止热水集热器被冻坏以及系统腐蚀。而以空气为系统循环工质的太阳能空气供热系统则不存在空气集热器冻坏和过热的问题，可以直接热风供暖，控制使用方便；但所需空气集热器面积和储热装置体积大，风机耗电多。太阳能空气供热系统与太阳能热水供热系统的构成大致相同，只是需要采用太阳能空气集热器、风机以及岩石床、水箱或相变材料箱等储热装置，末端设备为送风风机，辅助热源参考系统所处的地域选择，多用电加热器或天然气锅炉等形式。图 6-20 示出了太阳能空气储热供暖系统图[33]。空气集热器吸收太阳辐射后加热空气，热空气被送入室内环境供暖，或在储热装置内流动将热量储存起来。当流经空气集热器和储热装置的空气温度太低时，辅助热源运行以保证供暖温度。空气也可通过旁通管直接进入辅助热源，由辅助热源承担全部热负荷。

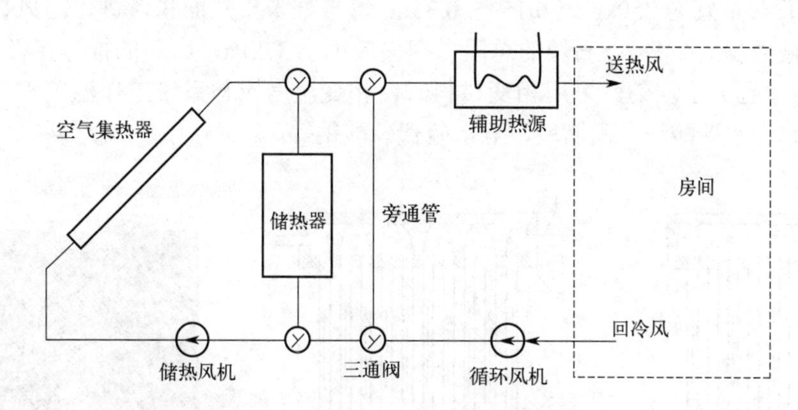

图 6-20 太阳能空气储热供暖系统图[33]

（1）太阳能空气集热器

太阳能空气集热器主要有平板型空气集热器和真空管型空气集热器。

① 平板型空气集热器

平板型空气集热器是空气在吸热板的正面或背面流动，同时与被太阳辐射加热的吸热板进行热交换。优点是结构简单，造价低，使用方便，易于维护；缺点是传热、储热能力差，热量损失较大，集热效率较低。平板型太阳能空气集热器由吸热板、透明面板、隔热体（保温层）以及壳体组成，一般外形尺寸长 × 宽分别有 2m×1m、4m×1m、4m×2m等几种。按空气是否与吸热板涂层相接触分为接触式和非接触式平板型太阳能空气集热器[38]。根据对吸热板的改进，平板型太阳能空气集热器又可分为：V 形波纹型、V 形波纹多孔型、圆柱阵列型、渗透型等。根据其透明面板的不同可分为：单玻、双玻和蜂窝型等。图 6-21 为纵向 V 形波纹板平板型空气集热器示意图[34,35]。

② 真空管型空气集热器

真空管型空气集热器结构与真空管型热水集热器类似，具有热效率高、热损失小的优点。图 6-22 给出直通式并联和串联真空管型空气集热器结构以及实物图[36]。集热管串联结构与并联结构相比提升了空气集热器出口温度。

太阳能空气集热器面积和位置与热水集热器类同。

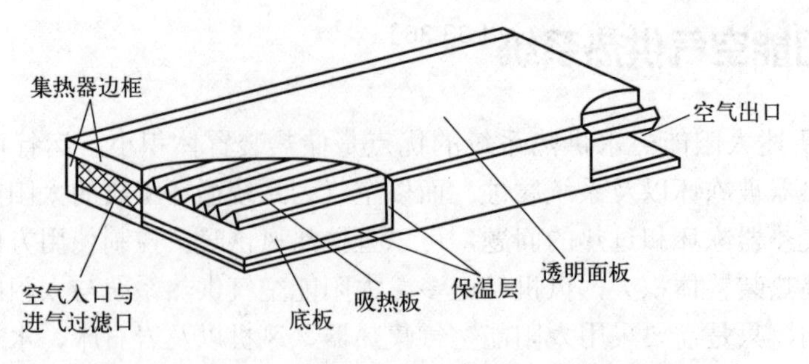

图 6-21 纵向 V 形波纹板平板型空气集热器 [34,35]

（2）太阳能空气供热系统储热装置

在太阳能空气供热系统中，一般选用卵石、水或相变材料进行储热。卵石箱由于具有价格低廉、控制方便、热工性能好的特点，一直是太阳能空气供热系统的主要储热形式。卵石箱的卵石含量宜为 250kg 或 0.15 ～ 0.35m^3 每平方米集热面积，进、出风口面积应不小于储热器截面积的 8%，卵石箱的总阻力损失应小于 37kPa，卵石的推荐直径在 10cm 以下 [32, 33]，洁净且大小均匀。采用相变材料时，相变温度应与系统工作温度相匹配，相变材料如石蜡、十水硫酸钠、硬脂酸、五水硫代硫酸钠等。

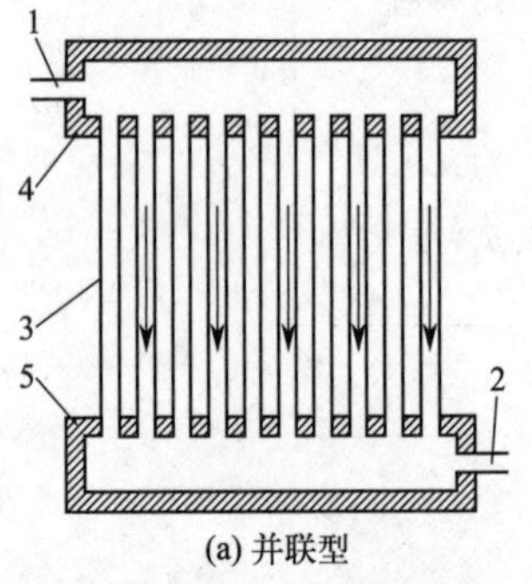

(a) 并联型

1—集热器进风口；2—集热器出风口；
3—直通真空管；4—保温层；
5—联集箱

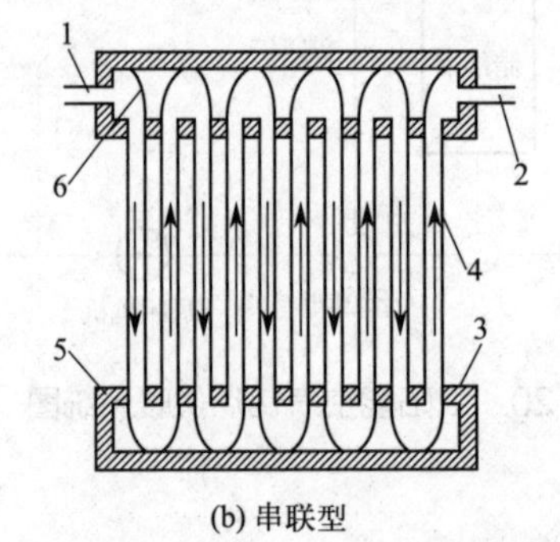

(b) 串联型

1—集热器进风口；2—集热器出风口；
3—联集箱；4—直通真空管；
5—保温层；6—弧形金属挡板

(c) 串联型实物图

图 6-22 真空管型空气集热器 [36]

（3）太阳能空气供热系统辅助热源和控制系统

辅助热源应根据当地条件，如利用城市热网、电、煤、燃气、燃油、工业余热以及生物质燃料等。相比较而言，煤和热泵的热价较低，其次是生物质燃料、天然气、煤气、柴油，电和液化石油气的热价最高 [33]。

太阳能空气供热系统的控制同样要考虑到集热器、储热器和辅助热源的启停策略。在集热器出口布置温度传感器（如铂电阻）测量温度 T_{cout}，在储热器进、出口测量温度 T_{sin}、T_{sout}，以及测量房间温度 T_r。太阳能空气供热系统的控制原理如图 6-23（图中各阀门随控制逻辑相应启闭）。

设定房间供暖温度 T_{r0}（比如 16℃），设定太阳能空气集热器可供热温度 T_{ch}（比如 25℃）、集热器可储热温度 T_{cs}(比如 30℃)。控制策略可以有如下 8 种控制模式（除非指出，旁通管默认为断开状态）。

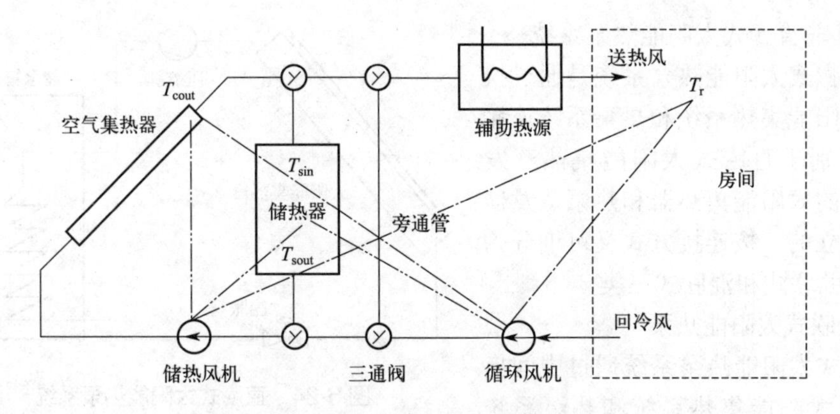

图 6-23 太阳能空气供热系统控制原理图

① 集热器供热和储热：$T_{cout} \geqslant T_{cs}$ 且 $T_r \leqslant T_{r0}$，储热风机和循环风机均开启；

② 集热器供热：$T_{ch} \leqslant T_{cout} < T_{cs}$ 且 $T_r \leqslant T_{r0}$，储热风机停，循环风机开启；

③ 集热器储热：$T_{cout} \geqslant T_{cs}$ 且 $T_r > T_{r0}$，储热风机开启，循环风机停；

④ 集热器和辅助热源联合供热：$T_{r0}+2 \leqslant T_{cout} < T_{ch}$ 且 $T_r \leqslant T_{r0}$，储热风机停，循环风机开启；

⑤ 储热器供热：$T_{cout} \leqslant T_{r0}+2$ 且 $(T_{sin}+T_{sout})/2 \geqslant T_{ch}$，$T_r \leqslant T_{r0}$，储热风机停，循环风机开启；

⑥ 储热器和辅助热源联合供热：$T_{cout} \leqslant T_{r0}+2$ 且 $T_{r0}+2 \leqslant (T_{sin}+T_{sout})/2 < T_{ch}$，储热风机停，循环风机开启；

⑦ 辅助热源供热：$T_{cout} \leqslant T_{r0}+2$ 且 $(T_{sin}+T_{sout})/2 \leqslant T_{r0}+2$，储热风机停，循环风机开启，旁通管开启；

⑧ 停止运行：其余情形。

利用太阳能空气供热系统需注意开窗通风或布置新风口，以补充新鲜空气。

6.3.3 太阳能热泵供热系统[2, 37-39]

太阳能热泵供热系统是利用太阳能集热器进行低温集热再通过热泵进一步提升至供热温度的供热系统。我国北方冬季气温低，太阳辐射量小，集热器出口温度较低，往往难以满足供热温度需求，可通过热泵提升后再供热。根据太阳能集热器和热泵蒸发器不同的结合方式，将太阳能热泵系统分为直膨式（直接膨胀式）和非直膨式两大类。非直膨式系统根据太阳能集热系统和热泵系统的连接方式，又可分为串联、并联和混联式。

（1）直膨式太阳能热泵系统

直膨式太阳能热泵系统是将太阳能集热器和热泵蒸发器合二为一，制冷剂液体直接在太阳能集热蒸发器中吸收太阳辐射能蒸发，经压缩机压缩后在冷凝器中放热给工作流体，其结构如图 6-24 所示。太阳能集热蒸发器的蒸发温度比传统空气源热泵要高，可以提高热泵系统的制热性能。冷凝器形式可以有沉浸式、外绕式和虹吸式等。直膨式太阳能热泵系统具有部件少、结构简单、易受太阳辐射波动影响等特点，适用于中小型供热系统，如家用热水器和供热空调系统。

（2）非直膨式太阳能热泵系统

非直膨式太阳能热泵系统是通过换热器将太阳能集热系统和热泵系统连接起来，区别于直膨式太阳能集热蒸发器，这里的太阳能集热器和热泵蒸发器是相互独立的，按连接方式又可细分为串联式、并联式和混联式三类。

① 串联式太阳能热泵

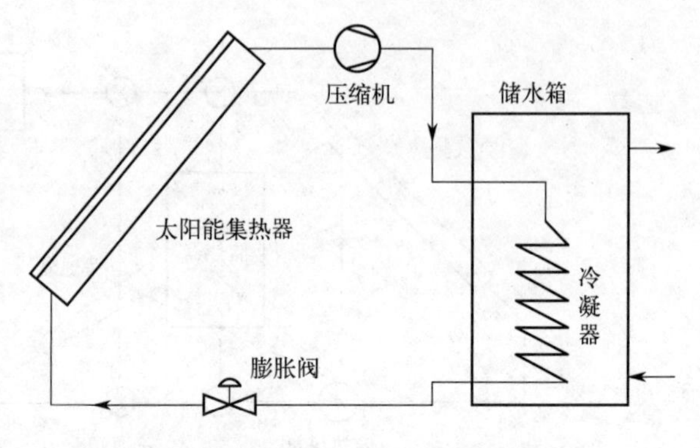

图 6-24 直膨式太阳能热泵系统[37]

串联式太阳能热泵系统通过中间换热器连接太阳能集热系统和热泵系统（图 6-25）[37]，集热介质（水、乙二醇等）在太阳能集热器中吸收太阳能，在中间换热器中放出热量作为热泵系统的低温热源，热泵系统制冷剂在中间换热器中吸收热量，而后通过冷凝器供给用户热量。串联式系统受太阳辐射波动影响相对较小。

②并联式太阳能热泵

并联式太阳能热泵系统是太阳能集热循环系统和空气源热泵系统并联连接，相互独立工作，互为补充，其结构原理如图 6-26[37] 所示。该系统在晴天太阳辐射较强时利用太阳能集热器供热，当太阳辐射较弱，集热器不能满足需求时，启动空气源热泵补充加热。

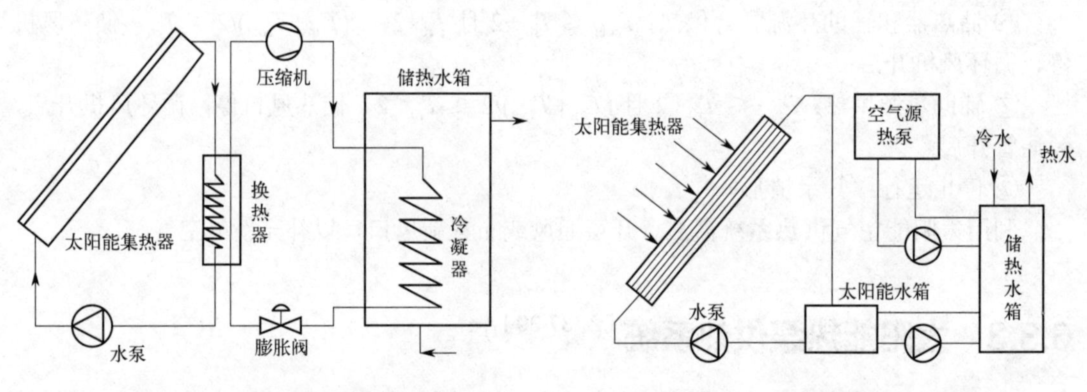

图 6-25 串联式太阳能热泵系统[37]　　图 6-26 并联式太阳能热泵系统[37]

③ 混联式太阳能热泵

混联式太阳能热泵同时将太阳能储 / 换热水箱和空气源作为蒸发器的热源，二者并联连接，其结构原理如图 6-27[37] 所示。当太阳辐射强度够大时，直接利用太阳能集热供热而不需开启热泵；当太阳辐射强度稍弱时，利用太阳能集热器加热后的热水作为热源驱动热泵供热；而当太阳辐射强度很小时，则启动空气源热泵供热。混联式系统设备部件多，系统控制和运行操作比其他类型更加复杂，运用较少。

太阳能热泵系统的性能在一定程度上受太阳能间歇性的影响，一般需配备储热水箱或兼作水 - 水换热器，或应用相变材料储热技术，包括相变材料储热集热器、相变材料储热罐及相变材料储热换热器等方式，可有效改善系统的运行稳定性，提高太阳能利用率、系统能效比和供热可靠性。

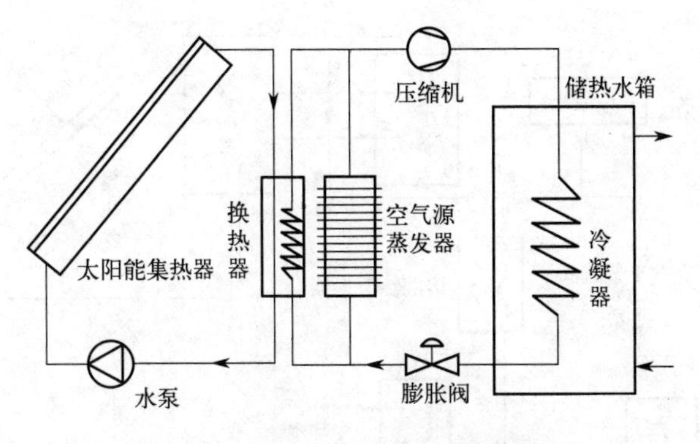

图 6-27　混联式太阳能热泵系统[37]

太阳能热泵系统不仅缓解了太阳能集热器单独供热存在的不稳定性问题，而且性能系数（COP）要高于传统的空气源热泵，与传统的燃油、燃气锅炉相比，具有更好的供热及节能效果。

6.4　太阳能制冷系统中的热储存技术[2,40]

太阳能制冷系统有光热制冷和光电制冷两大类。光热制冷是利用光热转换把太阳能转换成热能，以热制冷，如吸收式、吸附式和喷射式等制冷方法；光电制冷是利用光电转换把太阳能转换成电能，再以电制冷，如光电式、热电式制冷等。利用太阳能制冷可以降低常规空调能耗，减少化石能源发电及氯氟烃制冷剂使用导致的环境污染，并且季节匹配性好（夏季太阳辐射越强、气温越高，冷量需求越大，同时吸收式制冷机热源温度也越高，制冷效果越好）。下面主要介绍应用较多的太阳能吸收式制冷技术。

太阳能吸收式制冷技术是利用太阳能集热器提供的热能驱动吸收式制冷机制冷。吸收式制冷机是利用吸收剂吸收从蒸发器释冷吸热后的低压制冷剂蒸汽，吸收过程放出的热量由冷却水带走，形成的制冷剂 - 吸收剂溶液经溶液泵升压进入发生器，被太阳能驱动热源加热蒸发，产生高压制冷剂蒸汽，与吸收剂分离进入冷凝器冷却，而浓缩后的吸收剂经降压后返回到吸收器再次吸收蒸发器中产生的低压制冷剂蒸汽。常用的吸收剂 - 制冷剂工质对有溴化锂 - 水、水 - 氨等。

太阳能吸收式制冷系统如图 6-28 所示[2]。

由于太阳辐射的间歇性和不稳定性，在太阳能吸收式制冷系统中应设置合理的储热装置以保证系统运行的连续性和稳定性，满足太阳能不充足或者阴天时的制冷需求（也有必要设置辅助热源）。目前太阳能吸收式制冷系统中的储热方法有储存高温热源水、储存低温冷媒水以及储存中温溶液和冷剂水等三种。

（1）储存高温热源水

如 6.2 节所介绍，利用储热水箱储存太阳能集热器提供的热水（80 ～ 95℃），在太阳辐射较弱时驱动吸收式制冷机制冷，简单方便，但缺点是储热密度较小，体积庞大。可以引入相变材料储热，但成本相对较高。

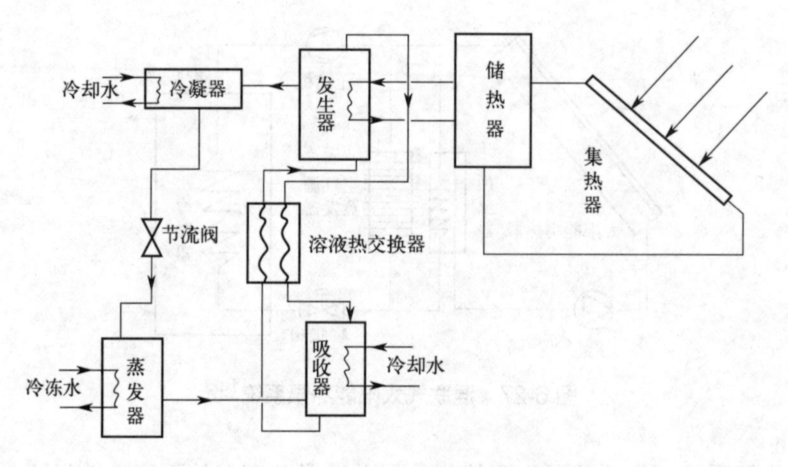

图 6-28　太阳能吸收式制冷系统简图[2]

（2）储存低温冷媒水

利用储热水箱在太阳辐射较强时将吸收式制冷机制取的低温冷媒水（7～10℃）储存起来，以满足太阳辐射较弱时的冷量需求，该部分可参考第八章蓄冷空调技术。为减少冷量损失，应注意采取储冷罐的保温措施。

（3）储存中温溶液和冷剂水

Xu 等[40] 开发了一种新的储热技术——变质量能量转换及储存技术（variable mass energy transformation and storage，VMETS），用于太阳能吸收式制冷系统中的热能储存，其原理是通过改变储液罐中工作溶液（比如溴化锂 - 水）的浓度将太阳辐射能转换为溶液的化学势能储存起来，当有冷或热量需求时再通过吸收式制冷循环将溶液的化学势能转换为冷或热量释放出来，其原理如图 6-29 所示[40]。

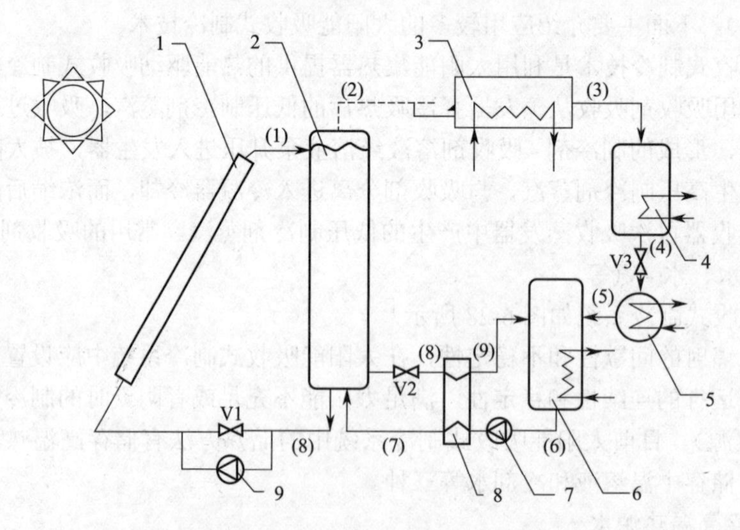

图 6-29　利用变质量能量转换及储存技术的太阳能吸收式制冷系统简图[40]

1—太阳能集热器；2—储液罐；3—冷凝器；4—水箱；5—蒸发器；6—吸收器；7—溶液泵；8—溶液热交换器；9—辅助水泵

该系统的工作流程如下。

储冷过程：工作溶液（溴化锂 - 水）在太阳能集热器 1 中吸收太阳辐射能温度升高，部分水分蒸发并以气液混合物形式进入储液罐 2，然后进行气液分离，其中水蒸气进入冷凝器 3，随着不断运行，储液罐 2 中溶液成为浓溶液（溴化锂含量升高），溶液的化学势发生改变，而冷凝后的冷剂水进入水箱 4 储存起来。

释冷过程：当有冷量需求时，水箱 4 中的冷剂水经降压进入蒸发器 5 吸热蒸发释放冷量给空调用水；吸热蒸发后的冷剂水蒸气进入吸收器 6 被来自储液罐 2 的浓溶液吸收后成为稀溶液，经溶液热交换器 8 后进入储液罐 2，进入下一个循环。

该方式的储冷和释冷过程可同时进行而不分离，储存冷量的多少取决于储冷和释冷过程的速率。

6.5 太阳能热发电中的热储存技术 [41-44]

太阳能热发电或聚光型太阳能热发电（concentrated solar power，CSP），是利用平面或曲面反射镜将太阳能聚集起来，通过吸热装置转换为热能，再经过热功转换发电。太阳能热发电系统一般由 5 大部件组成，即聚光装置、吸收 / 接收器、传热 / 储热系统、发电系统和控制系统。按聚光装置和吸收 / 接收器可分为抛物槽式、碟式、塔式、菲涅耳式等 [41]。

由于太阳能具有间歇性与不稳定性的特点，高效传热储热技术是太阳能热发电利用中的关键技术环节，对提高太阳能热发电效率和降低成本具有重要意义。图 6-30 示出西班牙 Gemasolar 塔式电站及其集热储热塔 [42]。

图 6-30　西班牙 Gemasolar 塔式电站及其集热储热塔 [42]

6.5.1 太阳能热发电储热介质

太阳能热发电储热系统目前常用的主要有显热储热和潜热储热，显热储热介质主要是液体和固体。

（1）液体显热储热

太阳能热发电系统的液体储热介质以导热油和熔融盐为多，其中导热油（矿物油、合成有机导热油）储热技术已较成熟，但价格偏高，且工作温度偏低（300 ～ 400℃）；而熔融盐是碱金属或碱土金属的卤化物、碳酸盐、硫酸盐和硝酸盐、磷酸盐等，具有温度使用范围宽（300 ～ 1000℃）、黏度低、流动性能好、蒸气压低、对管路承压能力要求低、相对密度大、比热容高、储热能力强、成本较低等诸多优点，已成为一种公认的、良好的中高温传热储热介质，不足之处是凝固点偏高易冻堵和对金属材料具有腐蚀性。为防止在低温情况下熔融盐凝固，须使管道及储罐内熔融盐始终处于熔化状态，保温效果一定要好，常设置电伴热系统。例如 Solar 2 太阳能热发电站储热介质为“太阳盐”（solar salt），高温罐运行温度为 385℃，低温罐运行温度为 292℃。

一些液体显热储热材料的物性及使用温度如表 6-4 所示[43]。

表 6-4　一些液体显热储热材料的物性及使用温度[43]

液态显热储热材料	使用温度 /℃		平均密度 / (kg/m^3)	平均热导率 / [W/(m · K)]	平均比热容 / [kJ/(kg · K)]	材料价格 / (元 /kg)	储热成本 / (元 /kW · h)
	下限	上限					
矿物油	−20	300	770	0.12	2.6	2.1	29
合成有机导热油	12	400	900	0.11	2.3	40	600
硅氧烷基导热油	−40	400	900	0.1	2.1	100	1120
熔融亚硝酸盐	130	450	1825	0.57	1.5	7	84
熔融硝酸盐	238	565	1870	0.52	1.6	3.5	26
熔融碳酸盐	450	850	2100	2.0	1.8	17	78
液态钠	97.8	892	850	71.0	1.3	14	147

表 6-5 列出目前光热系统中常用的三种熔融盐的使用温度和性质[44]。

表 6-5　三种常用熔融盐的使用温度和性质[44]

储热介质（质量分数 /%）	凝固点 /℃	上限温度 /℃	平均密度 / (kg/m^3)	平均热导率 / [W/(m · K)]	平均比热容 / [kJ/(kg · K)]	成本 /(元 / 吨)
太阳盐 ($60\%NaNO_3+40\%KNO_3$)	220	600	1899	0.52	1.49	6000
Hitec 盐 ($7\%NaNO_3+53\%KNO_3+40\%NaNO_2$)	142	535	1640	0.57	1.60	6500
Hitec XL 盐 [$45\%KNO_3+48\%Ca(NO_3)_2+7\%NaNO_3$]	120	500	1992	0.53	1.80	10000

（2）固体显热储热

太阳能热发电储热系统的固体储热介质有金属、耐火砖、砂石混凝土、浇注料陶瓷等。金属如铸铁、铸钢等，具有较高的热导率和使用温度，但价格较高且比热容小；耐火砖的使用温度高，但也存在成本较高；高温混凝土和陶瓷具有明显的价格优势，需注意高温开裂和提高热导率。

一些固体显热储热材料的物性及使用温度如表 6-6 所示[44]。

表 6-6　一些固体显热储热材料的物性及使用温度[44]

储热介质	温度 /℃		平均密度 /(kg/m³)	平均热导率 /[W/(m·K)]	平均比热容 /[kJ/(kg·K)]	体积热容 /(kW·h/m³)
	冷罐	热罐				
沙 - 岩石 - 矿物油	200	300	1700	1.0	1.30	60
钢筋混凝土	200	400	2200	1.5	0.85	100
NaCl（固态）	200	500	2160	7.0	0.85	150
铸铁	200	400	7200	37.0	0.56	160
铸钢	200	700	7800	40.0	0.60	450
硅耐火砖	200	700	1820	1.5	1.00	150
氧化镁耐火砖	200	1200	3000	5.0	1.15	600

（3）潜热储热

太阳能热发电储热系统利用一些介质的气液或液固相变潜热储热，具有储热密度高和温度变化小的优点，如饱和汽 / 水气液相变和熔融盐、合金等固液相变。汽 / 水相变材料储热器已应用于 PS10 塔式电站。合金如铝合金具有高热导率和良好的性价比，但存在对金属容器的腐蚀性和渗溶性。利用熔融盐的相变潜热储热也是太阳能热发电领域的一个重要方向，部分熔融盐的物性如表 6-7 所示[44]，更多相变材料可参考第三章。

表 6-7　部分熔融盐相变材料的物性[44]

名称	熔化温度 /℃	熔化热 /(kJ/kg)	热导率 /[W/(m·K)]	密度 /(kg/m³)
$NaNO_3$	307	172.0	0.5	2260
KNO_3	333	266.0	0.5	2100
KOH	380	149.7	0.5	2044
$MgCl_2$	714	452.0	—	2140
NaCl	800	492.0	5.0	—
Na_2CO_3	854	275.7	2.0	2533
KF	857	452.0	—	2370
K_2CO_3	897	235.8	2.0	2290

6.5.2　太阳能热发电熔融盐储热系统

太阳能热发电储热系统有直接储热系统和间接储热系统。直接储热系统中储热介质同时也是传热流体；间接储热系统中传热流体与储热介质为不同介质。

正如 6.5.1 小节所介绍，熔融盐储热系统是有应用前景的储热方式，目前主要有 3 种应用形式：双罐显热储热系统、单罐斜温层显热储热系统、相变储热系统。双罐显热储热系统是当前太阳能热发电储热系统中应用最广的形式。

（1）导热油传热 + 熔融盐储热双罐系统

该系统设置高温和低温两个熔融盐罐以及熔融盐 - 导热油换热器（图 6-31）[44]。熔融盐 - 导热油换热器主要有板式和管壳式两种形式，导热油与熔融盐采用非接触式换热。换热器采用架高布置方式，以降低熔融盐输送泵的扬程，且在紧急故障工况时也可使换热器中熔融盐回流至储罐内，否则需设置疏盐系统。

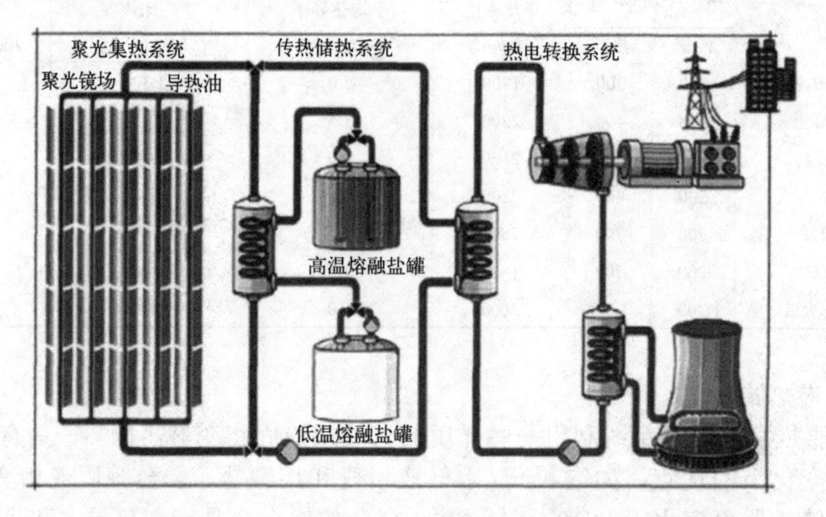

图 6-31　导热油传热 + 熔融盐储热双罐系统[44]

高温熔融盐泵和低温熔融盐泵均采用立式泵型式，分别布置在高温熔融盐储罐和低温熔融盐储罐的罐顶（图 6-32）[45]，并各设 1 台备用泵。Andasol 一期电站储热区布置如图 6-33[45]。

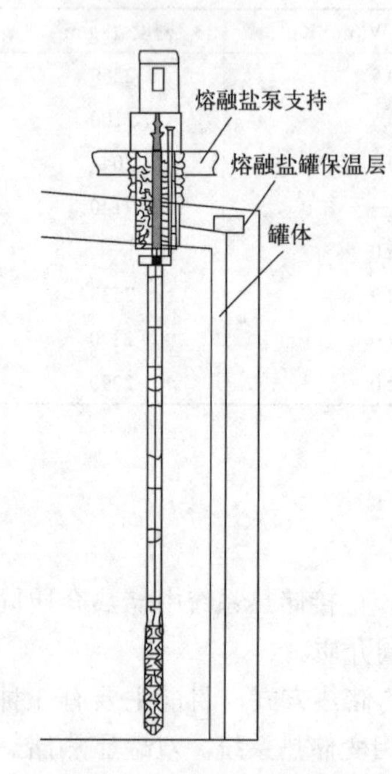

图 6-32　熔融盐泵布置示意图[45]

图 6-33　Andasol 一期电站储热区布置[45]

该储热系统的运行模式为：储热时，来自太阳能集热器的传热流体（导热油）流向储热系统换热器，传热给来自低温储罐的熔融盐，熔融盐受热温度升高，储存在高温储罐中。放热时，将来自高温储罐的熔融盐泵送至储热换热器，传热给冷的导热油，被冷却的熔融盐返回低温储罐中。

（2）熔融盐传热储热双罐系统

熔融盐既是传热工质又是储热工质（图 6-34[46]）。与采用导热油传热相比，不仅减少了二次换热器，降低了系统成本，还克服了导热油 400℃温度限制，可工作在 500℃以上，有助于提高汽轮机进口参数和发电效率。熔融盐在集热管中有冻堵风险，需采取管路保温防冻及辅助加热措施。

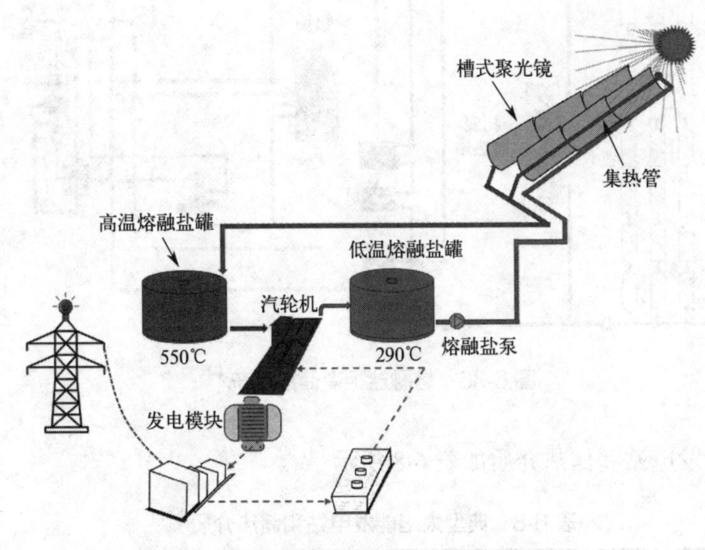

图 6-34　熔融盐传热储热双罐系统[46]

（3）熔融盐单罐储热系统

熔融盐单罐储热是冷、热介质储存在一个储热罐中，根据冷、热介质温度不同导致密度不同的原理形成一个斜温层，热介质分布在上层，冷介质分布在下层，通过斜温层的上、下移动来进行储热和放热（图 6-35[44]）。相比于双罐储热，采用单罐储热系统能节约 35% 的投资成本。但由于冷、热流体的导热和热对流作用，真正的温度分层有一定困难。

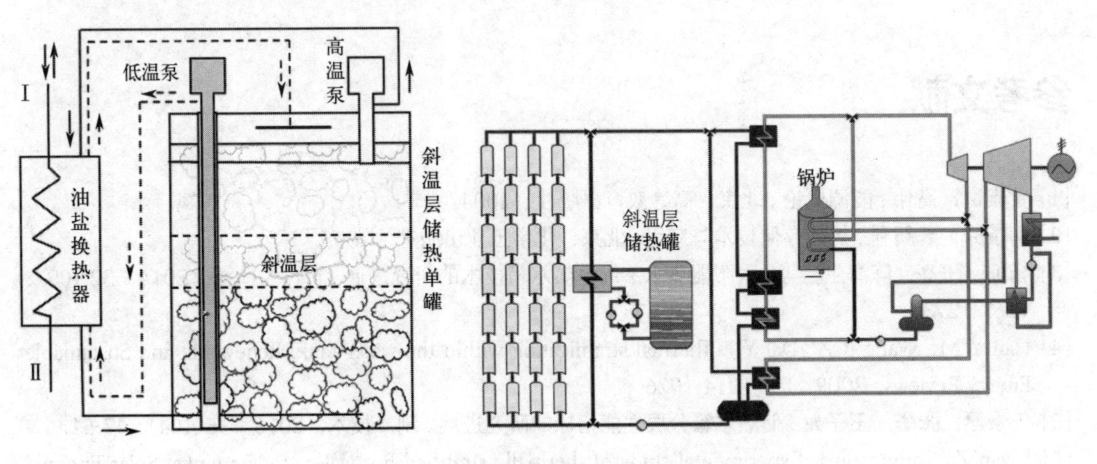

图 6-35　斜温层单罐储热系统示意图[44]

（4）熔融盐相变储热系统

熔融盐相变储热系统如图 6-36 所示[44]。白天导热油吸收太阳辐射能并传热给工作流体（水变成水蒸气）驱动汽轮机发电并将储热罐内熔融盐熔化储热；晚间熔融盐凝固放热经导热油传热给工作流体发电。

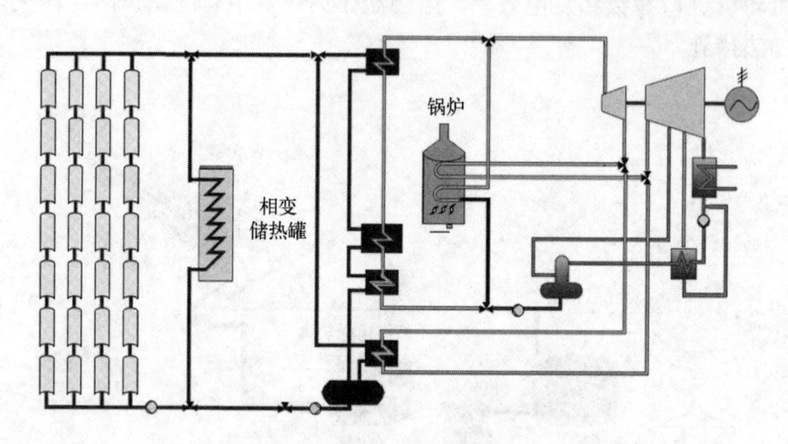

图 6-36　熔融盐相变储热系统[44]

典型太阳能发电站和储热介质如表 6-8 所示[41]。

表 6-8　典型太阳能发电站和储热介质[41]

项目	国家	形式	储热材料	项目	国家	形式	储热材料
SSPS	西班牙	塔式	钠	SPP-5	俄罗斯	塔式	水 / 水蒸气
EURELIOS	意大利	塔式	熔融盐 / 水	TSA	西班牙	塔式	陶瓷
SUNSHINE	日本	塔式	熔融盐 / 水	Solar Two	美国	塔式	熔融盐
Solar One	美国	塔式	油 / 岩石	ISCC Argelia	阿尔及利亚	抛物槽式	导热油
CESA-1	西班牙	塔式	熔融盐	Archimede	意大利	抛物槽式	熔融盐
MSEE/Cat B	美国	塔式	熔融盐	ISCC Morocco	摩洛哥	抛物槽式	导热油
THEMIS	法国	塔式	Hitec	DAHAN	中国	塔式	油 / 水蒸气

参考文献

[1] 黄素逸，高伟 . 能源概论 . 北京：高等教育出版社，2004.
[2] 郭茶秀，魏新利 . 热能存储技术与应用 . 北京：化学工业出版社，2005.
[3] 杨征，王亮，陈海生，等 . 太阳能热水系统蓄热水箱技术的研究进展 . 可再生能源，2014，32 (09)：1267-1273.
[4] Han Y M，Wang R Z，Dai Y J. Thermal stratification within the water tank. Renewable and Sustainable Energy Reviews，2009，13：1014-1026.
[5] 王崇愿，张华，王子龙 . 储热水箱分层性能指标的研究进展 . 制冷技术，2016，36（04）：47-51.
[6] Lavan Z，Thompson J. Experimental study of thermally stratified hot water storage tanks. Solar Energy，1977，19（5）：519-524.

[7] Hegazy A A. Effect of inlet design on the performance of storage-type domestic electrical water heaters. Applied Energy, 2007, 84: 1338-1355.
[8] Shah L J, Furbo S. Entrance effects in solar storage tanks. Solar Energy, 2003, 75: 337-348.
[9] Altuntop N, Arslan M, Ozceyhan V, et al. Effect of obstacles on thermal stratification in hot water storage tanks. Applied Thermal Engineering, 2005, 25: 2285-2298.
[10] 付博亨，庄春龙，席新宇，等．高原地区太阳能热风采暖系统中岩石床的性能研究．建筑节能，2017, 45 (3): 57-61.
[11] 董蕾，张欢，由世俊，等．太阳能热风采暖系统的蓄热器研究．太阳能学报，2014，35 (07): 1289-1294.
[12] Meier A, Winkler C, Wuillemin D. Experiment for modeling high-temperature rock bed storage. Solar Energy Materials, 1991, 24: 255-264.
[13] Singh P L, Deshpandey S D, Jena P C. Thermal performance of packed bed heat storage system for solar air heaters. Energy for Sustainable Development, 2015, 29: 112-117.
[14] Kocak B, Fernandez A I, Paksoy H. Review on sensible thermal energy storage for industrial solar applications and sustainability aspects. Solar Energy, 2020, 209: 135-169.
[15] Rad F M, Fung A S. Solar community heating and cooling system with borehole thermal energy storage-review of systems. Renewable and Sustainable Energy Reviews, 2016, 60: 1550-1561.
[16] Schmidt T, Mangold D, Muller-Steinhagen H. Central solar heating plants with seasonal storage in Germany. Solar Energy, 2004, 76: 165-174.
[17] Li Q, Li C, Zheng D, et al. A review of performance investigation and enhancement of shell and tube thermal energy storage device containing molten salt based phase change materials for medium and high temperature applications. Applied Energy, 2019, 255: 113806.
[18] da Cunha J P, Eames P. Thermal energy storage for low and medium temperature applications using phase change materials a review. Applied Energy, 2016, 177: 238.
[19] Ahmadi R, Hosseini M J, Ranjbar A A, et al. Phase change in spiral coil heat storage systems. Sustainable Cities and Society, 2018, 38: 145-157.
[20] Tao Y B, Carey V P. Effects of PCM thermophysical properties on thermal storage performance of a shell-and-tube latent heat storage unit. Applied Energy, 2016, 179: 203-210.
[21] 汪玺，袁艳平，邓志辉，等．相变蓄热水箱的设计与运行特性研究．太阳能学报，2014，35 (04): 670-676.
[22] 周利强，王子龙，张华，等．相变蓄热水箱温度特性的试验研究．流体机械，2019，47 (11): 79-84.
[23] 周跃宽，俞准，贺进安，等．新型结构相变蓄热水箱模型研究及应用分析．建筑科学，2017，33 (02): 27-33.
[24] 刘君．太阳能供暖系统的设计和实测．暖通空调，2008, 38 (12): 93-95.
[25] 刘砚刚．平板型太阳能集热器的结构．太阳能，1992 (03): 30-31.
[26] 苏万振，王军琴．平板型太阳能集热器吸热体结构对热性能的影响．山东工业技术，2022 (02): 95-99.
[27] GB/T 26974—2011. 平板型太阳能集热器吸热体技术要求．
[28] 黄俊鹏，陈讲运，徐尤锦．平板太阳能集热器技术发展趋势．建设科技，2017 (04): 40-47.
[29] GB/T 6424—2021. 平板型太阳能集热器．
[30] GB/T 17049—2005. 全玻璃真空太阳集热管．
[31] 葛洪川，蒋富林，孙伟．热管式真空集热管的研究进展．太阳能，2015 (03): 56-61.
[32] GB 50495—2019. 太阳能供热采暖工程技术标准．
[33] 何梓年，朱敦智．太阳能供热采暖应用技术手册．北京：化学工业出版社，2009.

[34] GB/T 26976—2011. 太阳能空气集热器技术条件 .
[35] 凌德力，闫崇强 . 纵向 V 型波纹板平板空气集热器的热性能实验研究 . 太阳能，2013 (17)：49-51，56.
[36] 王云峰，常伟，李明，等 . 直通式真空管空气集热器热性能实验及干燥应用 . 太阳能学报，2020，41 (01)：21-28.
[37] 顾祥红，彭齐鑫 . 太阳能集热器和空气源热泵联合供暖的研究现状 . 大连大学学报，2020，41 (03)：24-27.
[38] 李亚伦，李保国，朱传辉 . 太阳能热泵供暖技术研究进展 . 暖通空调，2020，50 (04)：1-7.
[39] 董旭，田琦，武斌 . 太阳能光热空气源热泵制热技术研究综述 . 太原理工大学学报，2017，48 (03)：443-452.
[40] Xu S M，Huang X D，Du R. An investigation of the solar powered absorption refrigeration system with advanced energy storage technology. Solar Energy，2011，85：1794-1804.
[41] 李石栋，张仁元，李风，等 . 储热材料在聚光太阳能热发电中的研究进展 . 材料导报，2010，24 (21)：51-55.
[42] Khana M I，Asfand F，Al-Ghamdi S G. Progress in research and technological advancements of commercial concentrated solar thermal power plants. Solar Energy，2023，249：183-226.
[43] 常春，肖澜，王红梅，等 . 储热材料在太阳能热发电领域中的应用与展望 . 新材料产业，2012 (07)：12-19.
[44] 郭苏，杨勇，李荣，等 . 太阳能热发电储热系统综述 . 太阳能，2015 (12)：42，46-49.
[45] 田增华，张钧 . 槽式太阳能热发电双罐式熔融盐间接储热系统设计研究 . 太阳能，2012 (22)：54-60.
[46] 吴玉庭，任楠，马重芳 . 熔融盐显热蓄热技术的研究与应用进展 . 储能科学与技术，2013，2 (06)：586-592.

思考题

1. 什么是太阳常数，什么是直射和漫射？
2. 太阳能资源的特点是什么？有哪几种储存方式？
3. 太阳能热储存的目的和原理是什么？
4. 太阳能热储存按储存温度和储存方式各有哪几种方式？
5. 什么是斜温层？储热水箱描述分层特性的理查森数是怎样定义的？
6. 影响储热水箱分层特性的因素有哪些？
7. 什么是岩石床的空隙率？卵石的当量直径是怎样定义的？
8. 地下储热方式有哪几种？简要描述埋管土壤储热的方法。
9. 举例说明相变材料储热器的形式与结构。
10. 简述太阳能热水供热系统的组成。
11. 分类简述太阳能热泵供热系统的形式和特点。
12. 简述太阳能吸收式制冷系统组成及其热储存方式。
13. 举例说明太阳能热发电中的显热和潜热储存介质有哪些。
14. 太阳能热发电熔融盐储热系统有哪几种形式？

第七章
建筑节能中的热储存技术

本章基本要求

掌　握　显热储热和潜热储热建筑材料（7.1）；显热和潜热储热建筑构件的结构（7.2）；被动式和主动式建筑储热原理和构造（7.3）；农业日光温室建筑热储存方法（7.4）。

理　解　潜热储热建筑材料的制备方法（7.1）；被动式和主动式建筑储热性能（7.3）；主被动复合式建筑热储存及性能（7.3）；农业日光温室建筑结构（7.4）。

了　解　建筑构件热性能及室内环境的模拟分析方法（7.2，7.3）。

随着生产生活水平的提高，人们对建筑室内舒适度的要求日益提高，导致建筑能耗近年来急剧上升，目前我国建筑能耗约占社会总能耗的1/4，其中采暖空调能耗占有重要的份额，是建筑能耗的50%～60%[1,2]。随着化石燃料价格上涨以及严重的环境污染问题出现，建筑节能形势严峻。室外温度和太阳辐射随季节、昼夜和阴晴等变化，导致室内温度波动。而建筑材料和围护结构的储热性能对自然室温和建筑能耗有重要的影响。本章从建筑材料和围护结构入手介绍建筑节能中的热储存技术，并讨论建筑热储存与暖通空调系统的结合形式。

7.1 储热建筑材料

现代建筑朝着高层化发展，要求围护结构所用材料为轻质材料。但轻质材料单位体积的比热容较小，故室内温度波动大，舒适性差；同时还增加供热空调负荷，导致建筑能耗上升[2,3]。本节讨论常规显热储热建筑材料和相变潜热储热建筑材料及其复合方法。

7.1.1 常规显热储热建筑材料

常规建筑材料如水泥、砂子、石头、砖、混凝土、石膏板等以显热形式储热，单位体积储热密度与其密度、比热容有直接关系。表7-1列出几种常用建筑材料的热物性[4,5]，典型特点是密度较大（除保温材料外）、比热容比较小，故单位体积储热密度比水小。

表7-1 几种常用建筑材料的热物性[4,5]

材料名称	密度 /(kg/m³)	比热容 /[kJ/(kg·K)]	容积比热容 /[kJ/(m³·K)]	热导率 /[W/(m·K)]
水	998.2	4.183	4175	0.599
玄武岩、花岗岩	2800	0.92	2576	3.49
砾石、石灰岩	2400	0.92	2208	2.04
钢筋混凝土	2500	0.92	2300	1.74
碎石混凝土	2300	0.92	2116	1.51
建筑用砂	1600	1.01	1616	0.58
黏土	1850	1.84	3404	1.41
黏土实心砖	1800	1	1800	0.81
加草黏土	1600	1.01	1616	0.76
松、木、云杉	500	2.51	1255	0.14 垂直 0.29 顺纹
石膏板	1050	1.05	1102	0.33
难燃型膨胀聚苯板	20	1.38	27.6	0.041
玻璃棉板、毡	40	1.06	42.4	0.037

7.1.2 相变潜热储热建筑材料

将相变材料加入普通建筑材料中，制成具有较高比热容的轻质建筑材料，如相变石膏板、相变混凝土等，使轻质建筑“重型化”（热质大）。应用于建筑围护结构的相变材料的相变温度应处于室内舒适区范围内。表 7-2 列出一些用于建筑围护结构的相变材料及其热物性[2,6,7]。

表 7-2　用于建筑围护结构的一些相变材料及其热物性[2,6,7]

相变材料（质量分数 /%）	相变温度 /℃	潜热 /(kJ/kg)
六水硝酸锰	25.8	125.9
六水氯化钙	29	190.8
66.7% 六水氯化钙 +33.3% 六水氯化镁	25	127
48% 氯化钙 +4.3% 氯化钠 +0.4% 氯化钾 +47.3% 水	26.8	188
十六烷	18	236
	18	205
十七烷	22	214
十八烷	28	244
黑石蜡	25 ～ 30	150
49% 硬脂酸丁酯 +48% 棕榈酸丁酯	17 ～ 21	138 ～ 140
50% 硬脂酸丁酯 +48% 棕榈酸丁酯	18 ～ 22	140
硬脂酸丁酯	19	140
1- 十二醇	26	200
45% 癸酸 +55% 月桂酸	21	143
82% 癸酸 +18% 月桂酸	19.1 ～ 20.4	147
61.5% 癸酸 +38.5% 月桂酸	19.1	132
73.5% 癸酸 +26.5% 豆蔻酸	21.4	152
66% 癸酸 +34% 豆蔻酸	26	147.7
75.2% 癸酸 +24.8% 棕榈酸	22.1	153
86.6% 癸酸 +13.4% 硬脂酸	26.8	160
乳酸	26	184
20% 聚乙二醇 1000+80% 聚乙二醇 600	23 ～ 26	150.5
棕榈酸丙酯	19	186
硬脂酸乙烯酯	27 ～ 29	122

表中相变材料的相变温度大多落在 18 ～ 28℃范围内，这正是人体的热舒适温度范围。实验及模拟结果表明：对于冬季储热，相变温度比平均室温宜高 1 ～ 3℃；对于夏季储冷，相变温度比平均室温宜低 2℃[2]。

7.1.3　相变储热建筑材料的制备

相变材料的应用方式之一是将其封装在容器中，形成储热器件；另外一种是与其他基体材料复合，制成相变储热复合材料。相变储热建筑材料的制备主要有下面三种方法[8]。

（1）直接混合法

直接混合法是将相变材料熔化为液态或以粉末状在建筑材料（如石膏板、混凝土板）制造过程中直接掺混进去，这是制备相变储热建筑材料比较简单经济的方法。例如将石蜡熔化后混进石膏中制成相变石膏板。

（2）浸泡法

浸泡法是将多孔建材如砖、石膏板、混凝土块等浸泡在加热熔化的相变材料中，依靠毛细作用相变材料被吸入建材的孔隙中，然后将建材取出降温冷却，相变材料就存在于孔隙中。这种方法的优点是可以在任何时间和地方根据需要将普通建材制备成相变建材，但存在应用多年后相变材料渗漏的可能性。

（3）封装法

封装法是将相变材料用其他材料或容器密封后，再掺加进建筑材料中，可以防止相变材料对建筑材料的侵蚀等。封装的方法有宏观封装和微封装两种。宏观封装是将相变材料封装在管、袋、球壳、板或其他容器中，因需要保护措施以免遭破坏，并且与围护结构复合时工作量也较大，故该方法成本较高。微封装是将小的相变材料颗粒封闭在高分子聚合物薄膜中（微胶囊），聚合物薄膜应与相变材料和建筑材料都相容。这种方法的优点是易用、传热效果好以及无需额外的保护措施等，但是它有可能影响围护结构的强度。

图 7-1 示出含相变微胶囊材料的石膏板及其扫描电镜（scanning electron microscope，SEM）形貌[9]，其中相变微胶囊以石蜡为芯材、二氧化硅为壁材。板材规格为 3000mm×1200mm×12mm，相变温度为 20 ～ 25℃，相变潜热达 334.9kJ/m^2。将相变石膏板与轻钢龙骨装配式建筑结合，可在承重量增加不大的前提下提升建筑储热性能。

(a) 外观

(b) 相变石膏板板芯的SEM照片

图 7-1 含相变微胶囊材料的石膏板及其板芯扫描电镜照片[9]

将相变材料月桂酸（LA）以及月桂酸 / 膨胀石墨（LA/EG）复合相变材料按体积分数掺混制备相变混凝土，图 7-2 示出含不同体积分数相变材料的混凝土外观[10]。测试结果表明随 LA/EG 掺量的增加，混凝土强度线性降低，掺量为 5% 的相变混凝土强度降幅为 7.5% 左右，强度满足 C50 要求，而常温下热导率提高了 28%。

对于相变储热建筑材料的热物性，根据文献［11，12］，可以将相变材料看作非连续相（用下标“1”表示），建筑材料石膏、混凝土等看作连续相（用下标“2”表示），则相变复合材料的热物性可由公式(7-1)～式(7-4) 计算：

$$\rho = v_1 \rho_1 + v_2 \rho_2 \tag{7-1}$$

(a) 无相变材料普通混凝土

(b) 含5%月桂酸(LA)混凝土

(c) 含5%月桂酸/膨胀石墨(LA/EG)混凝土

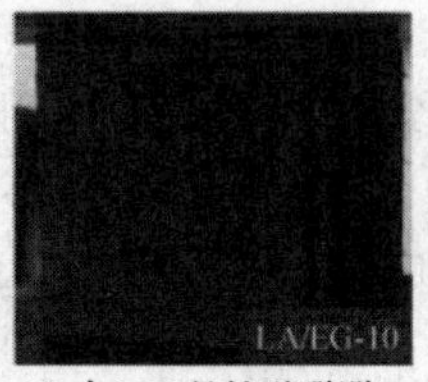

(d) 含10%月桂酸/膨胀石墨(LA/EG)混凝土

(e) 含15%月桂酸/膨胀石墨(LA/EG)混凝土

图 7-2　含不同体积分数相变材料的混凝土试件外观 [10]

$$c_p=\frac{v_1\rho_1c_{p1}+v_2\rho_2c_{p2}}{\rho} \tag{7-2}$$

$$H_{\mathrm{m}}=\frac{v_1\rho_1H_{\mathrm{m1}}}{\rho} \tag{7-3}$$

$$k=\frac{k_{\mathrm{bt}}+k_{\mathrm{tb}}}{2} \tag{7-4}$$

其中

$$k_{\mathrm{tb}}=k_2\left[\frac{1}{(k_2/k_1-1)v_1^{1/3}+1}-1\right]v_1^{2/3}+k_2 \tag{7-5}$$

$$k_{\mathrm{bt}}=\frac{k_2}{1-v_1^{1/3}+\dfrac{v_1^{1/3}}{(k_1/k_2-1)v_1^{2/3}+1}} \tag{7-6}$$

式中，ρ 为密度，kg/m^3；c_p 为比热容，J/(kg · ℃)；v 为比体积，m^3/kg；H_{m} 为潜热，J/kg；k 为热导率，W/(m · ℃)。

7.2　储热建筑构件

7.2.1　常规显热储热建筑构件

常规显热储热建筑构件是利用常规显热储热建筑材料构筑的建筑围护结构，如砖墙、混凝土地板、屋顶等。常规建筑构件的特点是利用重质建筑构件降低室内温度波动，热舒适性好；而轻质建筑构件对室内温度波动的削减能力弱，热舒适性差。

7.2.2　相变潜热储热建筑构件

相变潜热储热建筑构件是利用相变潜热储热建筑材料构筑的建筑围护结构，如相变墙、相变地板、相变屋顶 / 吊顶等。

（1）相变墙

相变墙是将相变材料作为墙体的一层或直接混合于墙体建筑材料（如混凝土）中。图7-3（a）示出了由16块内芯充有相变材料的玻璃砖构成的室内隔墙[13]，玻璃砖由铝质框架支撑。室内相变隔墙可以调节室内温度，减小室温波动。图7-3（b）为将微胶囊相变材料掺入混凝土构成的外墙，可以增大墙体热惰性，降低建筑供热空调能耗[14]。图7-4示出定形相变材料板作为外墙内衬的结构及墙内、外表面传热简图[2,15]。

(a)相变玻璃砖内隔墙[13]

(b)相变混凝土外墙[14]

图7-3　相变墙实物图

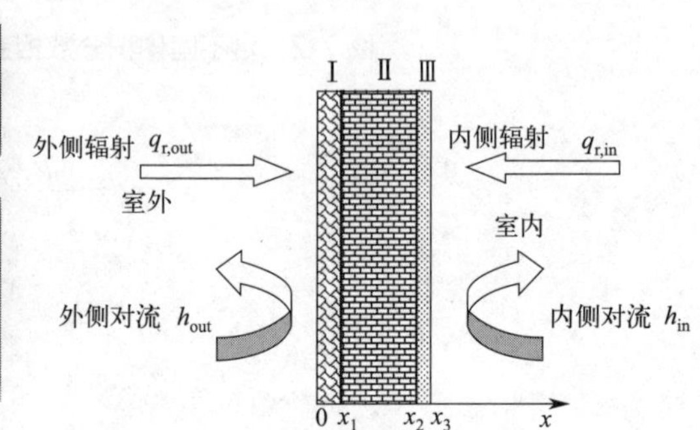

图7-4　相变外墙表面传热示意图[2,15]

Ⅰ—保温层；Ⅱ—空心砖；Ⅲ—定形相变材料板

对于有相变过程的一维瞬态导热过程可采用有效（等效）热容法和焓法模型求解分析[16]，焓法模型以焓作为主要变量，而温度由与焓之间的关系式求出，该方法因无需显式追踪固液间相界面而简化了问题求解。

瞬态焓方程可表示为

$$\rho_{\mathrm{j}}\frac{\partial H}{\partial \tau}=k_{\mathrm{j}}\frac{\partial^2 t}{\partial x^2} \tag{7-7}$$

式中，定形相变材料板的焓 $H=\int_{t_0}^{t_1}c_{p,\mathrm{s}}\mathrm{d}t+\int_{t_1}^{t_2}c_{p,\mathrm{m}}\mathrm{d}t+\int_{t_2}^{t}c_{p,\mathrm{l}}\mathrm{d}t$，对于无相变的保温层和空心砖，$H=\int_{t_0}^{t}c_{p,\mathrm{j}}\mathrm{d}t$。其中，相变温度区间自 t_1 至 t_2，℃；$c_{p,\mathrm{s}}$、$c_{p,\mathrm{l}}$ 和 $c_{p,\mathrm{m}}$ 分别为相变材料固相比热容、液相比热容以及在相变过程中的等效比热容，J/(kg·℃)。

图7-4中的边界条件可列写为

$$q_{\mathrm{r,out}}+h_{\mathrm{out}}(t_{\mathrm{out}}-t_{\mathrm{i,out}})=-k_{\mathrm{i}}\left.\frac{\partial t}{\partial x}\right|_{x=0} \tag{7-8}$$

$$q_{\mathrm{r,in}}+h_{\mathrm{in}}(t_{\mathrm{in}}-t_{\mathrm{p,in}})=k_{\mathrm{p}}\left.\frac{\partial t}{\partial x}\right|_{x=x_3} \tag{7-9}$$

式中，$q_{\mathrm{r,in}}$ 和 $q_{\mathrm{r,out}}$ 分别是室内、外辐射热流，W；h_{in} 和 h_{out} 为室内、外表面对流换热系数，W/(m²·℃)；t_{in} 和 t_{out} 为室内、外空气温度，℃；$t_{\mathrm{i,out}}$ 和 $t_{\mathrm{p,in}}$ 分别为保温层外侧和相变材料内侧温度，℃；k_{i} 和 k_{p} 分别为保温材料和相变材料热导率，W/(m·℃)。

初始条件为

$$t(x,\ \tau)|_{\tau=0}=t_{\mathrm{init}} \tag{7-10}$$

式中，t_{init} 为初始温度，℃。

公式(7-7)～式(7-10)可利用数值方法求解。

（2）相变地板

相变地板是将相变材料作为地板结构中的一层。图 7-5 示出一种相变储热高架地板[17]，在活动地板空腔内灌注水泥砂浆和粒状定形相变材料的混合物，可以增强地板的储热密度，同时混凝土也会增大相变材料的热导率。清华大学超低能耗示范建筑中采用了近 1000m² 该相变储热高架地板。图 7-6 示出一种相变储热地板结构及表面传热情况[2,15]。

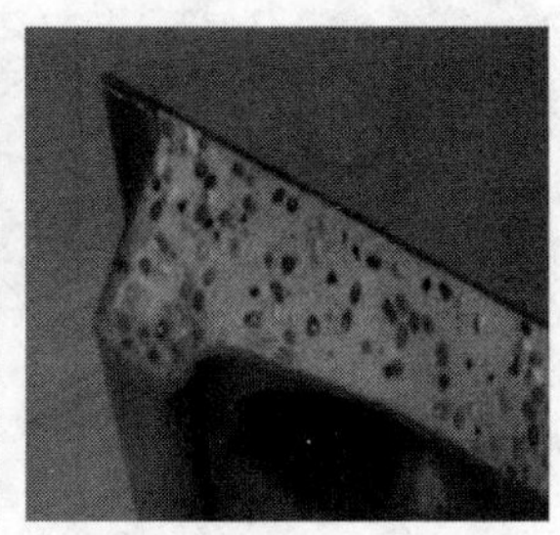

图 7-5　相变储热高架地板[17]

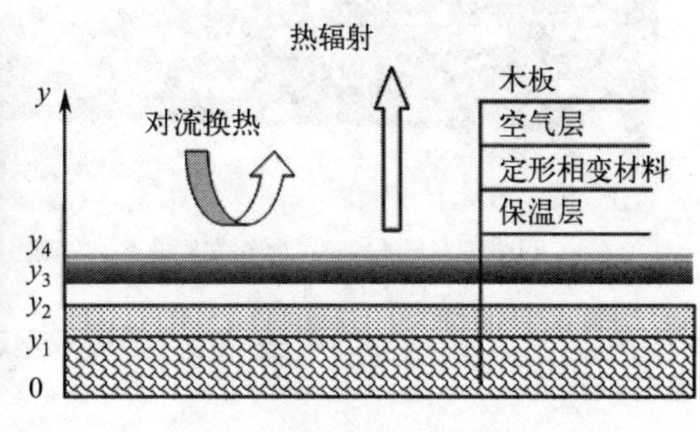

图 7-6　相变储热地板结构及表面传热示意图[2,15]

（3）相变屋顶 / 吊顶

相变屋顶 / 吊顶是将相变材料袋置于屋顶或吊顶内，与冷 / 热空气进行热交换，以改善室内热舒适度。图 7-7 示出一种相变吊顶的实验图[18]，将相变材料盛装在尺寸为 150mm×80mm×100mm 的平板状袋子中，均匀平铺于吊顶空间，空气在层间流动，具有储 / 换热面积大、储 / 放热效率高的特点。图 7-8 示出将定形相变材料板置于屋顶内衬储热的情形及表面传热情况[2,15]。

图 7-7　一种相变吊顶实验图[18]

图 7-8　相变屋顶及表面传热示意图[2,15]

（4）相变窗

相变窗是将相变材料填充到双层玻璃窗或百叶窗叶片中，在夏季可以减少太阳能得热并在太阳辐射较强时转移峰值冷负荷。图 7-9 为将相变材料石蜡填充到双层玻璃窗中间夹层的实物图及传热过程示意图[19]，其隔热及负荷转移效果随潜热增加而增强。图 7-10 示出了安装在测试小室的相变百叶窗及填充相变材料叶片实物图[20]，白天百叶窗叶片中的相变材料通过熔化吸收百叶窗得热减少室外向室内传递热流，晚上相变材料凝固释放储存的热量。

综上所述，利用相变储热建筑构件可以降低室内温度波动，提高室内舒适度；减小供暖空调设备容量，降低系统运行费用；提高可再生能源利用率和建筑节能效果。

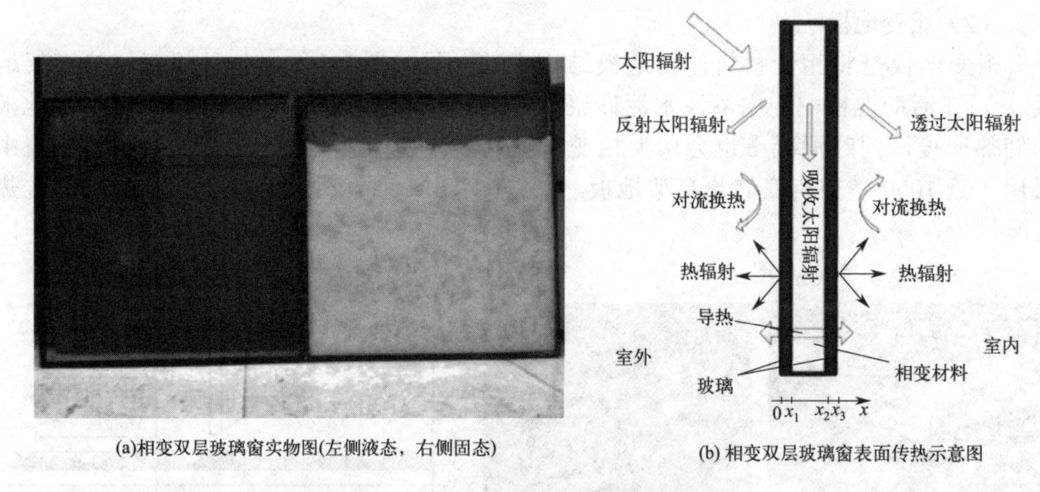

(a)相变双层玻璃窗实物图(左侧液态，右侧固态)

(b) 相变双层玻璃窗表面传热示意图

图 7-9 相变双层玻璃窗及表面传热示意图[19]

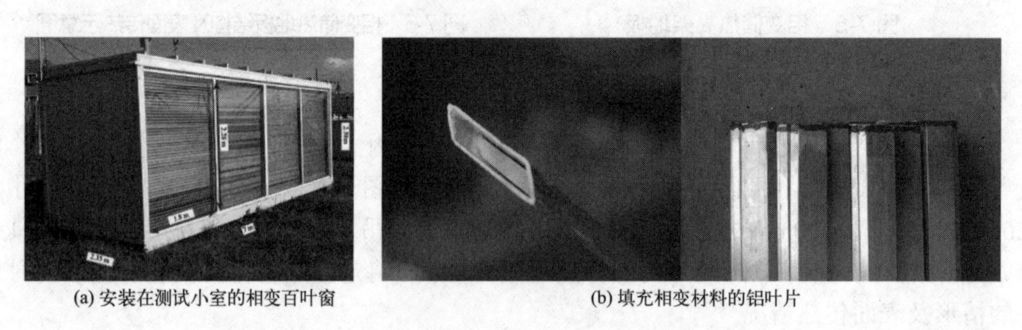

(a) 安装在测试小室的相变百叶窗

(b) 填充相变材料的铝叶片

图 7-10 相变百叶窗及填充相变材料叶片实物图[20]

7.3 主、被动式建筑热储存及性能

建筑热储存的典型形式是储热建筑构件与太阳能、夜间通风等可再生能源以及采暖空调系统相结合的主、被动以及复合式建筑。

7.3.1 被动式建筑热储存及性能

7.3.1.1 直接受益式

直接受益式建筑是让太阳光直接加热供暖房间，围护结构本身集集热、储热、配热于一体。普通建筑中的南向房间如南墙开有玻璃窗，可看作直接受益式太阳能房间。白天，太阳光透过玻璃等透明围护结构后进入房间，照射在室内地面、家具和设备上被直接吸收转换为热能储存起来；夜间，储存的一部分热能通过围护结构表面对流换热再释放给空气，另一部分与其他围护结构表面进行辐射换热。反之，若夏季夜间利用自然通风将室外空气冷量带入室内，通过对流换热被围护结构储存起来，次日白天再释放冷量给室内空气，可称为“太阳冷房”[2]。

如 7.1 节所述，混凝土、砖等常规建筑材料储热密度小，故储热效果及室内热舒适性相对较差，利用相变材料储热可提高其性能。由于建筑的墙、屋顶和地板等围护结构的表面积较大可用于被动式传热，故可以将相变材料与这些建筑构件结合以提高传热效果。以定形相变材料板作围护结构内衬为例分析其在直接受益式房间的储热应用效果。

（1）冬季工况

冬季建筑采暖为了充分利用太阳能，可以在房间地板内铺设定形相变材料。白天太阳照射在地板上，相变材料吸热把热能储存起来；晚上室温降低时，相变材料再释放热供暖。张寅平等[21]在北京一实验房间［尺寸为 3m（深）×2m（宽）×2m（高）］地板铺设厚度为 50mm 的保温材料和 8mm 的定形相变材料，房间南墙有 1.6m×1.5m 的双层真空玻璃窗，墙和屋顶由聚苯保温材料制成。定形相变材料分散相为石蜡，相变温度为 20℃，相变潜热为 120kJ/kg，热导率为 0.2W/(m · K)。图 7-11 示出了实验房间及地板结构[21]，太阳辐射热由 TBQ-2 辐射计逐时测量，铜 - 康铜热电偶 A1 ～ A4 测量室内不同高度处空气温度，热电偶 S1、S2、U1 和 U2 分别测量定形相变材料板上、下表面温度。

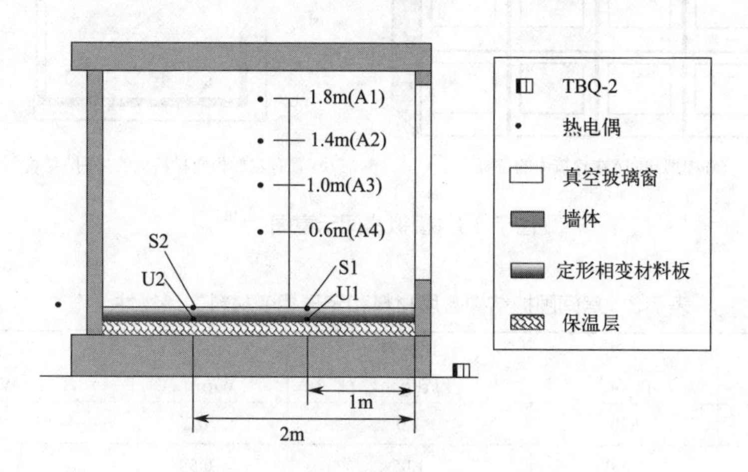

图 7-11 相变地板房间及地板结构图[21]

图 7-12[21]示出有相变地板和无相变地板时，10 月末测得的房间室外温度（T_{out}）、室内温度（T_{in}）、太阳辐射（Q）和地板表面温度（T_s）。可以看出，在外界条件（室外温度、太阳辐射）相似的情况下，采用相变地板使房间平均室温提高了 2℃，最低室温提高 9℃左右，且相变地板减小了太阳房的室内昼夜温差，提高了热舒适性。

为减小实验工作量，利用模拟手段可以分析相变温度、潜热等参数对房间温度的影响。以北京一幢多层建筑中部南向房间作为计算对象，房间尺寸为 3m×3m×3m，南墙开有 2m×1.5m 双层玻璃窗，北墙有 0.9m×2m 木门与另一房间或走廊相邻。将定形相变材料板贴附于墙或顶的内表面，或成为地板结构中的一层，如图 7-4、图 7-6 和图 7-8 中所示。图 7-13 给出房间位置及结构示意图。表 7-3 给出房间围护结构各层材料及定形相变材料热物性[2,15]。

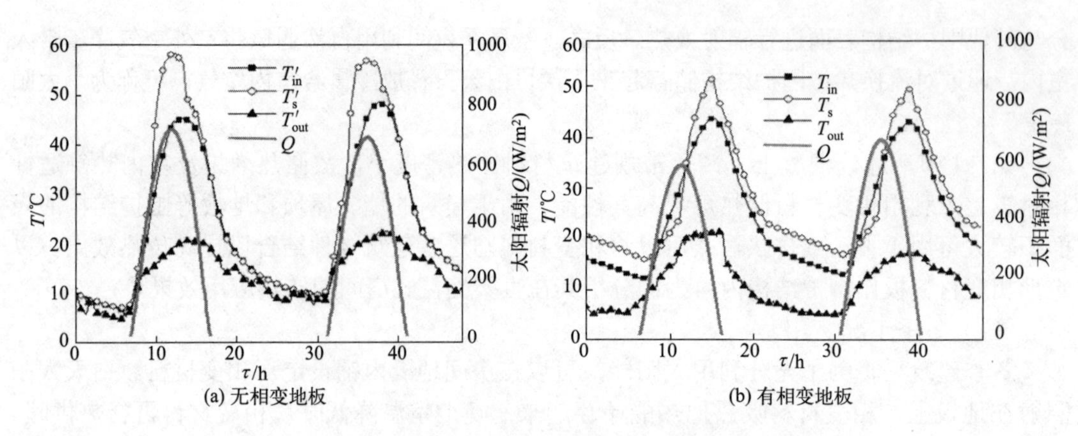

(a) 无相变地板 (b) 有相变地板

图 7-12 实验房间室内外温度、太阳辐射和地板表面温度[21]

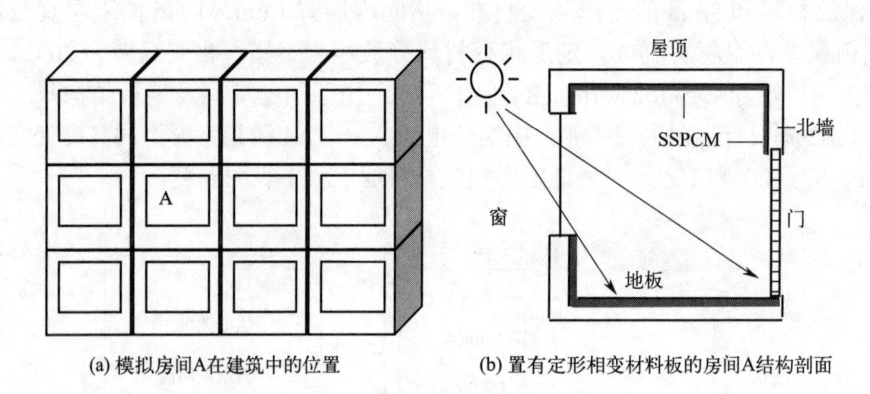

(a) 模拟房间A在建筑中的位置 (b) 置有定形相变材料板的房间A结构剖面

图 7-13 模拟房间示意图[2,15]

表 7-3 房间围护结构各层材料和定形相变材料的热物性[2,15]

材料	密度 /(kg/m³)	比热容 /[kJ/(kg·℃)]	热导率 /[W/(m·℃)]	总传热系数 /[W/(m²·℃)]
定形相变材料	850	1.0	0.2	—
空心砖	1400	1.05	0.58	—
钢筋混凝土板	2500	0.92	1.74	—
保温层（EPS）	30	1.38	0.042	—
木板	500	2.5	0.14	—
窗	—	—	—	3.01
门	—	—	—	0.875

室外气温和南墙太阳辐射的逐时变化情况如图 7-14[2,15]。

室内空气的热平衡方程为

$$c_{p,\mathrm{a}}\rho_{\mathrm{a}}V_{\mathrm{R}}\frac{\mathrm{d}t_{\mathrm{a}}}{\mathrm{d}\tau}=\sum_{i=1}^{N}Q_{\mathrm{w},i}+Q_{\mathrm{s,c}}+Q_{\mathrm{L}}+Q_{\mathrm{win}} \tag{7-11}$$

式中，$c_{p,\mathrm{a}}$ 为室内空气比热容，J/(kg·℃)；t_{a} 为室内空气温度，℃；ρ_{a} 为室内空气密度，

kg/m³; V_R 为房间容积，m³; $Q_{w,i}$ 为空气和房间各内表面的对流换热量，W；$Q_{s,c}$ 为室内热源发热量的对流换热部分，W；Q_L 为渗风传热量，W；Q_{win} 为窗户传热量，W。

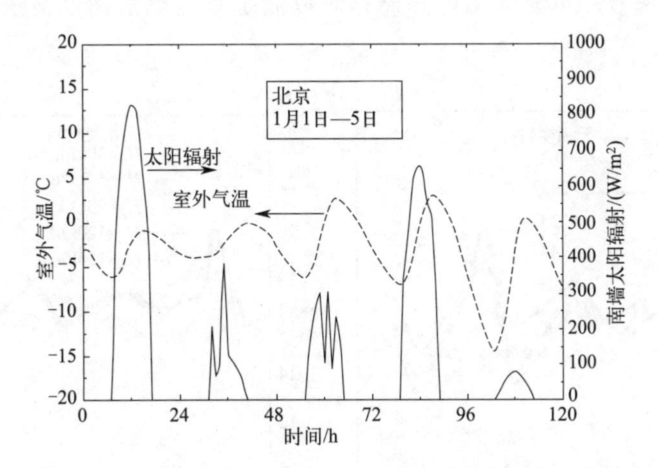

图 7-14 室外气温和南墙太阳辐射随时间变化情况[2,15]

室内热源发热量的对流换热部分 $Q_{s,c}$ 约占总发热量的 70%[15]。$Q_{w,i}$、Q_L 和 Q_{win} 的计算方法分别为：

$$Q_{w,i}=h_{in}(t_{w,i}-t_a)A_{w,i} \tag{7-12}$$

$$Q_L=c_{p,a}\rho_a V_R \times ACH \times (t_{out}-t_a)/3600 \tag{7-13}$$

$$Q_{win}=U_{win}(t_{out}-t_a)A_{win} \tag{7-14}$$

式中，$t_{w,i}$ 为墙、顶和地等各内表面的温度，℃；t_a 为室内空气温度，℃；h_{in} 为墙、顶和地等各内表面对流换热系数，W/(m²·℃)；$A_{w,i}$ 为墙、顶和地等各内表面的面积，m²; U_{win} 为窗户的总传热系数，W/(m²·℃); A_{win} 为窗户的面积，m²; ACH 为换气次数（air change per hour），次 /h。

墙、顶和地等各内表面的温度 $t_{w,i}$ 可根据 7.2 节所述各围护结构的瞬态导热方程通过焓法模型与室、内外边界条件联立求解（图 7-4、图 7-6 和图 7-8），具体可参阅文献[15]。上述系列方程利用 Gauss-Seidel 方法并全隐差分格式迭代数值求解，划分网格数量确保精度并消除初始误差。

图 7-15 给出不同相变温度（t_m）下的逐时室温变化[2,15]。可见在当前工况下最佳相变温度为 20℃，相应的最低室内温度比其他相变温度情况下最低室温要高。这是由于如果相变温度太高，所能吸收储存的太阳辐射能就太少；如果相变温度太低，而相变材料与室内空气间需要有一定的换热温差，会导致夜间室温更低，偏离舒适区更严重。

图 7-16 示出不同相变潜热（H_m）下的逐时室温变化[2,15]。结果表明当相变潜热大于 90kJ/kg 时，室温几乎不受其变化影响。这意味着在所讨论的情形下，要维持相变材料长时间处于相变区，潜热应不低于此值。

进一步的影响参数分析表明[2,15]：对于轻型围护结构如泡沫混凝土墙体，将定形相变材料板布置于围护结构内表面，可以使其“重质化”，冬季夜间最低室温可提高 3℃。鉴于房间内表面相变材料板的传热热阻较大，为提高蓄放热速率，应尽量扩大相变材料板的面积。相变材料板布置在内围护结构的内表面比外墙效果好。围护结构有无外保温对相变材料板的应用效果与有效时间有着重要的影响，应加强外保温。随着时间推进至严冬季节，单靠太阳能热储存难以满足室内热舒适性需求，需要结合辅助热源采暖。

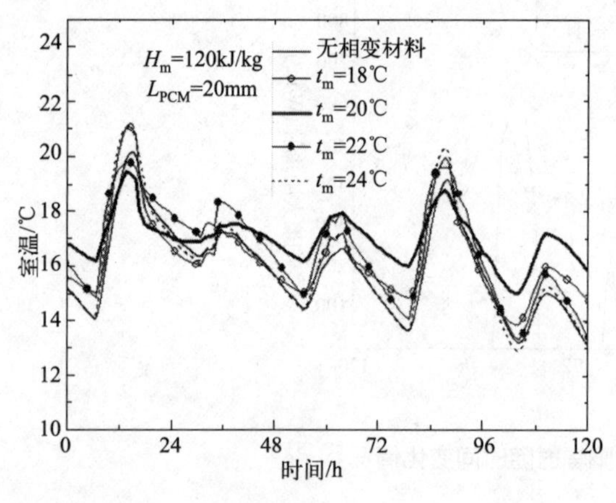

图 7-15 不同相变温度下的逐时室温变化[2,15]

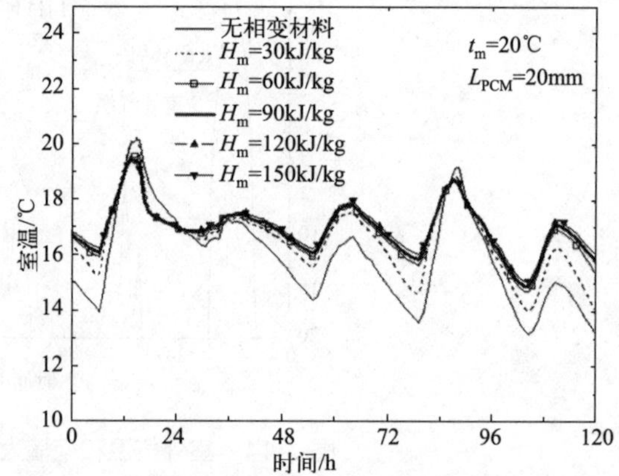

图 7-16 不同相变潜热下的逐时室温变化[2,15]

（2）夏季工况

在夏季昼夜温差比较大的地区，夜间通风结合房间围护结构蓄冷可减小夏季房间过热，提高室内舒适度，即夜间利用周围环境冷空气冷却建筑墙、顶和地面等，将冷量储存在这些围护结构中，在后续的白天里释放冷量给室内空气。夜间通风可以采用自然或机械驱动等形式，比较一致的结论是：夜间通风策略确实可以提高白天的室内热舒适度，并且节约空调能耗。另外，重热质可显著降低室内最高温度并且重热质表面的对流换热非常重要，比如利用相变材料潜热可有效提高围护结构热质（容）。下面分析定形相变材料板直接作为围护结构内衬结合夜间通风的蓄冷调温效果。

仍以前述位于北京的直接受益式建筑房间为对象，考虑晚上（18：00 ～ 08：00）采用机械通风方式将室外冷空气通过窗户引入室内冷却墙、屋顶和地板，白天（08：00 ～ 18：00）关闭风机自然释冷。换气次数（air change per hour，ACH）用于表征通风量大小。室内热源来自设备、照明、家具和人员等，一天平均发热量为 50W。

图 7-17 给出夜间通风条件下有、无相变材料以及不同相变温度下的室温变化图（6 月 8 日～ 12 日）[2,22]。

可以看出，在此时间段内，最佳相变温度为 26℃，比其他相变温度时的日间最高室温更低些并且室温波动小。由于其夜间蓄冷效应，白天室温比无相变材料板时最大可降低 2℃。进一步的参数分析表明：夜间通风换气次数应尽可能多而日间换气次数应得到控制。在初夏季节，利用定形相变材料板结合夜间通风蓄冷可将室温控制在 28℃左右，基本满足室内热舒适度要求。然而随着时间推进至盛夏，无论白天还是夜间室外气温均比较高，单靠夜间通风蓄冷已难满足室温要求，需要将相变材料蓄冷与辅助制冷系统结合起来应用。如同冬季的使用情况，相变温度、潜热及相变材料板的厚度需要进行优化。

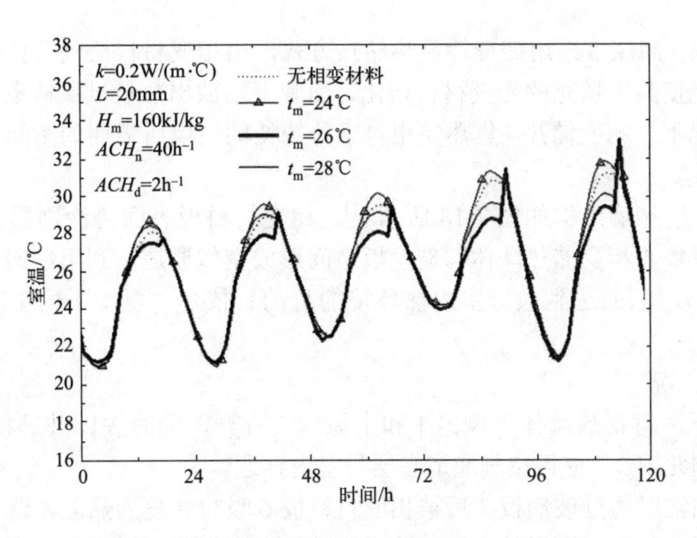

图 7-17　不同相变温度下的室温变化图[2,22]

7.3.1.2　集热 - 储热墙式[2]

集热 - 储热墙又称特朗伯墙（Trombe wall），由法国工程师 F. Trombe 提出并建造，是在南向墙体前一定距离处安装玻璃板，二者之间形成空气通道，冬季白天太阳光透过玻璃板投射在墙体表面并转换为热能被墙体蓄积起来（为有效吸收太阳光，墙体表面一般涂成黑色），同时通道内空气被墙体加热并在热压驱动下从上风口进入室内。夜间墙体表面放热给通道内空气并循环进入室内，为了降低夜间透过玻璃板的散热损失，需安装保温卷帘。对于夏季工况，为提高房间舒适性，需开启北墙窗口、玻璃板上风口，而关闭南墙上风口（参见图 7-18）。

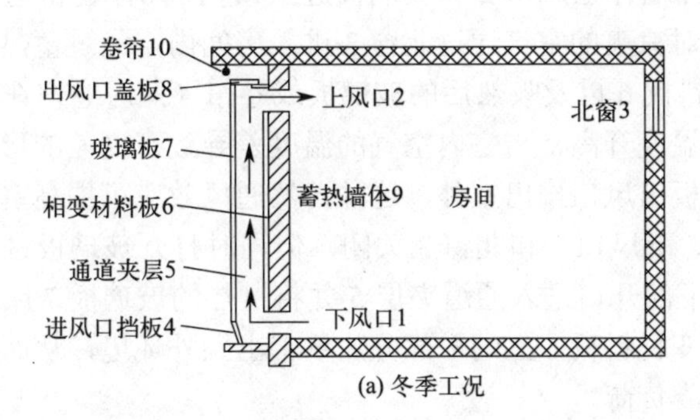

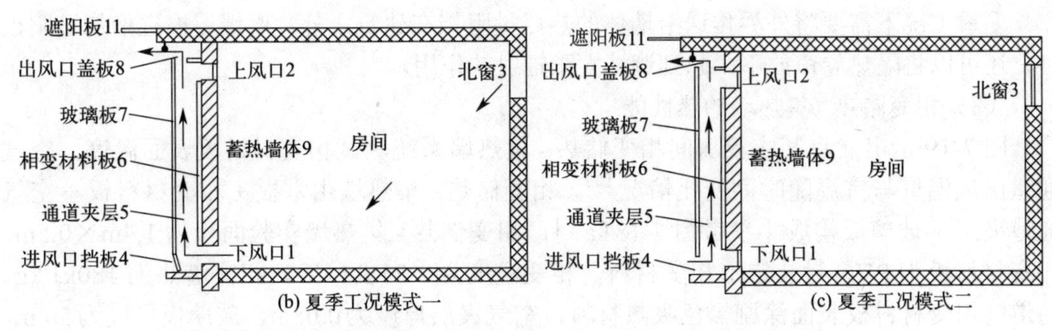

图 7-18　相变储热 - 集热墙构造及冬、夏季工况原理图[2]

传统的集热 - 储热墙采用砖墙等显热储热方式，用相变材料板代替传统厚砖墙，白天墙体吸收太阳能使其中填充的相变材料熔化，而晚上则放出热量以保持室内温暖。在储存同样热量的情况下，相变储热 - 集热墙相对于传统特朗伯墙所需要的空间要小，而且墙体也更轻。

相变储热 - 集热墙结构如图 7-18 所示[2]。相变材料板表面可涂刷黑色或吸热涂料以提高太阳能吸收率，相变储热墙体与玻璃板之间形成空气通道，利用烟囱效应使得空气通道中的空气流通，从而达到改善室内热环境的目的。依冬、夏季不同工况，开、闭相应风口。

（1）冬季工况

冬季工况下，将蓄热墙体下风口 1 和上风口 2 打开，同时关闭玻璃板进风口挡板 4、出风口盖板 8 和北窗 3，使得空气通道夹层与室内连通。

白天，太阳辐射透过玻璃板 7 后被相变材料板 6 吸收转变为热能，逐渐提高温度超过其熔点后发生固液相变，大量的太阳能被收集并储存在相变材料板中。同时，室内的冷空气也从蓄热墙体下风口 1 进入空气通道夹层 5，在通道夹层内与相变材料板 6 表面进行对流换热而温度升高，在与房间内空气的温度差导致的密度差驱动下经上风口 2 进入室内，以承担部分房间热负荷。

夜间，相变材料板 6 在白天储存的大量热量加热通道夹层 5 内的空气，温度升高后的空气经上风口 2 进入室内。为减少夜间热辐射和热对流损失，在靠近玻璃板 7 内或外表面处降下一层隔热卷帘 10。卷帘的存在增加了相变材料与外界的辐射热阻及空气通道与外界的导热热阻，以降低散热损失。

（2）夏季工况

夏季工况下，可有两种运行模式。模式一是打开蓄热墙体下风口 1、出风口盖板 8 和北窗 3，同时关闭蓄热墙体上风口 2 和玻璃板进风口挡板 4，使得通道内空气与室内、外空气连通。北墙外相对凉爽的空气通过北窗 3 进入房间内，经过蓄热墙体下风口 1 进入通道夹层 5，与相变材料板 6 以及吸热后的玻璃板或卷帘（此时卷帘在玻璃板内表面即通道夹层内）对流换热而温度升高，与室内空气的温度差导致密度差的形成，进而产生强烈的烟囱效应，通过玻璃板出风口排出室外，这种自然通风效应可提高室内舒适度。模式二是将蓄热墙体上风口 2、下风口 1 和北窗 3 关闭，但同时打开玻璃板进风口挡板 4 和出风口盖板 8，室外空气从下部开口进入通道夹层 5 并将过热的玻璃板 7 或卷帘（此时卷帘在玻璃板内表面）以及相变材料板 6 上的一部分热量带出到外环境，从而减少建筑通过围护结构的得热，降低室内冷负荷。

夏季工况下需要将外界传送给墙体的热尽量阻挡在建筑之外，南墙屋檐宜增加遮阳板 11，还可以将隔热卷帘放下，起到遮挡太阳辐射的作用。

（3）相变储热 - 集热墙的热性能

图 7-19 示出北京某实验房间相变储热 - 集热墙系统测试相变材料板表面温度、空气通道出风温度与室温随时间变化情况[2]。相变储热 - 集热墙由木板 + 相变材料板 + 空气通道夹层 + 玻璃板构成［参考图 7-18（a）］，相变储热 - 集热墙实验面积为 1.4m×0.5m，相变材料板为 PVC 封装定形相变材料，相变温度为（26±1）℃，相变潜热为 180kJ/kg。通道侧相变材料板表面涂刷黑色吸热材料，空气夹层厚度为 0.08m，玻璃板厚度为 5mm，长 × 宽为 1.6m×0.75m，上、下通风口尺寸为 0.08m×0.7m。采用与太阳辐射光谱相

当的镝灯作为模拟光源，其额定功率为575W，辐照值为320W/m^2。图中横坐标“0”点对应早晨9：00，打开镝灯照射6.5h后关闭镝灯（模拟太阳辐射光），放热至次日早晨7：30。

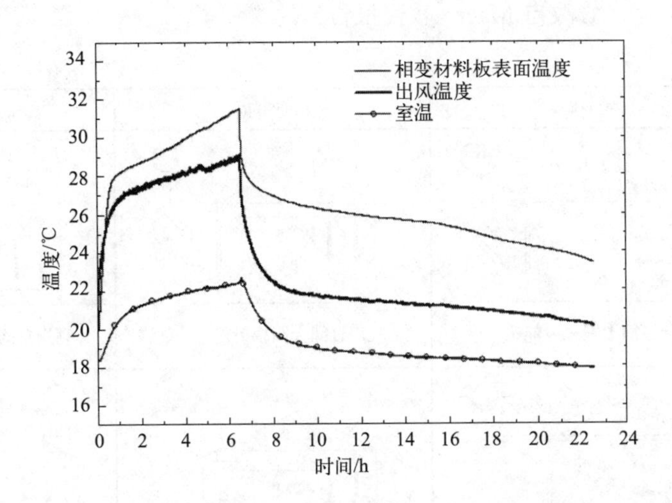

图7-19　相变材料板表面温度、通道出风温度与室温随时间变化[2]

可以看出，相变墙体接受镝灯辐射能后由18℃左右开始升温，半小时内近似线性快速攀升为显热的吸收和储存过程。之后其表面温度升至相变温度，相变材料开始熔化而以潜热储热，温度线斜率小于初始阶段斜率。由于相变材料板加热通道内空气向房间供热，出风温度和室温也上升，并呈现与相变材料板表面温度类似的变化趋势，只是由于系统的热惯性，变化要迟缓些。

关闭镝灯后，相变储热 - 集热墙体失去辐射热量来源，温度快速下降。在降低到相变温度后开始释放潜热，温度下降幅度变小，在一定时间内维持在相变温度附近。在关灯3.5h左右之后的时间里，无论是相变材料板温度、出风温度还是室内温度均处于相当缓慢的变化过程。

由于通道夹层内的空气流动，表面对流换热系数大于直接受益式自然对流情形，这相应提高了蓄放热速率。在一定范围内，空气质量流量随通道夹层宽度增加而增大，但进、出口温差随通道夹层宽度增加而降低，故相应条件下房间供热量存在一个较佳的通道夹层宽度值[23]。

在通道内相变材料板表面加装扰流元件如涡发生器可提高表面对流换热系数近30%，从而提高了房间供热量和室内温度，室温波动更小，维持热舒适温度时间更长[24]。

相变材料的相变温度对于集热 - 储热墙的性能有重要影响，Li等[25]针对夏热冬冷地区气候条件建议夏季相变材料相变温度低于室外环境平均最高温度7℃，而冬季相变材料相变温度高于夜间室外环境温度8℃。

其他一些被动式建筑如集热 - 储热屋顶式、太阳墙式等可参阅文献［26］和文献［27］。

7.3.2　主动式建筑热储存及性能

主动式建筑热储存是需要外部动力（如泵或风机）驱动建筑采暖空调系统的太阳能利

用方式，如同第六章讨论的，一般包括集热器、输送介质与设备、储热器、采暖末端、控制系统以及辅助能源等。这里主要讨论墙体、地板、屋顶等建筑构件作为储热器，乃至作为采暖末端，与太阳能、采暖空调系统结合的情形。图 7-20 示出相变储热建筑围护结构的几种应用形式[2,15]（修改自 Macro 教授报告）。

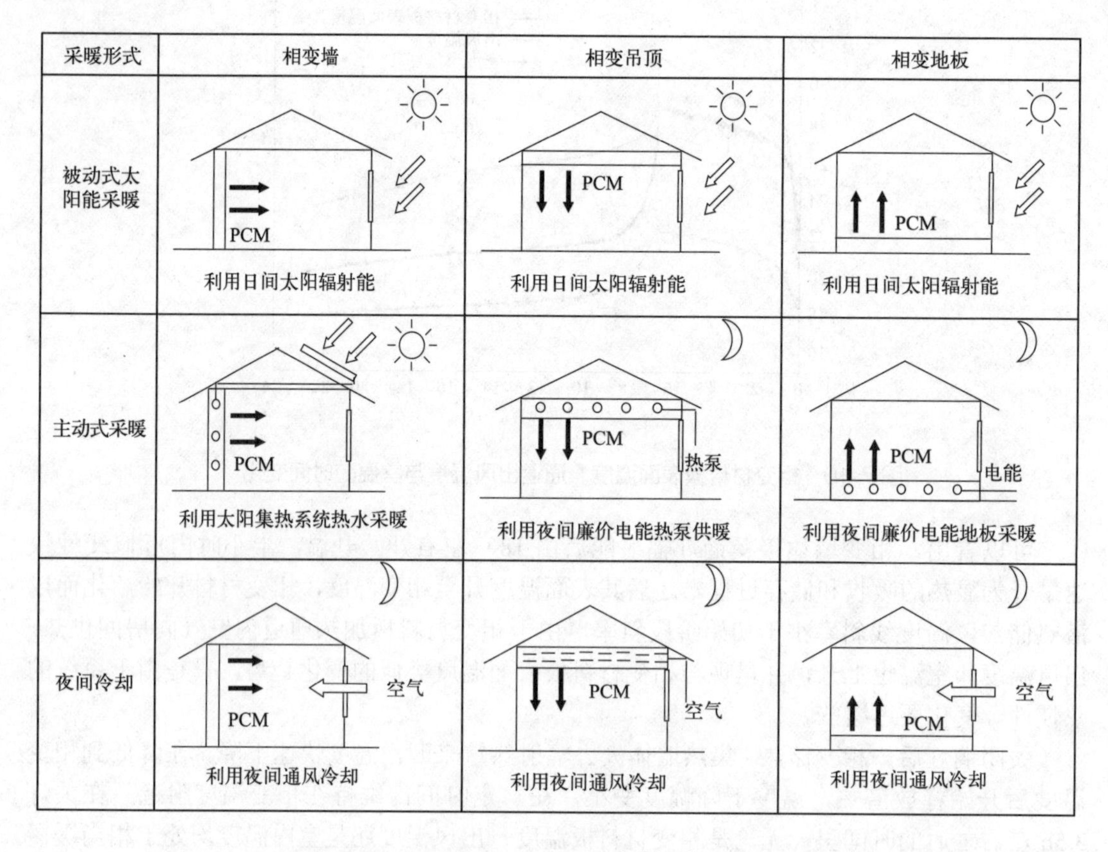

图 7-20　相变储热建筑围护结构的几种应用形式[2,15]（修改自 Macro 教授报告）

（1）太阳能热水相变地板采暖系统

地板辐射采暖系统具有占用室内空间小，室内温度分布均匀，热舒适性好，卫生条件好，并且可以充分利用低温热源等优点，近年来得到快速发展并广泛应用。低温地板辐射采暖分为以水为热媒的埋管式和发热电缆式两大类。埋管式以低温水为热媒，通过盘管的循环水加热地板，提高其温度进而由地面向房间散热供暖。发热电缆式，通过房间地面下埋设的低温发热电缆通电发热提高地板温度，进而由地面向房间供热。

利用相变材料潜热储热密度大的特性，与太阳能热水地板采暖系统结合，可以将白天多余太阳能通过流体介质（水）储存在相变材料中，晚上相变材料再释放热量给室内空气，以提高室内热舒适性并节约电能或其他常规能源。图 7-21 示出相变储热型热水地板构造层剖面图[2,28]，自上而下有木地板面层、相变材料层、反射膜、保温层和基础层，采暖管嵌在相变材料层中，可采用普通地暖 PE 管或毛细管网栅。热水采暖系统其余部件同第六章主动式系统所述。

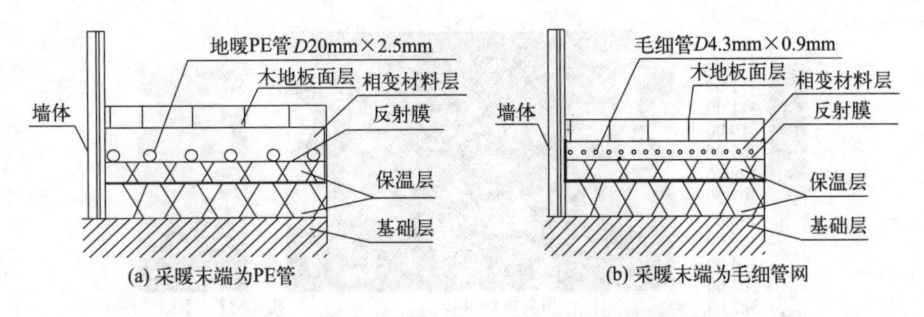

图 7-21　相变储热型热水地板构造层剖面图[2,28]

图 7-22 给出了实验房相变储热型热水地板构造层实物图[2,28]。

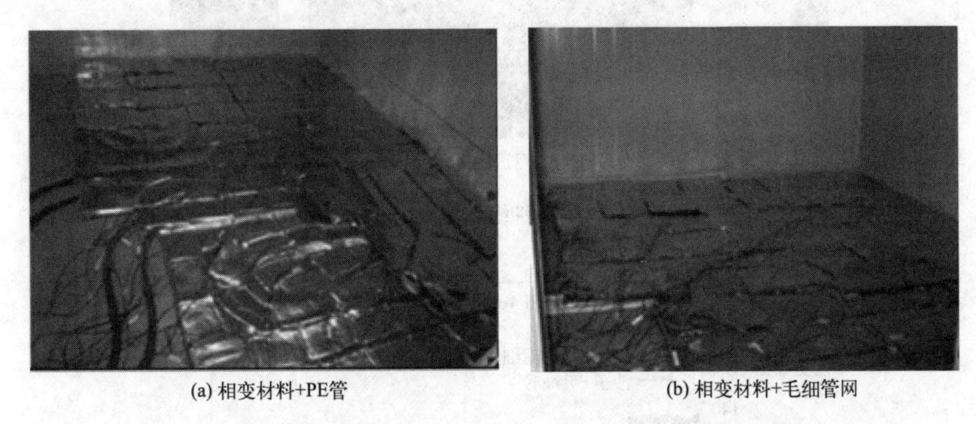

图 7-22　实验房相变储热型热水地板构造层实物图（未盖木板情形）[2,28]

图 7-23 比较了四种组合储热地板结构（实验材料采用沙子而非混凝土便于更换储热材料）充热 1h 后的填充层温度云图[28]。结构和初始条件：PE 管规格为 D20mm×2.5mm，间距 140mm，双回形布置；毛细管网规格为 D4.3mm×0.9mm PP-R 塑料管，间距 40mm，Ⅰ形布置；相变材料相变温度区间为 27 ～ 31℃，潜热为 220kJ/kg；木板层 16mm，PE 管 + 相变材料层厚度 26mm，毛细管网 + 相变材料层厚度 16.3mm，聚苯板保温层 50mm，基础层钢筋混凝土 120mm，供水温度 40℃。

图 7-23 表明，沙子 + 毛细管网组合具有管间最均匀的温度剖面，其次是相变材料 + 毛细管网、沙子 +PE 管，而相变材料 +PE 管组合温度最不均匀，只有管周围部分区域温度较高而管间大部分区域温度较低。这意味着沙子 + 毛细管网组合的充热速率最高，是由于其管间距小且沙子显热储热能力小。而相变材料 +PE 管的充热速率最低，因其管间距大且相变材料潜热储热能力强，故达到相同的温度水平所需时间更长。

图 7-24 示出停泵后四种组合地板结构层向房间逐时供热量[28]。可见，当相变材料作为地板结构的热质时，房间供热量可长时间（7 ～ 9h）维持在较高值（90 ～ 110W），因为在充热过程中储存了大量的潜热。而当使用沙子作为地板结构的热质时，房间供热量迅速在 5h 内从 100 ～ 120W 降至 30W，这是因为沙子以显热储存热能，当热量被释放时，温度大幅度下降，从而减少了向室内的热传递。这一结果表明相变地板可以白天储热夜间释热以维持室内热舒适度。

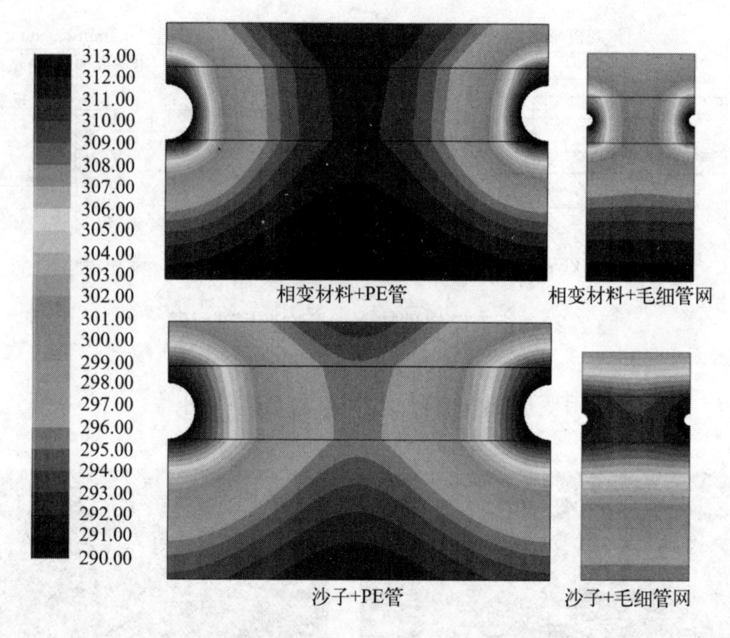

图 7-23　充热 1h 后四种组合地板构造层温度分布[28]

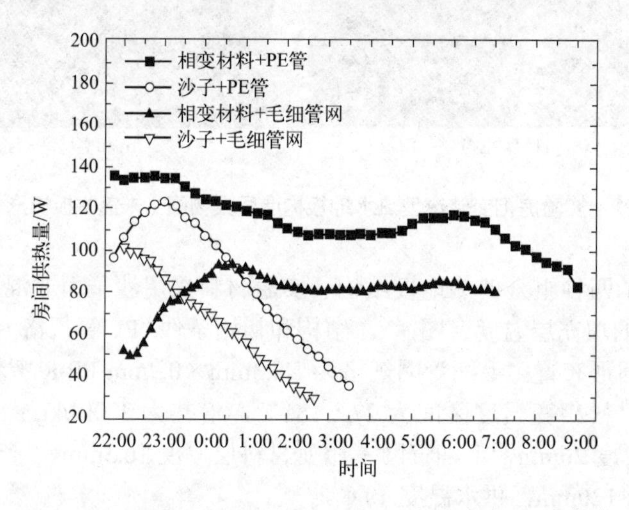

图 7-24　四种组合地板结构放热过程逐时房间供热量[28]

（2）相变地板电采暖系统

相变地板电采暖系统是相变材料与电加热地板结合，可以在低谷电价时段给电缆通电加热并将部分热量储存在相变地板中，在高峰时段关闭电缆电源，利用相变地板储存的热量给房间供热，可以平衡电力峰谷负荷，在执行峰谷电价的地区有可观的经济效益。应该指出，直接电采暖仅限用于不适合电驱动热泵采暖的条件下，因为将高质电能直接转换为低质热能，从“按质供能，能质匹配”的能量利用原则来说，是不“经济”的。

图 7-25 示出了某实验房间相变地板电采暖系统结构及部件敷设图[29,30]。

该地板电采暖系统自下而上分别为 120mm 厚聚苯板保温层、电热膜、15mm 厚定形相变材料板、10mm 厚空气层和 8mm 厚木地板，木地板由龙骨支撑。电采暖的工作时间为 23：00 ～ 7：00，加热时控制电热膜的温度小于 70℃，相变材料相变温度为 52℃。

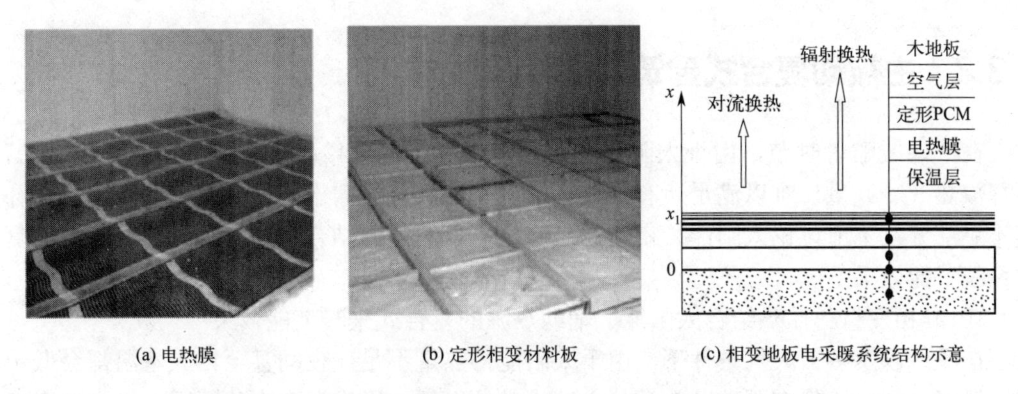

(a) 电热膜　　(b) 定形相变材料板　　(c) 相变地板电采暖系统结构示意

图 7-25　相变地板电采暖系统结构及部件敷设图 [29,30]

图 7-26 示出实验房间（围护结构由轻质保温材料构成）室内外温度和定形相变材料表面温度 [29-31]。图 7-26 中显示，平均室温为 20.1℃，平均昼夜温差约为 11.6℃（图中邻室为一相似房间，正在进行其他采暖实验）。可见，此相变地板电采暖系统显著提高了房间平均温度，而昼夜温差改变不大。另外，相变材料上表面在停止加热后，仍可保持在 43℃以上 10h，这样白天的电热负荷转移到了夜间低谷电价时段。如果在地板上布置两个出风口并安装送风扇［图 7-26（c）、图 7-26（d）］，总送风量为 $0.4m^3/s$，结果显示通过送风采暖使平均最高室温提高了 8℃，且室内温度分布较均匀，舒适性较好。

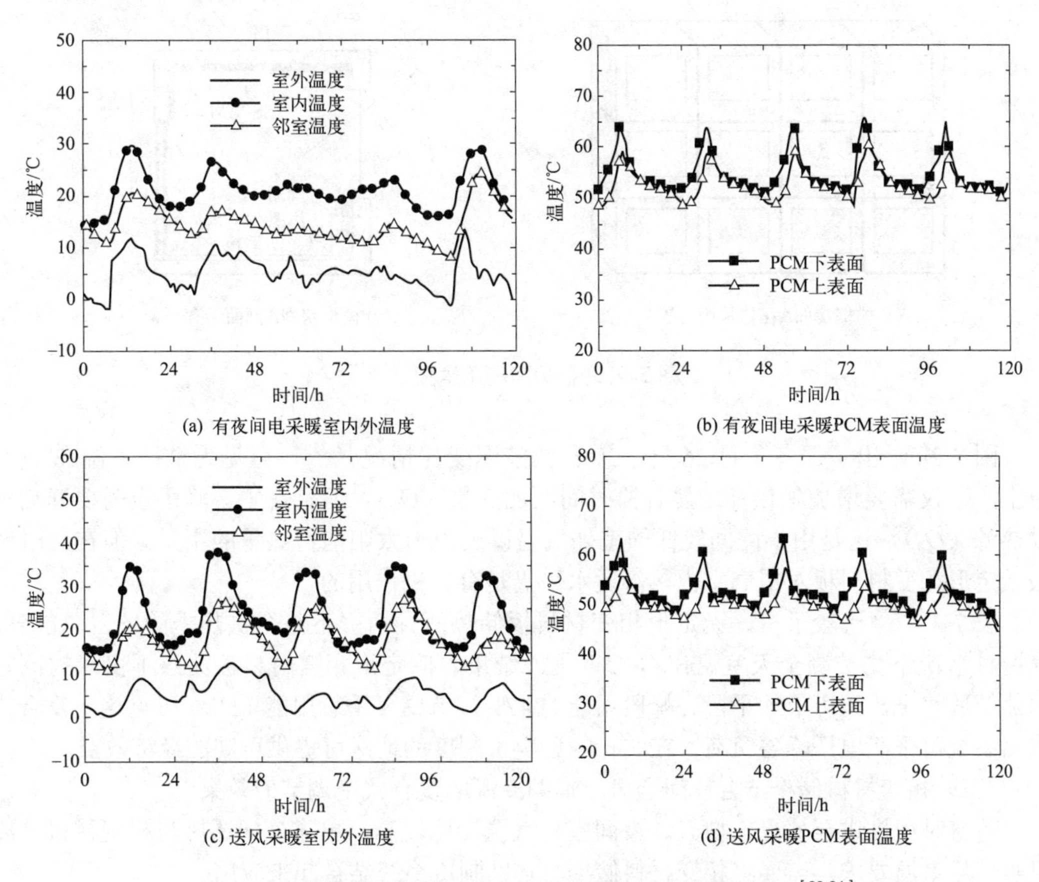

(a) 有夜间电采暖室内外温度　　(b) 有夜间电采暖PCM表面温度

(c) 送风采暖室内外温度　　(d) 送风采暖PCM表面温度

图 7-26　相变电采暖房间室内外温度和相变材料表面温度 [29-31]

7.3.3 主被动复合式建筑热储存及性能

在严寒或酷暑时节，由于太阳能或夜间冷量不足，单靠相变材料被动式吸收、储存，再释放热（冷）量，难以满足所有采暖或空调季的热舒适需求，需提供辅助冷、热源补充其不足部分。本节讨论太阳能、夜间通风冷量等自然能源结合相变储热、辅助能源的复合式系统节能效果。

（1）相变材料储热结合太阳能、辅助热源的复合式采暖节能效果

在严冬以及多云天气条件下，由于太阳能得热量不足，夜间甚至白天室温都会低于舒适区温度。因此，仍需要辅助热源（主动式供热系统）以维持室内热舒适水平。在直接受益式相变储热建筑中布置辅助热源，其开启时间尽量结合峰谷负荷和电价政策，保证室温在 18℃以上。

仍以北京某多层建筑中层南向房间为例，定形相变材料板附于四面墙、顶的内表面（如图 7-27），相变温度为 21℃（即比供热房间设计室温高 3℃），相变温度区间为 1℃。房间换气次数 1 次 /h，室内设备、灯光及人体的发热量为 180W。辅助热源为与区域供热系统相连接的热水散热器或电加热器，供热量可分级调节。为充分利用太阳能，最大限度减少能源消费，辅助热源尽量在午夜和凌晨低谷负荷（23：00 ～ 07：00）时开启，仅必要时在白天开启以保持室温在 18℃以上。

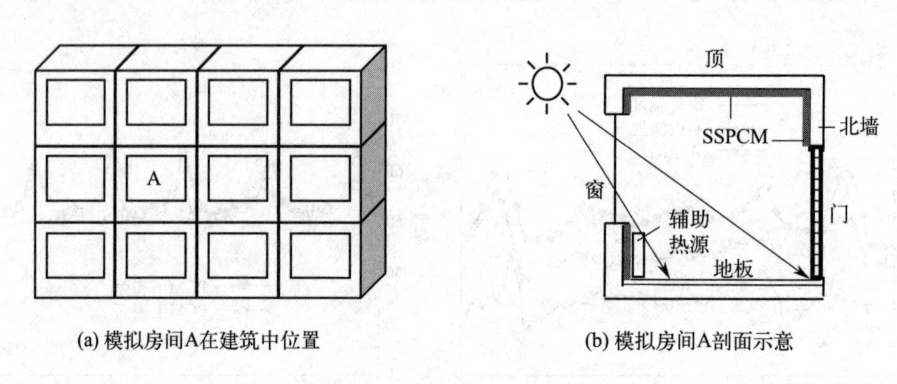

(a) 模拟房间A在建筑中位置 (b) 模拟房间A剖面示意

图 7-27 模拟房间示意图[2,32]

图 7-28 示出了严冬 1 月 26 日—29 日的室温变化情况[2,32]，可见为维持室温在 18℃以上，不仅需要增加午夜及凌晨谷段时间的加热量（Q_n），而且在平、峰段也需要开启辅助热源（Q_d），这是由于此间较低的室外气温以及白天太阳能得热量的不足。但在此时间段，定形相变材料板对提高室内热舒适水平仍是有积极作用的。

表 7-4[2,32] 比较了有、无定形相变材料板储热两种情形下整个供热季的各自总能耗，在两种情况下均控制全天室温在 18℃以上。结果表明定形相变材料板储热不仅可提高室内热舒适水平，还可节约平段、峰段用能约 47%，节约冬季总用能 12%。可见这一复合式供热系统可平衡电厂峰谷负荷，在实行峰谷电价制度的地区可提供可观的经济效益。

（2）相变材料储冷结合夜间通风、辅助冷源的复合式空调节能效果

随着时间推进至盛夏，白天、夜间室外气温均比较高，单靠夜间通风与相变材料储冷已难满足室温要求，需要将相变材料储冷与辅助制冷系统结合起来应用。

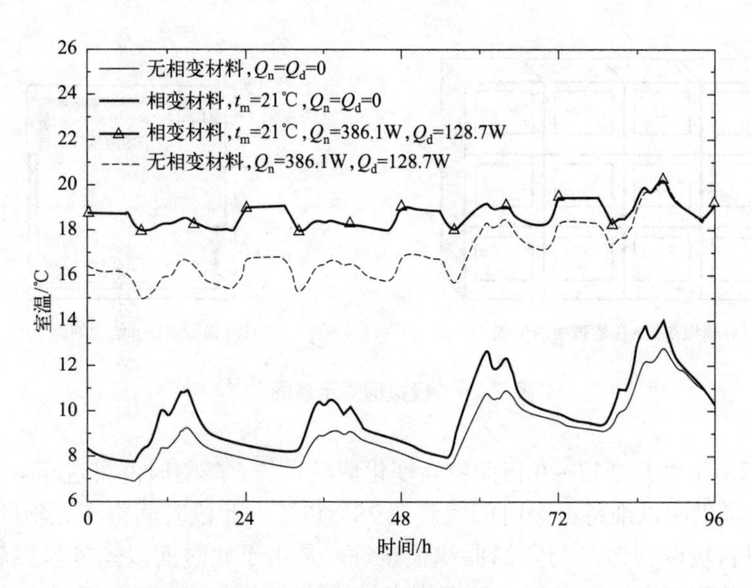

图 7-28　有、无定形相变材料板的室温变化（1 月 26 日—29 日）[2,32]

表 7-4　有、无定形相变材料板储热的供热季用能统计[2,32]

单位：kW·h

月 份	时间段	有定形相变材料板	无定形相变材料板
十一月	平、峰段	0	0
	谷段	0	0
十二月	平、峰段	0	16.5
	谷段	38.6	42.2
一月	平、峰段	30.9	54.6
	谷段	86.3	81.6
二月	平、峰段	17.5	20.6
	谷段	72.1	66.4
三月	平、峰段	0	0
	谷段	8.2	5.1
总计	平、峰段	48.4	91.7
	谷段	205.2	195.3

注：北京地区按谷段时间 23：00 ～ 07：00；其余时间为平、峰段。

以图 7-29[2,33] 所示房间为例，将相变材料板布置在墙、顶内表面，夜间室外新风鼓送入办公建筑房间，冷量储存在相变材料板中，次日白天办公时间（08：00 ～ 18：00）再通过自然对流方式将冷量自相变材料板释放给室内空气。换气次数（ACH）用于表征通风量大小，夜间 40 次 /h 和日间 1 次 /h 用于本分析。假定风机以全功率运行，即在 *ACH* 为 40 时功率为 43W。

室内产热来自设备、照明、家具和人员等，日间（8：00 ～ 18：00）平均发热量为 $12W/m^2$。为保证办公时间室温在 28℃以下，在模型房间安装辅助冷却器，其冷源可以来自分体式房间空调器或集中空调系统的冷空气。为达到最大化节能效果，辅助冷却器只在办公时间启用并且其冷量可以通过分级调节，以保证室温在 28℃以下，例如可利用变速压缩机。

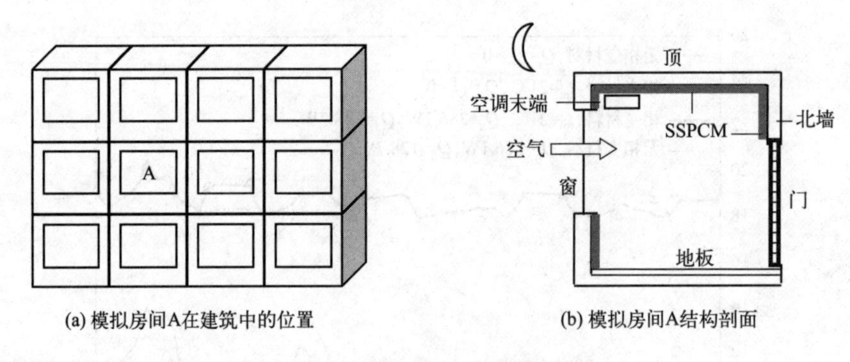

图 7-29　模拟房间示意图[2,33]

图 7-30 示出了 7 月 7 日—9 日的室温变化情况[2,33]。随着时间推进至盛夏季节，需启动辅助空调冷量供应以维持办公时间室温在 28℃以下。此段时间内在无辅助冷量条件下，有、无相变材料板两种情形的室温曲线很接近，是由于此时间段室外温度较高，相变材料完全熔化为单相液态，没有充分发挥相变材料储冷的功效。而在相同的辅助冷量（Q_c）240W 供应条件下，无相变材料板情形的室温比有相变材料情形的要高，意味着需要更多的辅助冷量供应以维持室温在舒适区。这一结果体现出利用相变材料板具有节能潜力。

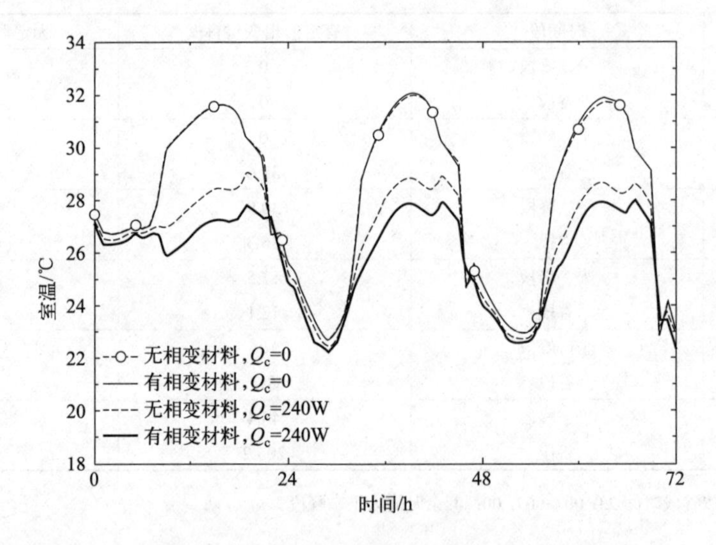

图 7-30　有、无相变材料板情形下的室温变化（7 月 7 日—9 日）[2,33]

为了评价夜间通风结合相变材料储冷这一复合空调系统的季节节能潜力，表 7-5[2,33]比较了有夜间通风有相变材料、有夜间通风无相变材料以及无夜间通风无相变材料三种情形下整个夏季（5 月 1 日至 9 月 30 日）的辅助能耗，日间室温均控制在 28℃以下。如果以无夜间通风无相变材料的日间冷量需求为基准，有夜间通风有相变材料储冷可节约日间冷量消耗 76%，有夜间通风无相变材料储冷可节约日间冷量消耗 66.4%。为评价净能量节约量，定义夏季风机平均性能系数（COP）为总的节省能量除以风机电耗。表 7-5 中示出有夜间通风有相变材料储冷的风机 COP 为 7.6；对于有夜间通风无相变材料的情形，风机 COP 为 6.5。因此除了可以提高热舒适性外，夜间通风结合相变材料储冷的复合式空调系统还可节约平、峰时段电能。在中国的许多城市，如北京，实行分时电价政策，利用此系统可以削平电力负荷并可获得经济效益。

表 7-5　夏季有、无夜间通风和相变材料的日间能量消耗[2,33]

单位：kW·h

月份	无夜间通风无相变材料	有夜间通风无相变材料	有夜间通风有相变材料
五	88.6	16.96	7.07
六	154.04	72.69	39.95
七	157.43	78.85	67.01
八	134.96	46.42	40.66
九	110.55	2.04	0.59
总和	645.58	216.96	155.28
节约的冷量	—	428.62	490.3
风机 COP	—	6.5	7.6

7.4　农业日光温室建筑热储存

丰富的太阳能资源为发展以日光温室为主要形式的设施农业提供了良好的自然条件。太阳辐射的短波可以穿过透明的屋顶被温室里的作物、围护结构表面及设施吸收，被加热的表面重新辐射出的红外波长难以穿过透明的屋顶从而导致热量的积累，即所谓温室效应。同样太阳能的间歇性和不稳定性决定了须配备储热装置以提供日光温室中作物生长所需要的温度条件，传统的日光温室（如图 7-31）主要依靠北墙围护结构和土壤日间吸收并储存太阳辐射能，夜间再释放热量至温室，砖墙或土墙是以显热方式储热，储热密度小，特别是北方地区冬季气候寒冷，温室散热量大，夜间温室内气温往往较低，难以维持作物生长所需热环境。利用相变材料储热密度高和稳定的热输出温度之优势，可以改善日光温室作物生长环境，同时大大减小储热装置体积。

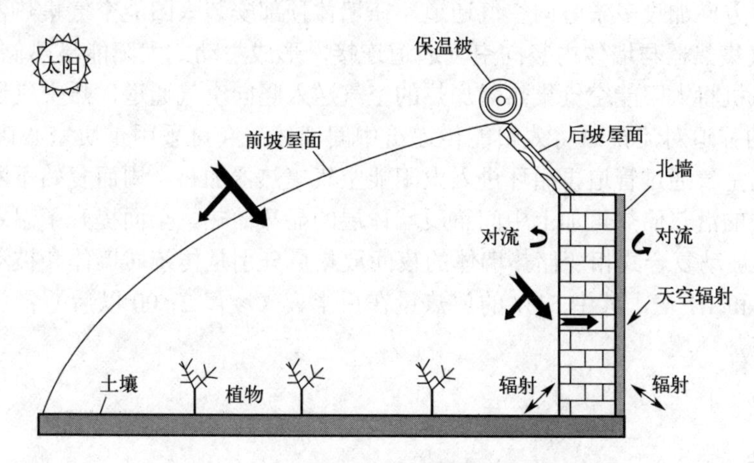

图 7-31　传统砖墙日光温室结构示意图[34]

日光温室常用的材料包括有机相变材料如石蜡、硬脂酸正丁酯，混合相变材料，无机相变材料如六水氯化钙、十二水磷酸氢二钠和十水硫酸钠等。相变材料可直接或以微胶囊形式做成相变材料板作为内衬附于北墙内表面［图 7-32（a）］，也可以与石膏、膨胀珍珠岩等建筑材料混合作为砂浆涂抹于北墙内表面或做成相变石膏板再附于北墙。相变材料墙温室比传统砖墙温室可以提高夜间室温 1.5 ～ 5℃。

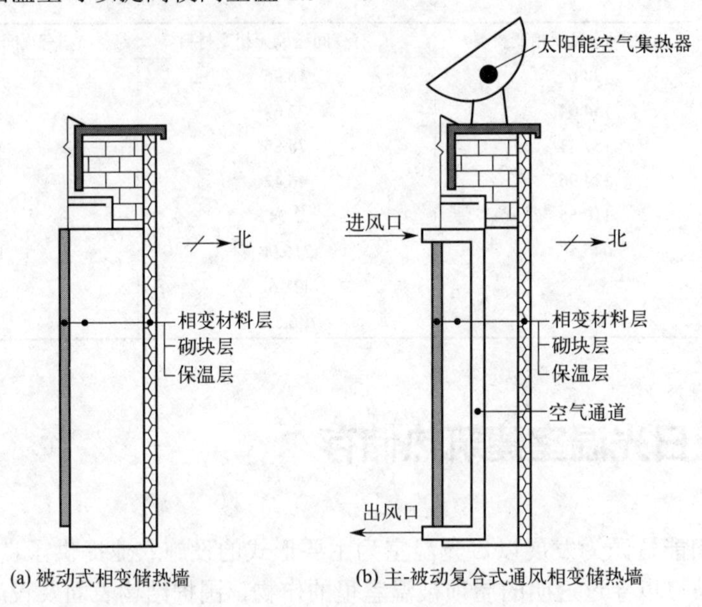

图 7-32　温室主、被动式相变储热墙结构示意图[34]

正如陈超和凌浩恕[34]所指出，由于冬季一天的太阳日照时间有限，照射在墙体内表面的太阳辐射可影响墙体内部的深度有限，加之受墙体传热性能的影响，墙体总体储热能力受到限制，即受冬季太阳入射能量和温室储热能力两方面的制约，储存的热量在前夜消耗殆尽，后夜温室室温难以保证，尚需要额外辅助能源或主动式太阳能系统提供热量。图 7-32（b）[34]示出一种主 - 被动复合式通风相变储热墙，是在被动式相变储热墙体中间层中沿温室长度方向加设多条竖向空气通道，在墙体顶部安装太阳能空气集热器，利用管道将太阳能空气集热器与墙体内竖向空气通道连接，形成主动式太阳能显热储热通风系统。白天，通过风机将太阳能空气集热器加热的空气送入竖向空气通道，热空气通过与竖向空气通道壁面的强迫对流换热将太阳能传递给中间墙体层（可采用重质空心砌块砖砌筑），换热后的低温空气通过管道再循环进入太阳能空气集热器加热，周而复始不断加热。内表面相变材料层的潜热储热再加上中间重质墙体层的显热储热，全面提升了温室总体储热能力。这种主 - 被动复合式相变储热墙体的夜间放热量分别是传统砖墙体和被动式相变储热墙体的 2.2 倍和 1.1 倍，其中 51% 的放热量在后半夜（凌晨 2：00 以后）释放，有效地改善了夜间温室热环境。

参考文献

[1] 樊栓狮，梁德青，杨向阳 . 储能材料与技术 . 北京：化学工业出版社，2004.

[2] 周国兵．自然能源·相变蓄能·建筑节能．北京：中国建筑工业出版社，2013.
[3] 崔海亭，杨锋．蓄热技术及其应用．北京：化学工业出版社，2004.
[4] 章熙民，朱彤，安青松，等．传热学．6 版．北京：中国建筑工业出版社，2014.
[5] GB 50176—2016. 民用建筑热工设计规范．
[6] Zhang Y P，Zhou G B，Lin K P，et al.Application of latent heat thermal energy storage in buildings : state-of-the-art and outlook.Building and Environment，2007，42（6）: 2197-2209.
[7] Cabeza L F，Castell A，Barreneche C，et al.Materials used as PCM in thermal energy storage in buildings : a review.Renewable and Sustainable Energy Reviews，2011，15: 1675-1695.
[8] Hawes D W，Feldman D，Banu D.Latent heat storage in building materials.Energy and Buildings，1993，20（1）: 77-86.
[9] 李帆，陈红霞，孙晓雨，等．相变石膏板在轻质装配式建筑中的应用与全年效果实测．新型建筑材料，2020，47（10）: 113-118.
[10] 聂志新，周建庭，张华彬，等．月桂酸 / 膨胀石墨相变混凝土的制备与性能研究．硅酸盐通报，2019，38（07）: 2235-2241.
[11] 郭英奎，梁新刚，张寅平．（相变）复合材料瞬态导热性能的简化计算方法．太阳能学报，2001，22: 40-45.
[12] Zhang Y P，Liang X G.Numerical analysis of effective thermal conductivity of mixed solid materials. Material and Design，1995，16: 91-95.
[13] Bontemps A，Ahmad M，Johannès K，et al.Experimental and modeling study of twin cells with latent heat storage walls.Energy and Buildings，2011，43（9）: 2456-2461.
[14] Cabeza L F，Castellón C，Nogués M，et al.Use of microencapsulated PCM in concrete walls for energy savings.Energy and Buildings，2007，39（2）: 113-119.
[15] Zhou G B，Zhang Y P，Lin K P，et al.Thermal analysis of a direct gain room with shape-stabilized PCM plates.Renewable Energy，2008，33（6）: 1228-1236.
[16] 叶宏，何汉峰，葛新石，等．利用焓法和有效热容法对定形相变材料熔解过程分析的比较研究．太阳能学报，2004，25（4）: 488-491.
[17] 周国兵，张寅平，林坤平，等．定形相变材料贮能在暖通空调领域的应用研究．暖通空调，2007，37（5）: 27-33.
[18] Kang Y B，Jiang Y，Zhang Y P.Modeling and experimental study on an innovative passive cooling system—NVP system.Energy and Building，2003，35（4）: 417-425.
[19] Zhong K，Li S，Sun G，et al.Simulation study on dynamic heat transfer performance of PCM-filled glass window with different thermophysical parameters of phase change material.Energy and Buildings，2015，106: 87-95.
[20] Silva T，Vicente R，Rodrigues F，et al.Performance of a window shutter with phase change material under summer mediterranean climate conditions.Applied Thermal Engineering，2015，84: 246-256.
[21] Zhang Y P，Xu X，Di H F，et al.Experimental study on the thermal performance of the shape-stabilized phase change material floor used in passive solar buildings.Journal of Solar Energy Engineering，2006，128（2）: 255-257.
[22] Zhou G B，Yang Y P，Wang X，et al.Numerical analysis of effect of shape-stabilized phase change material plates in a building combined with night ventilation.Applied Energy，2009，86（1）: 52-59.
[23] 吴彦廷，周国兵，杨勇平．太阳能相变蓄热集热墙二维非稳态模型及分析．太阳能学报，2012，33（6）: 948-952.
[24] Zhou G B，Pang M M.Experimental investigations on thermal performance of phase change material—Trombe wall system enhanced by delta winglet vortex generators.Energy，2015，93（Part 1）: 758-769.

[25] Li J，Zhang Y，Zhu Z Y，et al.Thermal comfort in a building with Trombe wall integrated with phase change materials in hot summer and cold winter region without air conditioning.Energy and Built Environment，2024，5（1）: 58-69.
[26] JGJ/T 267—2012. 被动式太阳能建筑技术规范 .
[27] 何梓年 . 太阳能热利用与建筑结合技术讲座（六）：太阳能在建筑中应用的前景 . 可再生能源，2005，6: 84-86.
[28] Zhou G B，He J.Thermal performance of a radiant floor heating system with different heat storage materials and heating pipes.Applied Energy，2015，138: 648-660.
[29] 林坤平，张寅平，狄洪发，等 . 定形相变材料蓄热地板电采暖系统热性能 . 清华大学学报（自然科学版），2004（12）: 1618-1621.
[30] Lin K P，Zhang Y P，Xu X，et al.Experimental study of under-floor electric heating system with shape-stabilized PCM plates.Energy and Buildings，2005，37: 215-220.
[31] 林坤平，张寅平，狄洪发，等 . 送风式相变蓄热地板电采暖系统实验研究 . 全国暖通空调制冷 2004 年学术文集，2004: 11-14.
[32] Zhou G B，Zhang Y P，Zhang Q L，et al.Performance of a hybrid heating system with thermal storage using shape-stabilized PCM plates.Applied Energy，2007，84（10）: 1068-1077.
[33] Zhou G B，Yang Y P，Xu H.Energy performance of a hybrid space-cooling system in an office building using SSPCM thermal storage and night ventilation.Solar Energy，2011，85（3）: 477-485.
[34] 陈超，凌浩恕 . 传统墙体与主被动式太阳能相变蓄热墙体热性能比较研究 . 农业工程技术，2019，39（04）: 10-15.

思考题

1. 举例说明常规建筑材料中哪些材料的显热储热密度比较大。
2. 举例说明用于建筑储热的相变材料有哪些，其相变温度有什么特点。
3. 相变储热建筑材料有哪三种制备方法？
4. 举例说明相变储热建筑构件有哪些，相变储热建筑有什么益处。
5. 举例说明被动式太阳能建筑有哪些类型，其储热方法是什么。
6. 说明集热 - 储热墙的结构是什么，冬季和夏季如何运行。
7. 举例说明太阳能热水相变地板采暖系统的组成和地板结构。
8. 怎样将相变储热与夜间通风结合起来？适用于哪种类型建筑？
9. 结合分时电价政策说明如何应用相变储热材料与暖通空调系统结合。
10. 列举农业日光温室常用相变材料有哪几种，并说明其布置方法。

第八章 蓄冷空调技术

本章基本要求

掌　　握： 水蓄冷、冰蓄冷概念及特点（8.1，8.2）；蓄水罐和蓄冰装置的结构和原理（8.1，8.2）；水蓄冷和冰蓄冷的运行模式（8.1，8.2）。

理　　解： 冰蓄冷空调系统设计计算（8.2）；共晶盐蓄冷、气体水合物蓄冷和吸附蓄冷技术原理和方法（8.3）。

随着综合国力和人民生活水平的提高，空调普及率及用电量快速增长，导致高峰用电问题日益严重，乃至一些省市不得不拉闸限电。而在低谷负荷时，许多昂贵的电力设施大部分时间闲置，加大了电网峰谷负荷差。这推动了蓄冷空调技术的发展，以减小电网峰谷差。

蓄冷空调技术是在电力需求低谷时启动制冷设备，将产生的冷量储存在某种媒介中；在电力需求高峰时，将储存的冷量释放出来使用，从而减少高峰用电量。应用蓄冷空调技术具有较大的社会效益和经济效益[1,2]。应用蓄冷空调技术的社会效益包括："削峰填谷"，平衡电力负荷，减小电网的峰谷差；改善发电机组效率，减少环境污染；提高电网的运行效率，保障电网安全运行。经济效益有：利用分时电价，可节省大量运行费用；减少制冷主机装机容量，功率达 30% ～ 50%；减少一次电力投资费用，包括供（配）电贴费，变压器、配电柜等设备费用；设备满负荷运行比例增大，可充分提高设备利用率；可作为应急冷源，停电时可利用自备电力启动水泵融冰供冷。

蓄冷空调特别适用于冷负荷间歇、集中的中央空调系统。蓄冷空调按储冷介质目前有水蓄冷、冰蓄冷（静态制冰，动态制冰）、共晶盐蓄冷和气体水合物蓄冷等形式，下面分别进行介绍。

8.1 水蓄冷空调[1-6]

8.1.1 水蓄冷概念及特点

水蓄冷是利用 4 ～ 7℃水的显热储存冷量，该温度适合于大多数常规制冷机组直接制取冷水，蓄冷容量和效率取决于供回水温差及供回水分隔措施。

水蓄冷空调的特点是：

① 系统简单、技术要求低、维护费用少；

② 蓄冷密度低，蓄冷温差在 6 ～ 11℃，需要较大的体积，因此占地面积大，相应冷损耗也大，保温麻烦；

③ 可充分利用平时闲置的消防水池等；

④ 水蓄冷系统通常为开式系统，因此应注意倒空。

8.1.2 蓄冷水罐结构

蓄冷水罐有自然分层式、迷宫式、多水罐式以及隔膜式等，如图 8-1 所示。

（1）自然分层式

自然分层式水罐（槽）利用了水的密度随温度变化的特点，水在 4℃时的密度最大，水温升高密度减小，所以 4 ～ 6℃的冷水可以储存在蓄冷水罐的下部，10 ～ 15℃的温水储存在蓄冷水罐的上部，下部冷水和上部温水之间存在温度剧烈变化的斜温层，斜温层厚度一般控制在 0.3 ～ 0.5m[3]。斜温层位置随蓄 / 释冷过程变化而相应变化，其厚度受罐壁传热、罐内水流状况、冷 / 温水（一般 4℃ /12℃）温差等因素影响。斜温层厚度直接影响蓄冷效率，实际蓄冷效率在85%左右。蓄冷时，来自制冷机的冷水从底部进入，温水从上部流出；释冷时，冷水自底部供往负荷侧，负荷侧回水从上部进入。在蓄冷水罐上、下部设置两个均匀分流的散流器。

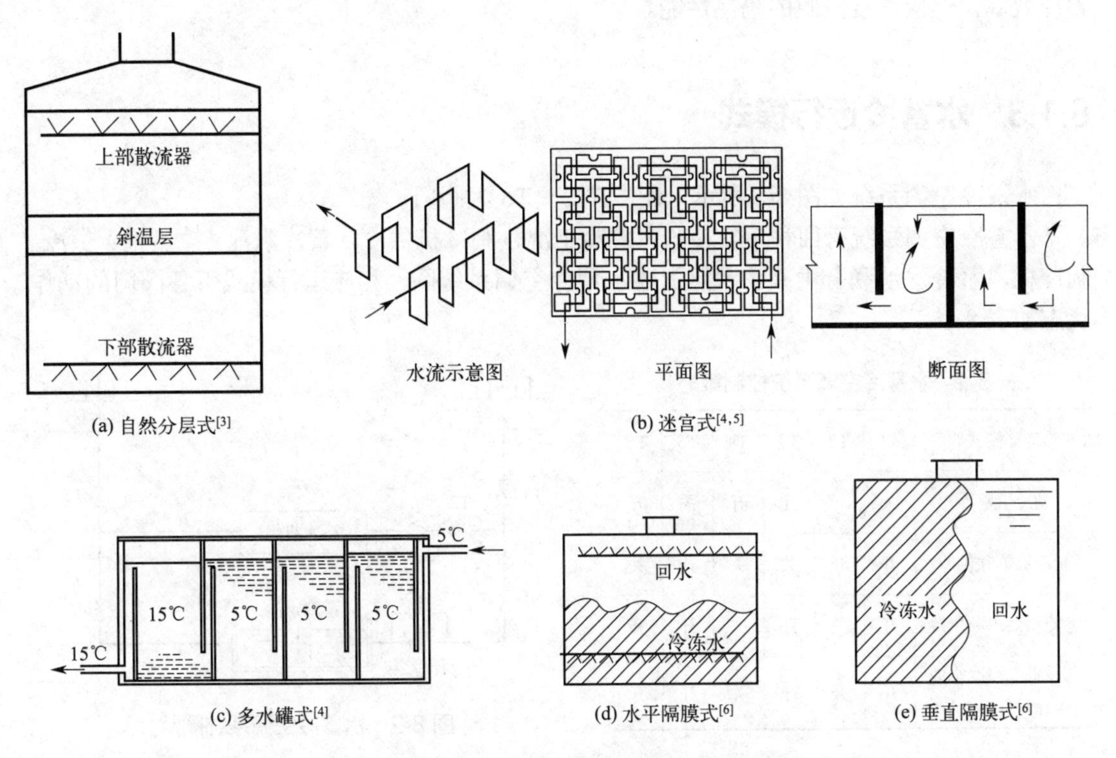

图 8-1　各种蓄冷水罐（槽）结构及原理示意图

（2）迷宫式

迷宫式蓄冷水罐采用隔板把大蓄冷水罐分成很多个单元格，水流按照设计的路线依次流过每个单元格[4]。迷宫式蓄冷水罐能较好地防止冷热水混合，对不同温度的冷热水分离效果较好。但在蓄冷或释冷过程中有些单元格存在温水从底部进入或冷水从顶部进入的现象，因浮力造成混乱，流速过高也会导致混合。

（3）多水罐式

多水罐式将冷水和热水分别储存在不同的罐中，以保证送至负荷侧的冷水温度维持不变[4]。图 8-1（c）中示出多水罐式的一种连接方式，即将多个罐串联连接或将一个蓄水罐分隔成几个相互连通的分格。蓄冷时，冷水从第一个蓄冷水罐的底部入口进入罐中，顶部溢流的温水送至第二个罐的底部入口，依此类推，最终所有的罐中均为冷水；放冷时，水流动方向相反，冷水由第一个罐的底部流出，回流温水从最后一个罐的顶部送入。在所有的罐中均为温水在上、冷水在下，利用水温不同产生的密度差可防止冷热水混合。多罐系统的管路和控制较复杂，初投资和运行维护费用较高[4]。

（4）隔膜式

隔膜式是在蓄冷水罐中加一层隔膜，将蓄冷水罐中的回水与储存的冷冻水隔开。隔膜可垂直也可水平放置，相应称为垂直隔膜式和水平隔膜式蓄冷水罐[6]。隔膜一般用橡胶布制成，也可以用可左右移动或上下移动的刚性隔板。垂直隔膜易发生破裂或附着于吸入口而穿孔，因而使用少。水平隔膜以上下波动方式分隔回水和冷冻水，可利用水的密度差，将回水储存于冷水上面。这样可有效避免上、下方水的混合，减少蓄冷损失，维持较高的蓄冷效率，但应重视隔膜的隔热性能。

8.1.3 水蓄冷运行模式

水蓄冷空调系统如图 8-2 所示，图中 T1 ～ T6 为阀门。

水蓄冷空调系统有四种运行模式：蓄冷工况，制冷机供冷，蓄冷水池（罐、槽）供冷，制冷机、蓄冷水池联合供冷。参照上述水蓄冷空调系统图，相应运行模式下各阀门的动作状态如表 8-1 [5]。

表 8-1　水蓄冷空调系统控制策略 [5]

运行模式	T1	T2	T3	T4	T5	T6
制冷机蓄冷	关	开	开	开	关	开
制冷机单独供冷	开	开	关	关	开	关
蓄冷水池单独供冷	开	关	开	关	开	开
制冷机、蓄冷水池联合供冷	开	开	开	关	开	开

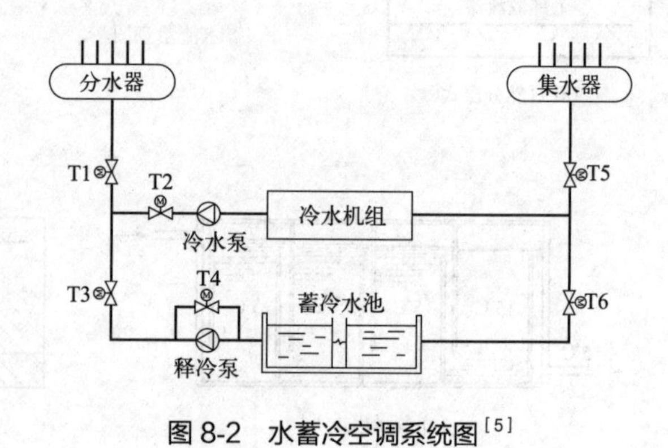

图 8-2　水蓄冷空调系统图 [5]

8.2 冰蓄冷空调 [7-15]

8.2.1 冰蓄冷特点

冰蓄冷是利用冰的融化热储存冷量，基本工作原理是在夜间电网谷荷时段开启制冷主机，将建筑物空调所需冷量部分或全部制备好，以冰的形式储存起来。当日间电网峰荷时，可融冰降温，实现用电的移峰填谷，达到节约电费的目的。

冰蓄冷空调的特点：

① 潜热储热密度大，需要的体积较小，通常是水蓄冷的 1/7；

② 可减小管网、风道系统、水泵、冷却塔容量，降低系统投资；

③ 制冷机组蒸发温度低，效率低；

④ 需要采用防冻液，如盐水溶液、乙二醇溶液等；

⑤ 系统较复杂，维护费用较高。

8.2.2 蓄冰装置

按制冰方式，冰蓄冷有静态制冰和动态制冰两种形式。

（1）静态制冰

静态制冰是在冷却管外或盛冰容器内结冰，冰本身始终处于相对静止状态。静态制冰由于系统简单，现已成为实际应用中冰蓄冷系统的主流形式。但静态制冰法也有自身的缺点：冰层增厚使热阻增大，导致制冷机的性能系数（COP）降低；一些静态系统中冰块相互粘连导致水路堵塞[7]。静态制冰装置有冰盘管式和封装式。

① 冰盘管是由沉浸在蓄冰槽中的盘管构成换热面的一种蓄冰设备。将制冷机制出的低温乙二醇水溶液（或制冷剂直接膨胀蒸发）送入蓄冰槽的盘管内，使管外水结冰。融冰时，从空调负荷端流回的较高温度的乙二醇溶液流过盘管内，使盘管外冰融化；或空调回水直接进入蓄冰槽化冰供冷。冰盘管材质有金属盘管和塑料盘管，形状有蛇形、圆形、U形等，见图8-3～图8-5。另外一种是低温乙二醇水溶液在管外流过，使管内水结冰的形式。

图8-3 金属蛇形盘管（美国BAC）[8-10]

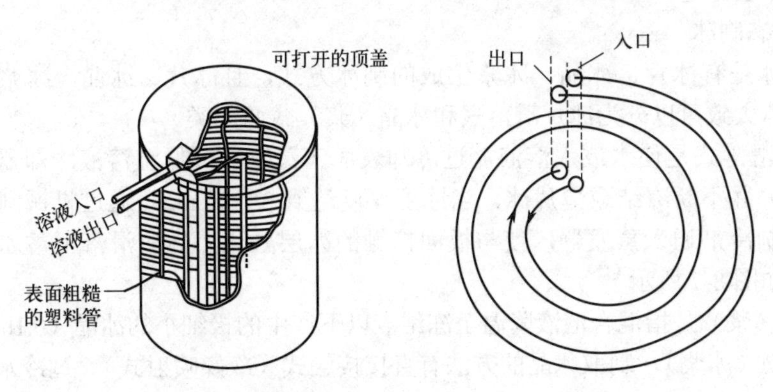

图8-4 塑料圆形盘管（美国CALMAC）[8-10]

② 封装式制冰装置是将封闭在一定形状塑料容器内的水制成冰的形式，容器沉浸在充满乙二醇溶液的储槽内，容器内的水随乙二醇溶液温度的变化而结冰或融冰。此种蓄冷装置载冷剂充注量比较大，流动阻力小。封装式制冰装置有冰球、冰板、蕊芯冰球等，如图8-6所示。

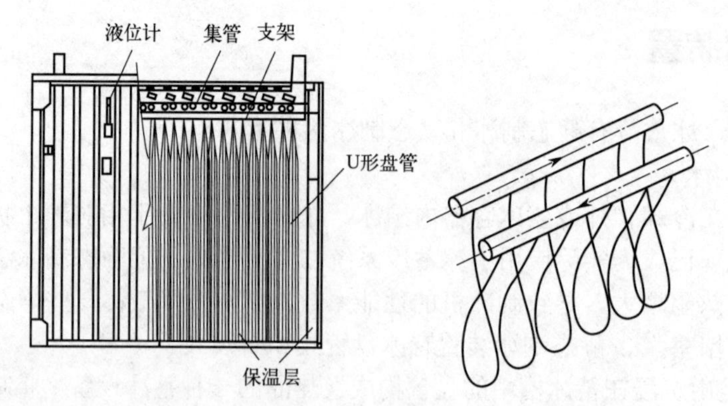

图 8-5 塑料 U 形盘管（美国 FAFCO）[8-10]

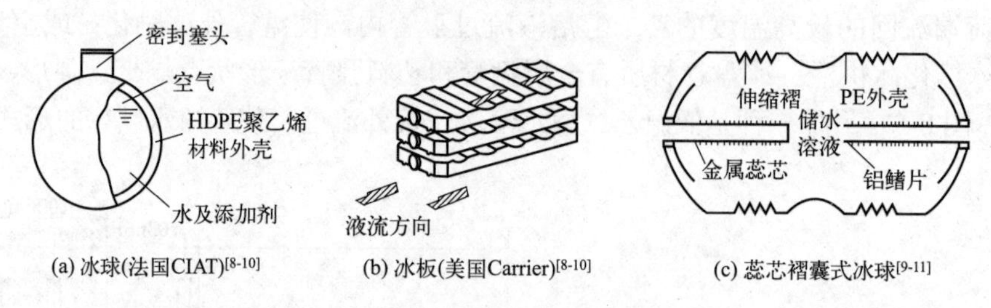

图 8-6 封装式制冰装置结构示意图

a. 冰球：封装球为硬质塑料空心球，壁厚 1.5mm，外径 95mm 或 77mm。封装球内充注水，预留约 9% 的膨胀空间，水在球中冻结蓄冷。

b. 冰板：中空冰板外形尺寸 812mm×304mm×44.5mm，由高密度聚乙烯制成，板中充注去离子水制冰，有次序地放置在卧式圆形密封罐内，冰板约占罐体积的 80%。

c. 蕊芯褶囊式冰球：由高弹性高强度聚乙烯制成，褶皱有利于适应体积变化而膨胀与收缩。中空金属蕊芯，一方面可增强热交换，另一方面起配重作用，在开放式槽体内放置时水冻结后不会浮起。

（2）动态制冰

动态制冰是有冰片、冰晶、冰浆生成的制冰方式，且冰片、冰晶、冰浆处于运动状态。动态制冰大致可以分为冰片滑落式和冰晶（浆）式两大类。

① 冰片滑落式是使水或水溶液流过冷却表面（蒸发器或低温溶液冷却器表面，圆柱形或平板形）并不断冻结成薄片冰，当冰层厚度达到 3 ～ 6mm，通过机械刮冰或四通阀把高温气态制冷剂通入蒸发器，使与板面接触的冰层融化，然后滑落至蓄冰槽内进行蓄冷。其原理如图 8-7 所示[12]。

② 冰晶（浆）是指混合溶液降温至冻结点以下产生的极细小的冰晶（0.1mm 左右）或与水的混合物（冰浆），制取冰晶的方法有直接接触式（冷媒喷射式）、过冷水式、真空式等[7,13]。

a. 冷媒喷射式（图 8-8）：由低沸点冷媒在水中蒸发产生冰晶或与水不相溶的低温高密度液体在水层边喷射而获得显热利用，从而制冰。前者可采用将一种与水不相溶的制冷剂直接通入水中蒸发制取冰浆。这种方法采用制冷剂的直接蒸发冷却，并且制冰过程没有换热器，因此系统效率较高。但由于常用的氟利昂制冷剂对大气臭氧层的破坏作用和温室效应，要求系统密封性好，防止泄漏。有关替代工质直接接触式冰浆制取技术也正在研究中[13]。

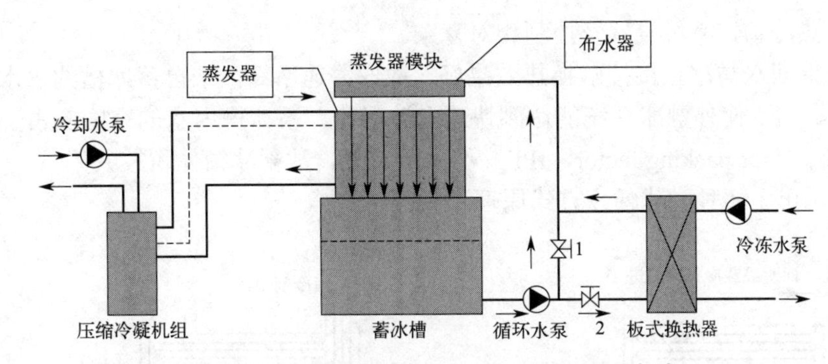

图 8-7 冰片滑落式冰蓄冷系统工作原理图[12]

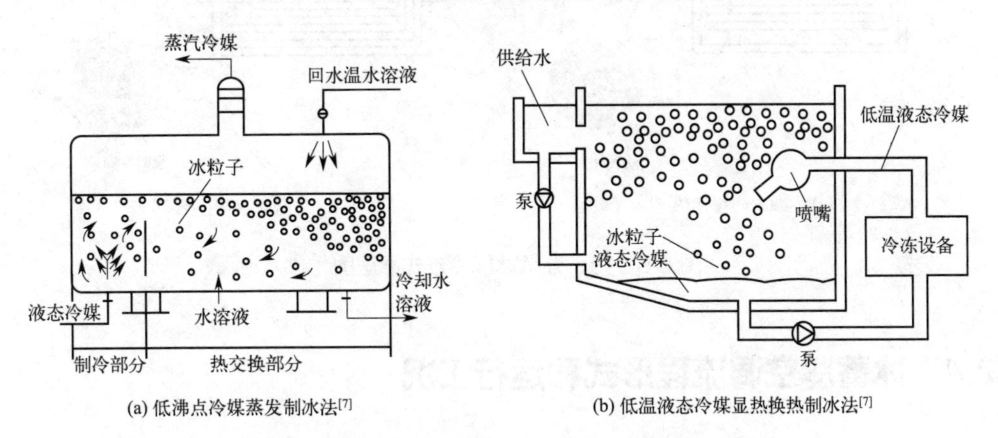

图 8-8 冷媒喷射式冰晶（浆）制取装置示意图[7]

b. 过冷水式：利用过冷却器制取过冷度为−2℃左右的水，然后流经过冷度消除装置，生成大量微小冰晶，通过滤网分离、储存实现蓄冷[13]。

c. 真空式：当饱和液态水进入真空环境，由于压力突然降低，从而水的沸点降低，导致水在真空环境下迅速蒸发，低温的液态水受冷形成冰浆。在制冰发生器蒸发腔引入搅拌喷水管，可使热交换更加充分，也有利于冰浆的分层提取[13]。

8.2.3 蓄冰装置释冷形式

（1）内融冰

内融冰是在融冰供冷过程中，来自空调负荷的回水（或载冷剂溶液）进入蓄冰盘管，由于回水温度较高，最接近盘管的冰层开始融化，随着融冰过程的进行，冰层由内向外逐渐融化，故称为内融冰。内融冰的空调回水侧是闭式系统，空调回水与冰层间接换热冷却，系统简单稳定，控制也相对简单易行。

由于冰层的密度比水小，浮力作用使得冰层在整个融化过程中与盘管表面的接触面积保持基本不变，从而保证了在整个取冷过程中，取冷水温比较稳定。

（2）外融冰

外融冰是温度较高的空调回水直接送入盘管表面结有冰层的蓄冰槽，使盘管表面上的冰层自外向内逐渐融化，称为外融冰。外融冰的空调回水侧为开式系统，空调回水与冰层直接接触换热冷却，系统设置及控制相对复杂。

由于空调回水与冰直接接触换热效果好，故取冷速率高，来自蓄冰槽的供水温度可低至1℃左右。为了使外融冰系统能达到快速融冰释冷，蓄冰槽内水的空间应占一半，即蓄冰槽的蓄冰率（ice packing factor，IPF）不大于50%，故蓄冰槽体积较大。

图8-9示出了两种融冰释冷方式原理图[14]。

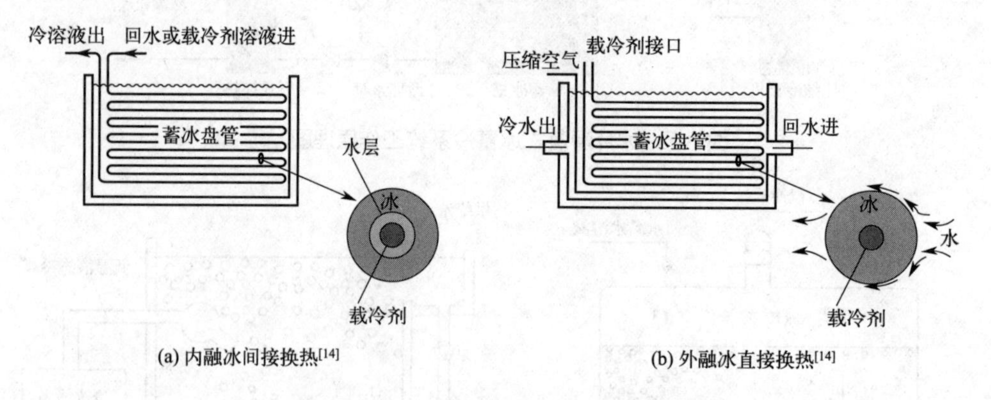

图8-9　内、外融冰释冷方式原理图[14]

8.2.4　冰蓄冷空调流程形式和运行工况

冰蓄冷空调按蓄冰槽承担全日空调负荷比例可分为全部冰蓄冷空调和部分冰蓄冷空调两种。全部冰蓄冷空调是指在夜间低谷负荷时启动制冷机制出全日负荷用冰量，在用电高峰时制冷机不工作。此方案蓄冷设备容量较大，适用于白天供冷时间较短或低谷期电价特别低廉的地区。部分冰蓄冷空调则是夜间制冷机运行储存部分冷量，仅仅补足高峰制冷负荷，并需要制冷机协同运行。此方案制冷机利用率高，蓄冷设备容量较小。由于全部冰蓄冷空调的流程形式和运行工况较简单，下面的讨论基于部分冰蓄冷空调。

（1）冰蓄冷空调流程形式

部分冰蓄冷空调在系统流程安排上可以分为制冷主机与蓄冰槽并联和串联两种供冷方式。串联系统中，根据主机与蓄冰槽在流程中的前后位置分为主机上游（制冷主机在蓄冰槽上游，空调回水先流经制冷主机）和主机下游（蓄冰槽在制冷主机上游，空调回水先流经蓄冰槽）两种情况（如图8-10[14]）。

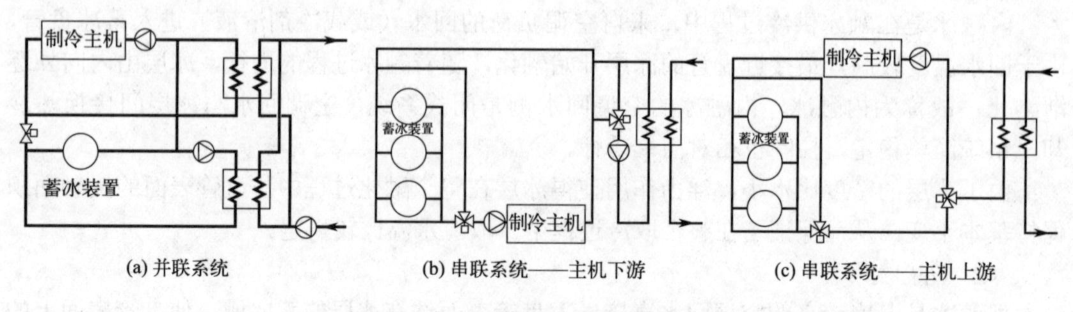

图8-10　冰蓄冷空调系统流程图（制冷主机和蓄冰槽位置关系）[14]

制冷主机和蓄冰槽并联系统可用于常规空调供水温度7℃及换热温差5～7℃的情况，优点是可以兼顾制冷主机及蓄冰盘管的容量及效率，可独自供冷，也可联合供冷。但由于制冷主机与蓄冰槽供冷量的比例分配不易控制，难以保持恒定；不能发挥蓄冰盘管低温能量的优势，且乙二醇溶液泵的流量也较大，运行能耗高，故在工程应用中采用并联系统较少，串联系统较多。

串联系统的乙二醇溶液循环温差往往可达8℃左右，循环流量比并联系统小，运行能耗也低。串联系统中，如果空调回水先流经制冷主机再流经蓄冰槽，蒸发温度较高，可获得较高的制冷主机运行效率，有利于提高系统运行性能。对于传热性能较好的钢盘管蓄冰槽来说，位于制冷主机下游可发挥其出水温度较稳定的优势，降低系统其他设备的容量，故推荐采用制冷主机上游方式。制冷主机上游串联系统还具有系统简单，结构紧凑，板式换热器换热面积及水泵功率小，蓄冰设备一次投资少，自控系统相对简单，易于控制等优点。

（2）冰蓄冷空调运行工况

为便于分析制冷（主）机的运行工况，制冷（主）机上游的串联蓄冰空调系统如图8-11所示[9,15]。

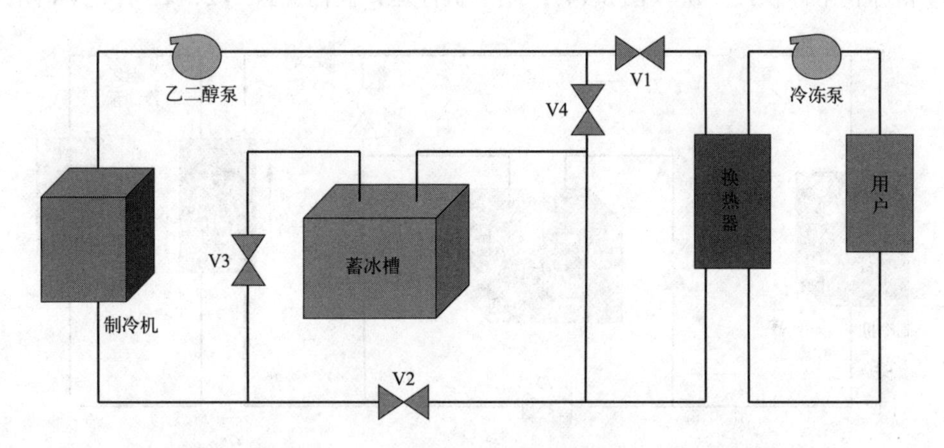

图8-11　制冷（主）机上游的串联蓄冰空调系统工况分析图[9,15]

冰蓄冷空调可有四种运行工况：制冷机蓄冰、制冷机供冷、蓄冰槽融冰供冷、制冷机-蓄冰槽联合供冷。

① 制冷机蓄冰工况（图8-12）：阀门V3、V4开，阀门V1、V2闭。

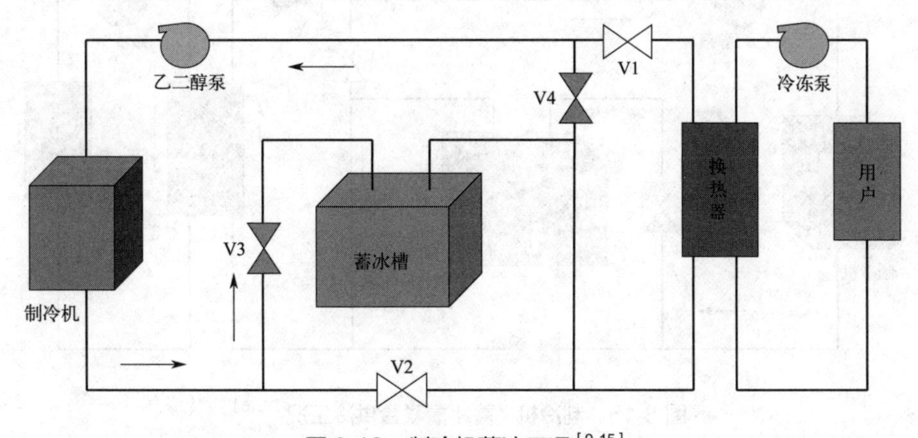

图8-12　制冷机蓄冰工况[9,15]

② 制冷机供冷工况（图 8-13）：制冷机运行，阀门 V1、V2 开，阀门 V3、V4 闭。

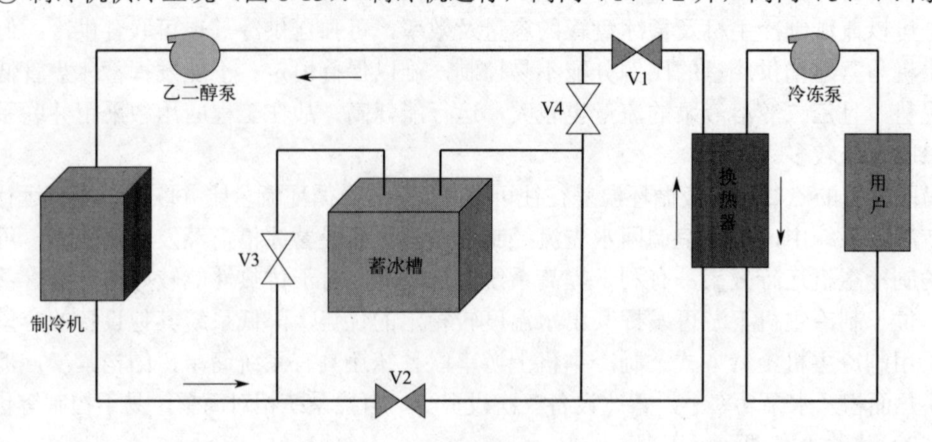

图 8-13 制冷机供冷工况 [9,15]

③ 蓄冰槽融冰供冷工况（图 8-14）：制冷机停运，阀门 V1、V2、V3 开，V4 闭。

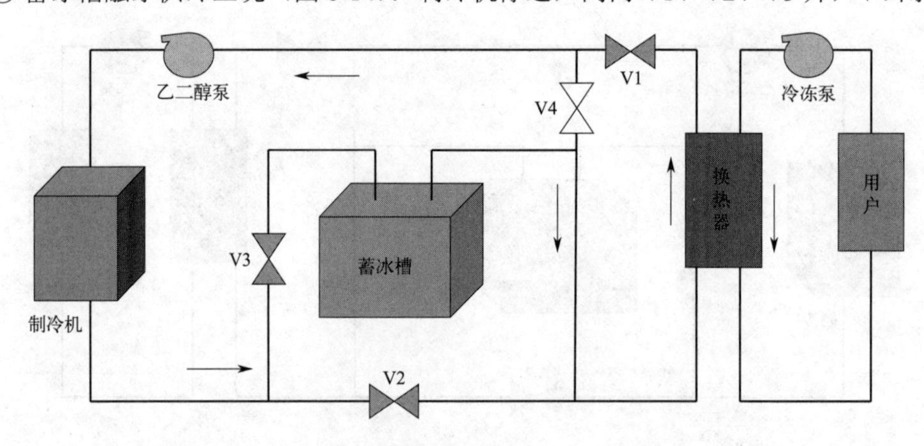

图 8-14 蓄冰槽融冰供冷工况 [9,15]

④ 制冷机 - 蓄冰槽联合供冷工况（图 8-15）：制冷机运行，阀门 V1、V2、V3 开，V4 闭。

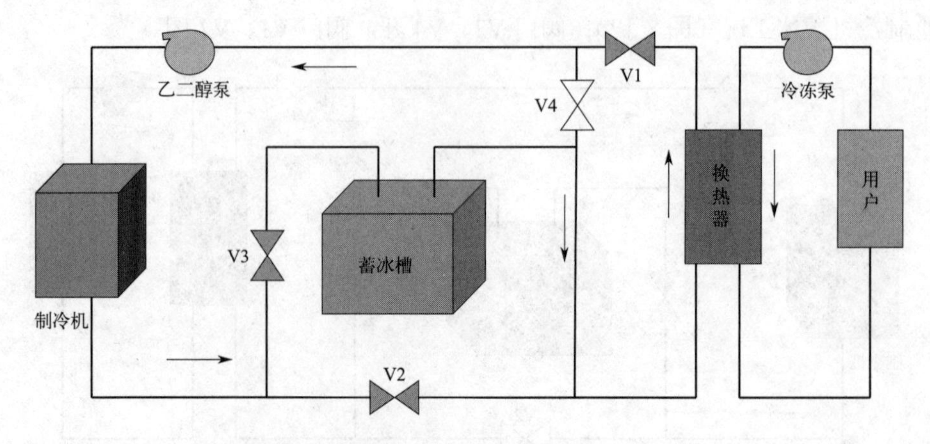

图 8-15 制冷机 - 蓄冰槽联合供冷工况 [9,15]

8.2.5 冰蓄冷空调系统设计计算

（1）设计步骤

① 确定典型设计日空调冷 / 热负荷：利用传递系数法或模拟法确定典型设计日逐时冷负荷，以及全天累计总负荷。

② 确定蓄冷系统的形式和运行策略：确定采用水蓄冷还是冰蓄冷，对于后者是采用内融冰系统还是外融冰系统。目前多采用“部分蓄冷、串联制冷主机上游、主机优先”的策略。

③ 确定制冷主机和蓄冷装置的容量：根据系统模式、流程形式以及运行策略，计算确定制冷主机和蓄冷装置容量以及蓄冷装置体积。

④ 选择其他配套设备：选定换热器、水泵、膨胀水箱、阀门等附属配套设备规格和型号。

⑤ 编制蓄能周期逐时运行图。

⑥ 经济分析：通过装置设备费与运行费的计算，求得相比于常规空调系统的投资回收期。

（2）制冷机制冷量计算

若典型设计日逐时空调负荷之和为 Q_c（kJ），制冷机白天运行 t_0（h），夜间运行 t（h），则所需制冷机容量 q_0（kW）：

$$q_0 = Q_c/[3600(t_0 + t)] \tag{8-1}$$

若单台制冷机容量为 q_c，则所需制冷机台数：

$$n = q_0 / q_c \tag{8-2}$$

（3）蓄冰槽的体积

蓄冰槽蓄冷量 Q_{ic} 为：

$$Q_{ic} = Q_c - 3600q_0t_0 \tag{8-3}$$

则蓄冰槽的体积为：

$$V = Q_{ic}/(\rho_w c_w \Delta T + \rho_1 H_{m1} \times IPF) \tag{8-4}$$

式中，c_w 为水的比热容，kJ/（kg · K）；ρ_w 为水的密度，kg/m^3；ΔT 为蓄冰槽中水的利用温差，10 ～ 12℃；ρ_1 为冰的密度，kg/m^3；H_{m1} 为冰的融化热，kJ/kg；IPF 为蓄冷槽的蓄冰率，%。

8.3 其他蓄冷技术 [16-20]

主要介绍共晶盐蓄冷、气体水合物蓄冷和吸附蓄冷技术。

8.3.1 共晶盐蓄冷

共晶盐，又称优态盐（eutectic salt），是在一定温度凝固的无机盐、水、促凝剂和稳定剂等组成的混合物。如 Transphase 公司研制的基于 $Na_2SO_4 \cdot 10H_2O$ 和 $MgCl_2 \cdot 6H_2O$ 的共晶盐[16]，相变温度 t_m=8.3℃，潜热 H_m=95.36kJ/kg，密度 ρ=1489.6kg/m^3。共晶盐可密封在高密度聚乙烯外壳中，呈板状（200mm×100mm×15mm）或球状（70～100mm）。国内谢奕等[17]开发了以 $Na_2SO_4 \cdot 10H_2O$ 为主要成分的蓄冷共晶盐（图 8-16），其中混入 12% NH_4Cl 和 4% KCl，并加入 3% $Na_2B_4O_7 \cdot 10H_2O$ 作为成核剂、2% 的羧甲基纤维素（carboxymethyl cellulose，CMC）作为增稠剂，测得相变温度 t_m=10.8℃，H_m=85.1kJ/kg。

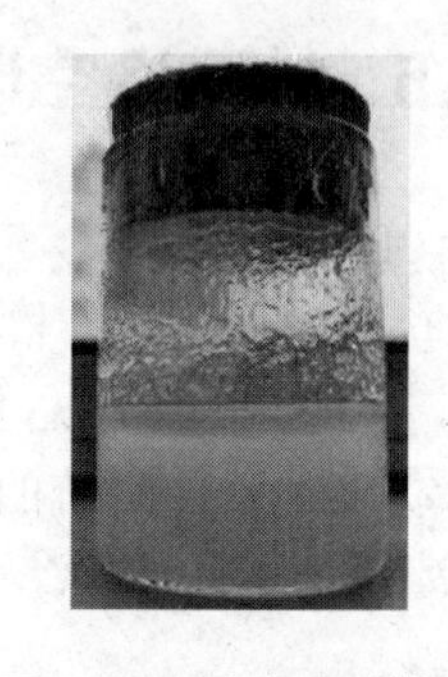

图 8-16 十水硫酸钠为主成分的蓄冷共晶盐[17]

共晶盐蓄冷的优点是：利用相变温度在 4～12℃的共晶盐进行高温相变蓄冷，克服冰蓄冷蒸发温度低的弱点，提高制冷机效率约 30%；与现有空调系统易配合，适用于改建传统空调系统为蓄冷空调系统。其缺点是：蓄冷密度低，约只有冰的 27%；多次循环使用易老化；有腐蚀性；蓄放热速率较低。

8.3.2 气体水合物蓄冷

气体水合物是由某些气体（或易挥发液体）与水在一定温度和压力条件下形成的包络状晶体，作为客体的气体或液体分子被水分子结成的晶格网络包围在中间，潜热在 270～465kJ/kg 之间变化，与冰相当。其蓄冷原理方程式为

$$m\text{A}（气体）+ n\text{H}_2\text{O}（液体）\rightleftharpoons m\text{A} \cdot n\text{H}_2\text{O}（晶体）$$

制冷剂蒸气如早期的 CFC11、CFC12 以及替代工质的 HFC134a、HFC152a、HCFC142b 等与水作用时能在 5～12℃、1～3 个大气压（1 大气压 =101325Pa）下形成水合物。为适应环境保护的要求，一些替代水合物如四氢呋喃（THF）水合物、四丁基溴化铵（TBAB）水合物以及二氧化碳水合物等应运而生。

由于目前使用的大多数有机制冷剂难溶于水，在生成水合物过程中存在诱导时间长、过冷度大、生长速率慢等问题。水合物的快速均匀生成成为关键问题。目前常用的促晶措施有：机械扰动、磁场 / 超声波作用、添加纳米粒子、引射器等。

8.3.3 吸附蓄冷技术

用固体作吸附剂，气体作制冷剂，形成吸附工质对，利用吸附剂的化学亲和力进行气体吸附。在对气体进行吸附时系统压力下降，蒸发器中液体不断蒸发为可吸附气体，蒸发过程吸热实现制冷。通过外加能量（如太阳辐射）使吸附质得以解吸，利用吸附质的气液相变潜热把冷量储存起来，如此反复进行即可实现蓄冷。

常用的吸附剂有沸石、活性炭、硅胶、氯化钙和氯化锶等，吸附质（蓄冷剂）有水、甲醇、氨等。常用的吸附 - 制冷工质对为：沸石分子筛 - 水、活性炭 - 甲醇、氯化钙 / 氯化锶 - 氨、硅胶 - 水等。图 8-17 给出沸石太阳能吸附式制冷机的工作原理图[20]。吸附蓄冷具有蓄冷密度大、设备体积小、节省空间和降低投资等优点。

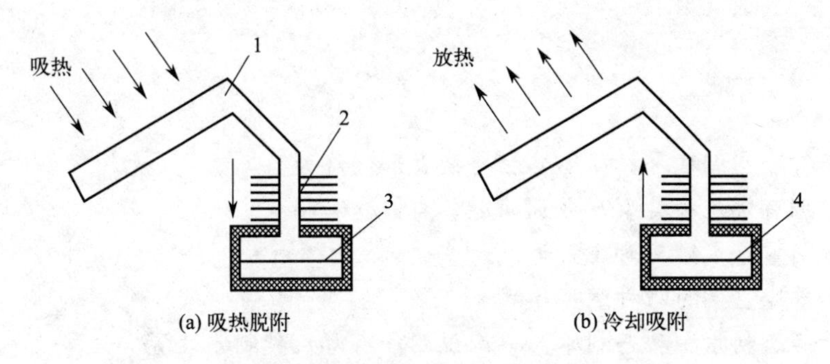

图 8-17 沸石太阳能吸附式制冷机的工作原理图[20]

1—沸石；2—冷凝器；3—储水箱；4—蒸发器

参考文献

[1] 方贵银，邢琳，杨帆．蓄冷空调技术的现状及发展趋势．制冷与空调，2006（01）：1-5.

[2] 王如竹．制冷学科进展研究与发展报告．北京：科学出版社，2007：287-325.

[3] 马明星，李德军，刘润宝，等．土壤源热泵与水蓄能复合空调系统探讨．安装，2020（09）：52-55.

[4] 殷亮，刘道平．自然分层水蓄冷技术．暖通空调，1997（01）：50-53.

[5] 于晓磊，张红，刘莉馨，等．水蓄冷系统在公共建筑节能改造中的应用．暖通空调，2021，51（10）：98-103.

[6] 李莉．水蓄冷空调特点与系统模式．2013 年福建省暖通空调制冷学术年会论文集，2013：175-179.

[7] 张寅平，邱国佺．冰蓄冷研究的现状与展望．暖通空调，1997（06）：25-30.

[8] 吴坤．空调用新型立式封装板蓄冰设备的研究与开发．天津：天津大学，2006.

[9] 方贵银．蓄冷空调工程实用新技术．北京：人民邮电出版社，2000.

[10] 吴喜平．蓄冷技术和蓄热电锅炉在空调中的应用．上海：同济大学出版社，2000.

[11] 阿迪尔 M S，朱华，赵敬德，等．双金属蕊芯冰球相变传热性能影响因素分析．化学工程，2000（05）：2，21-24.

[12] 张云川，万丽娜，韩泓仁，等．板冰 - 冷水机组在中央空调蓄冷工程中的应用．制冷与空调，2010，10（06）：89-93.

[13] 朱煜，陈国邦．动态制冰技术研究进展及实验．制冷空调新技术进展——第三届制冷空调新技术研讨会论文集，2005：392-396.

[14] 杨光，胡仰耆，郑乐晓．盘管式内、外融冰系统技术运用差别分析．暖通空调，2010，40（06）：5，76-81.

[15] 樊栓狮，梁德青，杨向阳．储能材料与技术．北京：化学工业出版社，2004.

[16] 郭茶秀，魏新利．热能存储技术与应用．北京：化学工业出版社，2005.

[17] 谢奕，史波，冯叶．空调用共晶盐蓄冷材料的增稠特性实验研究．建筑节能，2020，48（4）：9-13，32.

[18] 姬利明，祁影霞，欧阳新萍．制冷剂气体水合物用于蓄冷空调中的探讨．低温与超导，2010，38（11）：58-62.

[19] 李军，朱冬生，方利国，等．吸附蓄冷技术的研究与开发．流体机械，2003，31（10）：51-53.

[20] 周广英，朱冬生，吴会军．吸附式制冷工质对的研究进展．制冷，2004，23（3）：28-31.

思考题

1. 什么是蓄冷空调技术？简述其社会效益和经济效益。
2. 蓄冷空调有哪几种类型？分别简述各自概念和特点。
3. 举例说明蓄冷水罐有哪几种形式。
4. 简述水蓄冷空调的四种运行模式。
5. 什么是静态制冰和动态制冰？举例说明各有哪几种制冰装置。
6. 融冰释冷有哪几种方式？各有什么特点？
7. 冰蓄冷空调按制冷主机与蓄冰槽的相对位置关系有哪几种流程形式？
8. 结合简图说明制冷主机上游的串联蓄冰空调系统的四种运行模式。
9. 冰蓄冷空调系统的设计步骤有哪些？
10. 什么是蓄冰率？怎样计算蓄冰槽的冷量和体积？
11. 什么是共晶盐蓄冷？其特点是什么？
12. 举例说明吸附式蓄冷系统的吸附剂和吸附质有哪些。

第九章 其他领域的热储存技术

本章基本要求

掌　　握：空间太阳能热动力发电系统储热装置工作原理（9.1）；电子设备和电池相变储热温控原理（9.2）；相变储热纺织品调温机理（9.3）；储冷冰箱、相变储热电热水器以及相变储热电暖器的工作原理（9.4）；储热助力汽车冷启动及余热回收的原理（9.5）；储热用于生物组织热调节 / 热防护原理和方法（9.6）；农产品和食品的太阳能干燥中储热应用原理和方法（9.7）。

理　　解：空间太阳能热动力发电系统储热装置组成（9.1）；电子设备和电池相变储热温控装置组成（9.2）；相变储热调温纺织材料及制备方法（9.3）；储冷冰箱、相变储热电热水器以及相变储热电暖器的构成（9.4）；储热提升座舱热性能及冷藏车性能的原理和方法（9.5）；生物医学制品的储存或运输中储冷装置原理和方法（9.6）；相变材料在农产品和食品冷藏中应用原理和方法（9.7）。

了　　解：空间太阳能热动力发电系统组成（9.1）；电子设备和电池热管理方式（9.2）；相变储热调温纺织品 / 服装的应用方法及性能（9.3）；储冷冰箱、相变储热电热水器以及相变储热电暖器的性能（9.4）；汽车用储热装置结构及性能（9.5）；生物医学领域的热储存装置性能（9.6）；农产品和食品领域储热装置结构及性能（9.7）。

热能储存技术已广泛应用于生产生活的各个方面，除前面几章所述领域外，本章介绍航天、电子设备及电池热管理、纺织服装、家用电器、汽车工业、生物医药及农产品和食品领域中的热储存技术。

9.1 航天领域的热储存技术[1-3]

9.1.1 空间太阳能热动力发电系统

随着空间应用对电力需求的进一步增大，高效空间电源系统显得非常重要。相对于太阳能光伏电池阵列的光电转换效率较低、蓄电池需经常运行而成本较高的缺点，太阳能热动力发电系统（solar dynamic power system，SDPS）具有能量转换效率高、质量和迎风面积小的优点，且随着用电功率的增加可大幅降低运行成本。

空间太阳能热动力发电系统主要包括四大部件：集热器（聚集太阳辐射能）、吸热/储热器（吸热、储热并加热工质）、辐射器（散热温控）和能量转换单元（热机和发电机），如图 9-1 所示。其工作原理为：在日照期，抛物面型集热器将太阳光聚集起来，反射到吸热器腔体内，一部分热量用来加热循环工质，其余热量被储热介质储存起来。到阴影期时，储热介质释放热量加热循环工质，升温后进入能量转换单元，在涡轮内膨胀做功，推动涡轮旋转，带动发电机发电。膨胀后冷却的循环工质经回热器释放热量给来自压气机的工质，经过辐射器进一步散热降温后经压缩机压缩、回热器预热，再次进入吸热器，完成一个循环工作过程。

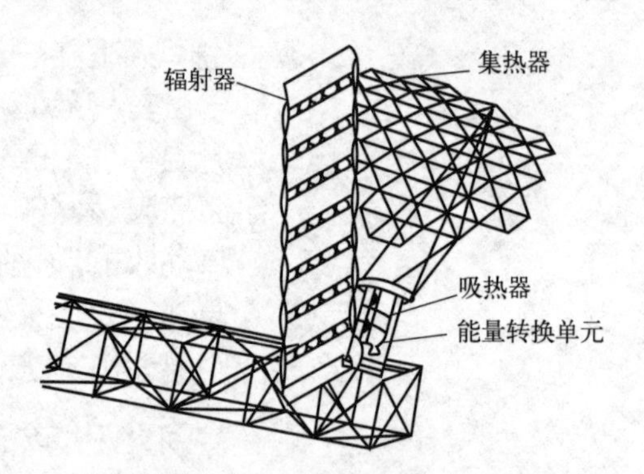

图 9-1 空间太阳能热动力发电系统装置外形图[1,2]

9.1.2 储热材料和装置

由于航天器在轨运行时要经历阴影期，储热装置是太阳能热动力发电系统在阴影期仍能正常工作的关键部件。如第三章所述，在显热、潜热、化学热三种储热技术中，显热储热密度较低，化学热储存技术尚待成熟，同时受热机循环温度（700℃以上）的限制，目前实际可用于空间太阳能热动力系统的是高温相变潜热储热。

适合于空间太阳能热动力发电系统的相变材料，要求其相变温度高出循环最高温度 30 ～ 50℃，有较大的相变潜热、密度和热导率，而相变时体积变化要小，热稳定性好，有兼容的容器材料，腐蚀性小，便宜易得。目前主要包括氟盐及其共晶混合物和金属及合金等。其中金属材料的缺点是比热容小，在高温下腐蚀率较高，难以找到合适的容器材料。当前研究且应用最多的是氟盐及其共晶混合物，如 LiF、LiF-CaF_2 等。但氟盐的缺点是相变时体积变化大和热导率较低，会导致阴影期容器内形成空穴，进入日照期后空穴处的容器外壁温升很快，形成局部高温区，即所谓的“热斑”（thermal spots）；而没有空穴的部位，与容器壁面接触的相变材料熔化体积膨胀，周围受限于固态相变材料，会挤压外壁出现“热松脱”（thermal ratcheting）现象。“热斑”和“热松脱”都会形成较大的热应力，影响储热容器安全稳定工作。如目前常用的 80.5%LiF-19.5%CaF_2（摩尔分数）熔点为 1040K，潜热为 794.55kJ/kg，但凝固收缩率可达 22%。表 9-1 给出该相变材料的热物性[3]。

表 9-1　相变材料 80.5LiF-19.5CaF_2 的热物性[3]

组成（摩尔分数）	80.5% LiF，19.5% CaF_2	组成（摩尔分数）	80.5% LiF，19.5% CaF_2
熔点	1040K	固态热容（熔点时）	1.851kJ/（kg · K）
熔化热	794.55kJ/kg	液态热容（熔点时）	1.977kJ/（kg · K）
固态密度（熔点时）	2674.77kg/m^3	固态热导率（熔点时）	6.086W/（m · K）
液态密度（熔点时）	2098.17kg/m^3	液态热导率（熔点时）	1.739W/（m · K）

太阳能热动力发电系统的吸热器集吸热、储热于一身，其结构先后有球形、蜂腰双锥形，到现在的圆柱腔形吸热器（如图 9-2），因其结构简单而广为采用。圆柱腔的内壁周向均匀分布多支换热管（图 9-2 中 PCM/ 工质导管），换热管间以及与圆柱腔内壁都有一定的间隔，在腔体内壁上有一层由 Ni 和 Al 箔构成的绝热层，将能量从壁面反射到换热管面上，这些设计使得换热管热流在圆周分布比较均匀。换热管内为循环工质，每根换热管上焊接套装 24 个相变材料储罐，相邻储罐间用陶瓷纤维纸垫片隔开（如图 9-3），这样减少了空穴的集中分布，储罐的侧壁也增强了径向换热，且单个储罐的损坏对整体性能影响不大，提高了系统的可靠性。换热管的两端汇集起来分别连接吸热器两头的工质入口和出口导管。吸热器的前端为石墨挡板，以保护集流总管和吸热器支撑件等免受强烈入射太阳光的破坏，挡板的中间为入射窗，而腔体另一端是封闭的。整个吸热器外面用多层保温材料绝热。

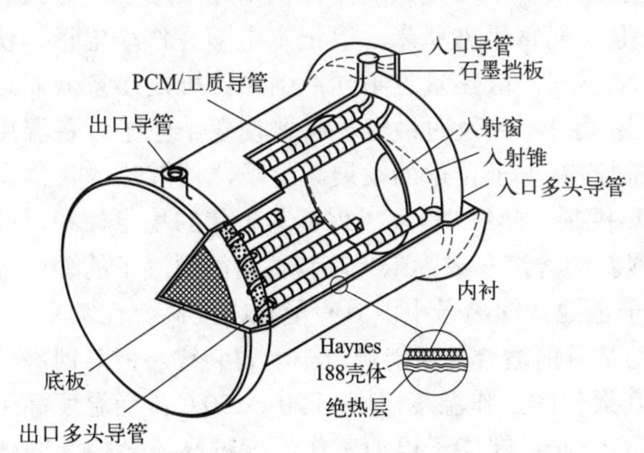

图 9-2　吸热 / 储热器结构图[1,2]

换热管、储罐以及吸热器壳体的材料需满足与相变材料的相容性以及相应温度下的热应力要求，并且易于加工成型和焊接。NASA 早期采用铌锆合金（Nb-1%Zr），后来改用钴基合金 Haynes188 作为壁面材料，试验证明效果良好。此外，Ni 基合金 Inconel 617 可作为一种替代材料。

吸热 / 储热器的工作过程是：在日照阶段，由聚光器反射到吸热器内的太阳能除加热循环工质外多余的热能由相变材料（PCM）吸收，PCM 部分或全部由固相变为液相；当进入轨道阴影期时 PCM 由液相变为固相释放潜热以加热循环工质，从而保证热机连续供电。

为适应各种空间任务，一些新型吸热 / 储热器设计相继出现，如堆积床式吸热器、直接吸收式吸热器、热管式吸热器（包括环形热管吸热器、二次热管吸热器以及腔热管吸热器等），相关介绍可参见文献［1］。

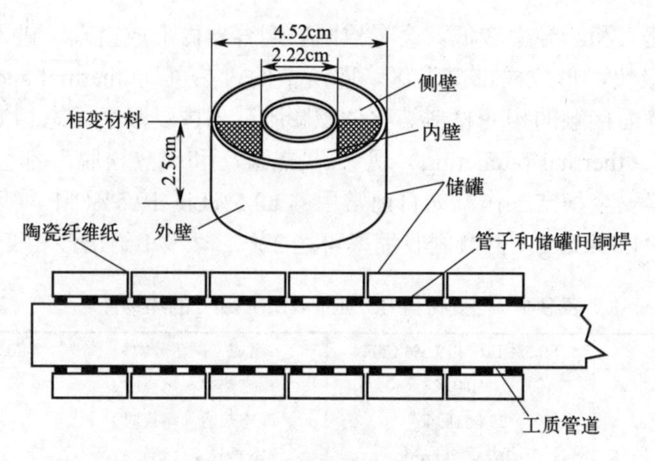

图 9-3　吸热器内的换热管和储热容器结构[3]

9.2　电子设备及电池热管理中的热储存技术[4-8]

随着电子及通信技术的迅速发展，高性能芯片和大规模集成电路的使用越来越广泛。电子器件芯片的集成度、封装密度以及工作频率不断提高，而体积却逐渐缩小，导致芯片的热流密度迅速升高，可达几百甚至上千瓦每平方厘米。笔记本电脑、移动电话、快速充电器等在不同的工作条件下，其功率不同，散热量也不同，例如待机发热量低而运行时发热量大，瞬间温升快，如果这些热量得不到及时散发，将致使整个电子设备温度升高，甚至烧坏。抗热冲击和散热问题制约着电子技术的发展。电子器件散热的目的是对电子设备的运行温度进行控制（或称热控制、热管理），以保证其工作的稳定性和可靠性。同样，在“双碳”目标背景下，发展新能源汽车成为未来趋势。新能源汽车的动力来源主要有氢燃料电池、铅酸电池和锂离子电池。锂离子电池具有能量密度高、比功率大、自放电率低和循环寿命长等优点，被认为是目前适合的新能源汽车动力装置。但是锂离子电池在充放电过程中受温度影响很大，其最佳的工作温度范围为 20 ～ 50℃。当温度高于 50℃时，锂离子电池的功率和容量会明显降低。锂离子电池工作温度过高还会使其固体电解质界面（solid electrolyte interface，SEI）膜发生分解，从而引发热失控，甚至导致燃烧、爆炸等事故。当温度低于 0℃时，电池的内阻增大，放电电压降低，还会产生锂镀，电池的充放电容量和循环寿命都会大幅衰减。因此，不管是电子器件还是锂离子电池，在运行中都要保证它们在最佳温度范围内工作，称之为热控制或热管理，其是不可或缺的部分。

目前最为常用的热管理方式是空冷和液冷等主动式系统，但这样的热管理系统需要风机、泵等附件，不但增加系统的体积，而且消耗额外的能量。而相变储热具有储热密度高，吸、放热过程近似等温的特点，其用于电子设备和电池系统的热管理，具有结构紧凑、性能可靠、经济节能等优点，随着相变储热技术的发展，其应用越来越广。

9.2.1 相变储热在电子设备热管理中的应用

（1）电子设备相变储热温控过程与原理

不同类型电子设备的热管理，相变储热温控过程不同。对于具有短时高发热特性的电子设备，当电子设备在短时间内产生大量热量时，PCM 通过吸热熔化储存热量，使电子设备温度在短时间内维持恒定或维持在规定的范围内。当电子设备不发热时，PCM 有足够长时间凝固释放热量以恢复其初始状态，为下一次的相变储热做好准备。对于具有间歇发热特性或处于波动温度环境下的电子设备，其相变储热温控是当电子设备处于高发热或高温环境下，PCM 通过熔化储存热量，维持电子设备温度在某一温度以下，防止温度过高。而当电子设备处于低发热期或低温环境下，PCM 通过凝固释放热量，维持电子设备温度在某一温度以上，防止电子设备温度过低，即控制电子设备的温度波动幅度。

（2）电子设备温控相变储热材料

用于电子设备温控的相变储热材料的选择与电子设备的类型、发热特点（如功率、应用场合）以及许用温度等有关，有机和无机相变材料均有应用。常用的有机相变储热材料有石蜡类（十八烷、二十烷等）、脂肪酸类（硬脂酸、月桂酸、棕榈酸等）和多元醇类（聚乙二醇、丙二醇）等，无机相变储热材料有水合盐类（六水氯化钙、六水硝酸镁等）以及金属（比如 Wood's 金属，50Bi/27Pb/13Sn/10Cd）等，相变储热材料各物性可参见第三章。相变储热材料的相变温度应低于电子设备的许用温度并考虑一定的传热温差，如许用温度为 35℃，选择相变储热材料的熔点为 28℃，对于 7.5W 的组件测试 3h 内工作温度范围在 18 ～ 32.3℃ [7]。

由于许多相变储热材料特别是有机相变储热材料的热导率小，在实际应用中需添加或填充高热导率材料如石墨、金属泡沫、金属肋片或蜂窝、纳米颗粒等构成复合相变储热材料，以提高传热能力，可参见第三章介绍。

（3）电子设备相变储热温控装置

固液相变储热材料需要用一定外形的容器封装以防泄漏，并与被控温物体外形相匹配，构成相变（储热）温控装置。相变温控装置主要由相变材料、封装容器和导热增强体（填料）三部分组成。图 9-4 示出典型的相变温控装置 [6]，庚烯相变材料均匀分布在铝蜂窝孔中，外部用铝容器封装。该相变温控装置底部与电子器件连接，当电子器件工作发热时，热量传递至铝容器内的相变材料使其受热熔化，维持在相变温度附近直至完全变为液态，从而控制电子设备的工作温度在正常范围。

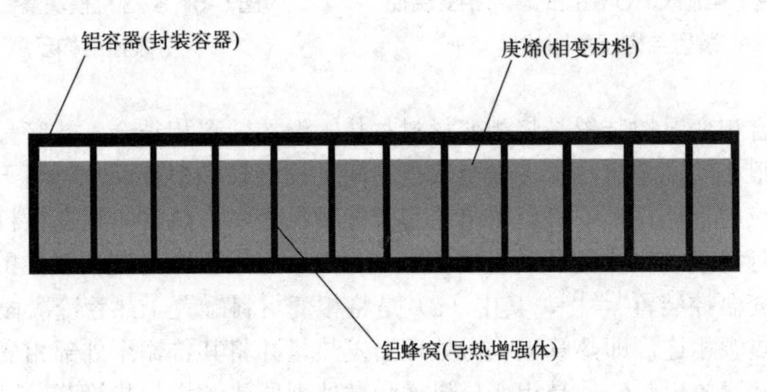

图 9-4 典型相变温控装置示意图 [6]

相变温控属于被动温控方式，对于具有复杂发热特性或处于复杂温度波动环境下的电子设备温控，单纯依靠相变温控方式只能满足一定时间段内温度要求，对于长时间间歇发热或温度波动环境条件，还须结合主动温控方式，如附加风扇来冷却持续高温的相变材料使其凝固。图 9-5 示出一种用于台式电脑 CPU 的温控装置[6,8]，将 Wood's 金属（50Bi/27Pb/13Sn/10Cd）填充到铝散热肋片的空腔中，然后在肋片上端安装风扇组成复合相变温控装置。

另外一种复合形式是将相变温控装置作为主动系统的辅助温控装置，即当多芯片模块（multi-chip module，MCM）处于瞬态高发热状态时或主动液冷温控系统发生故障时，相变温控装置为芯片模块提供足够长时间的热保护。Pal 和 Joshi 提出两种复合相变温控结构如图 9-6 所示[6,9]。其中温控装置 A 是相变材料放置在各芯片模块之间，与冷却通道不接触；温控装置 B 是相变材料放置在芯片模块的基座和冷却通道之间，与冷却通道接触。当芯片模块出现高发热状况时，相变温控装置中的相变材料吸收短时产生的大量热量，延长其温度达到工作温度上限时间。

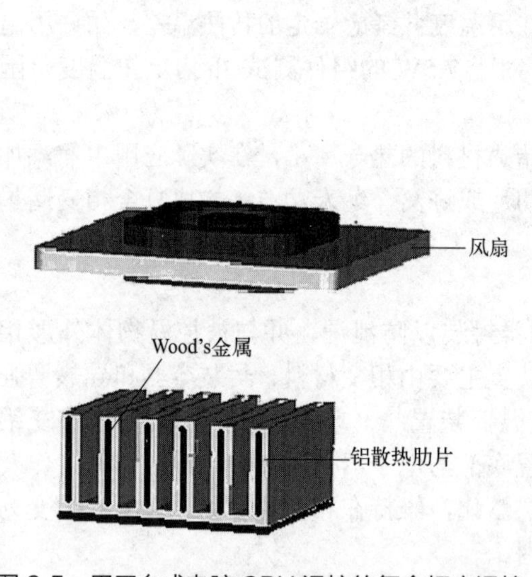

图 9-5 用于台式电脑 CPU 温控的复合相变温控装置结构示意图[6,8]

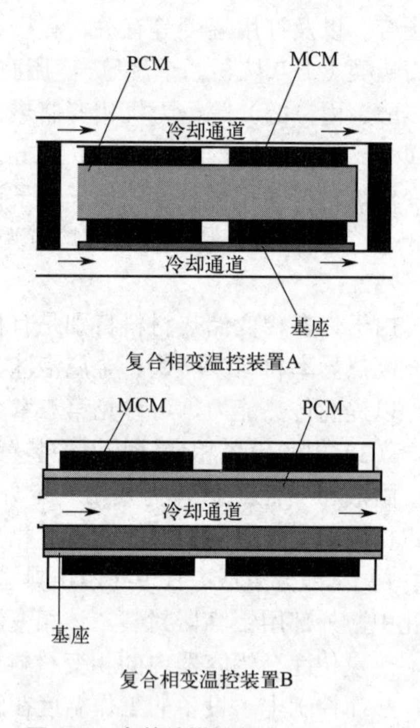

图 9-6 多芯片模块复合相变温控装置结构示意图[6,9]

第三种复合相变温控装置是将相变材料与热管温控装置相结合。热管具有良好的热输运性能，即以很小的温差将热量传递至远处空间且没有泵功消耗，故可用于冷却高功率芯片，并已广泛应用于计算机、笔记本电脑和智能手机之中。热管与相变材料结合可显著降低电子设备运行温度，大大延长运行时间。图 9-7 示出用于微处理器温控的两种热管 - 相变材料复合相变温控装置[10,11]，其中（a）是将相变材料罐置于热管冷凝段，而热管蒸发段与微处理器热源相连，即热管吸收微处理器发热量并将其传输至外部相变材料罐储存起来，之后再从储罐放出；（b）是相变材料罐和微处理器热源均与热管蒸发段相连，即热管将吸收的热量向远处输送，通过带肋冷凝段向外部环境散热。

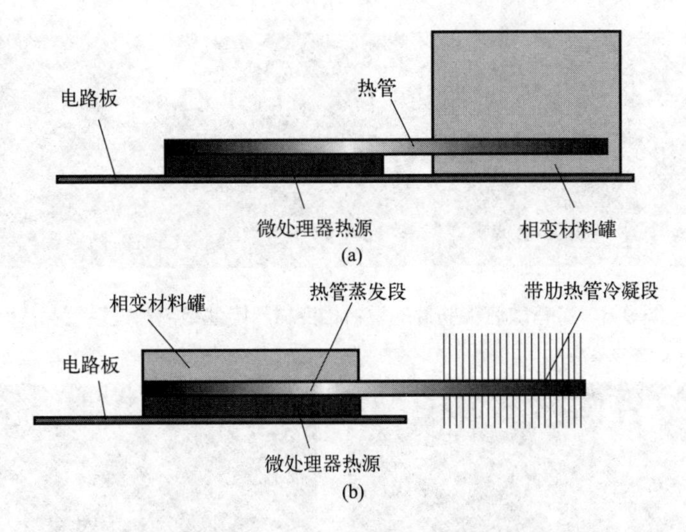

图 9-7　热管 - 相变材料复合相变温控装置的两种形式 [10, 11]

9.2.2　相变储热在电池热管理中的应用 [12]

锂离子电池的最佳工作温度范围为 20 ～ 50℃，温度过高或过低都会影响其充放电容量和循环寿命，因此电池热管理存在高温热管理和低温热管理两种。与电子器件温控装置类似，也有被动式（热管、相变材料）和主动式（空冷、液冷）热管理系统之分。本节讨论基于相变材料储热的主动式、被动式电池热管理及二者结合的耦合式热管理系统 [12]。用于电池热管理的相变材料与电子设备温控相变材料类同，对于电池最佳工作温度为 50℃以下，相变温度可在 40 ～ 45℃之间。相变材料及相关物性可参见第三章，此处不再赘述，仅介绍基于相变材料储热的电池热管理装置。

（1）被动式电池热管理装置

基于相变材料储热的被动式电池热管理装置主要是在电池周围包裹相变材料，类似于电子设备温控的情形，可在相变材料中加入石墨、金属（铜、铝等）泡沫、金属翅片等构成复合相变材料，不仅提高了热导率，同时由于添加材料的多孔性缓解了相变过程的泄漏问题。复合相变材料热导率的提高可以降低电池间的温差，提高电池组的温度均匀性。图 9-8 示出了带有散热铝肋（翅）片的复合相变材料电池组热管理装置 [13]，复合相变材料采用膨胀石墨 EG+ 石蜡 PA（相变温度 44℃）+ 低密度聚乙烯 LDPE，加入低密度聚乙烯不仅增强了力学性能而且很大程度上防止了石蜡的泄漏，而铝肋片则提高了电池组热管理装置的表面传热能力。实验结果表明即使在 3.5C 倍率极端放电条件下，锂离子动力电池组也能工作在安全温度 50℃以下且温差在 5℃以内。

图 9-9 示出一种将相变材料层与电池间隔布置成“三明治”结构的锂离子电池热管理装置 [14]。实验结果表明，采用空气自然对流的热管理不能满足锂离子电池的安全要求，而使用纯 PCM 可以显著降低表面温度并将温度保持在允许范围内。铜泡沫 - 石蜡复合相变材料进一步降低了电池的表面温度，有效热导率的提高使得温度分布更均匀。此外，电

池表面温度随金属泡沫的孔隙率和孔密度的增加而增加。

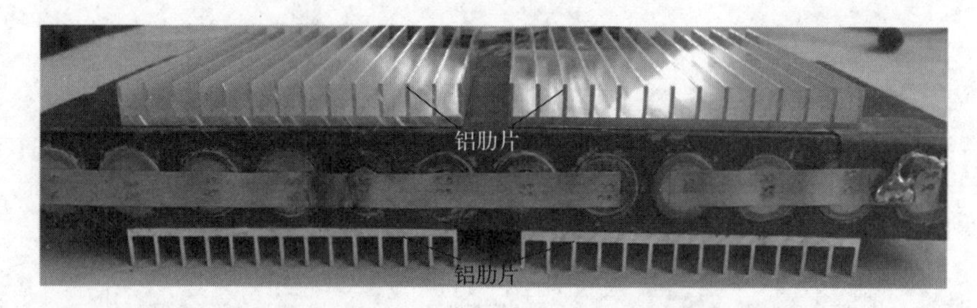

图 9-8　带有散热铝肋片的复合相变材料电池组热管理装置[13]

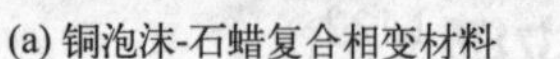
(a) 铜泡沫-石蜡复合相变材料　　(b) 纯相变材料

图 9-9　“三明治”结构锂离子电池组相变储热热管理装置[14]

同样，对于电池组的低温热管理，采用相变材料包裹电池，其潜热可以有效地延缓电池温度下降，提高电池组的温度均匀性，但是无法对电池组预热。一种应对方法是基于导电复合相变材料电加热策略或利用水合盐过冷条件下触发凝固释热来加热电池[12]。

（2）主动式电池热管理装置

主动式热管理系统通过换热介质将电池产生的热量带走从而冷却电池，主要分为空气冷却和液体冷却两种形式。相比于空气，液体具有更大的对流换热系数及比热容，因此液体冷却具有更好的冷却效果。一种思路是利用潜热型功能热流体（functionally thermal fluid）替代液冷系统的水作为冷却液体可以提高冷却效果。潜热型功能热流体是一种将储热流体和传热流体合二为一的新型工质，是通过将细微相变材料（微、纳米级）添加到普通工作流体中所得到的功能流体，主要有相变微胶囊浆液及相变乳液等。相变微胶囊浆液是将微米或纳米胶囊分散在水中制备得到的相变液浆；相变乳液是将相变材料通过表面活性剂直接乳化分散在连续相液体中，具有成本低、制备方法简单的优点。潜热型功能热流体比水具有更大的比热容且可以发生相变，有效提高换热系统的传热和输热能力，从而输配管道直径可相应减小。

相变微胶囊浆液或相变乳液与微通道冷却板结合，可用于锂离子电池冷却。其高潜热特性可以提高电池热管理系统的冷却能力，但由于黏度高，当冷却流量增大时，相变微胶囊浆液及相变乳液的冷却效率降低，泵功耗增大。另外其本身还存在易团聚、分层，过冷度大及不稳定等缺点亟须解决。图 9-10 示出一种纳米相变乳液（nano phase change material emulsion，NPCME）的结构及其用于微通道液冷板的电池热管理系统[12,15]。该纳米相变乳液中石蜡的相变温度为 44℃，质量分数为 10%，纳米石蜡粒子尺寸在 335 ～ 360nm。

在 9C 倍率放电情形下，使用纳米相变乳液的电池组最高温度和最大温差分别为 46℃和 3.5℃，比水冷系统电池组分别低 3.5℃和 1.3℃[12,15]。

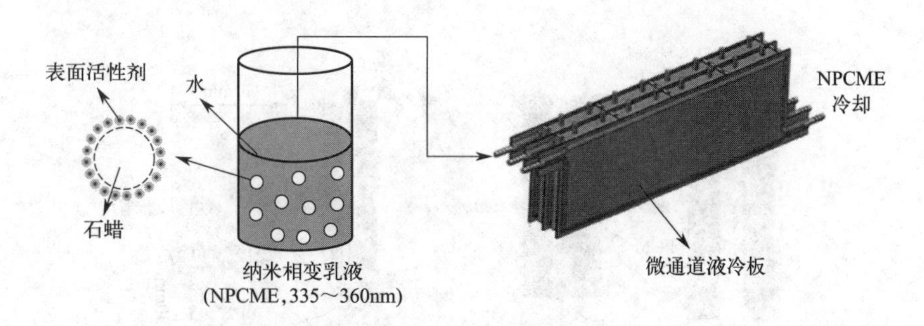

图 9-10 纳米相变乳液的结构及其用于微通道液冷板的电池热管理系统示意图[12,15]

（3）耦合式电池热管理装置

在相变材料被动式热管理系统中，相变材料吸收了电池的热量后如果无法及时地将热量导出外界环境中，熔化后将使其控温能力丧失，最终导致电池温度突破安全上限。一种解决方法类似于 9.2.1 小节电子设备的情形，通过与热管蒸发段相连，再通过热管冷凝段加肋（翅）片以空气自然对流或强制对流方式将热量散发到环境中，使相变材料降温恢复控温能力，或使空气直接与相变材料板进行强制对流换热将热量散出。另外一种方法是液冷技术与相变材料耦合的热管理系统，其有着更好的冷却性能。图 9-11 示出一种相变材料与水冷通道耦合的电池热管理系统。在该系统中，将水冷小直径通道嵌入复合相变材料中组成相变水冷板，然后将该相变水冷板与棱柱电池组成三明治结构的电池组，如图 9-11 所示[12,16]。该电池组结构紧凑，水冷通道与相变材料之间有较大的换热面积。相比于没有水冷通道情形，相变材料 / 水冷通道耦合的电池组温度降低了 14.8℃。然而，微通道结构易导致压降增大，从而泵功耗上升，流道尺寸太小还更容易造成堵塞等问题。随着电池放电倍率的增大，冷却通道的尺寸宜适当增大。

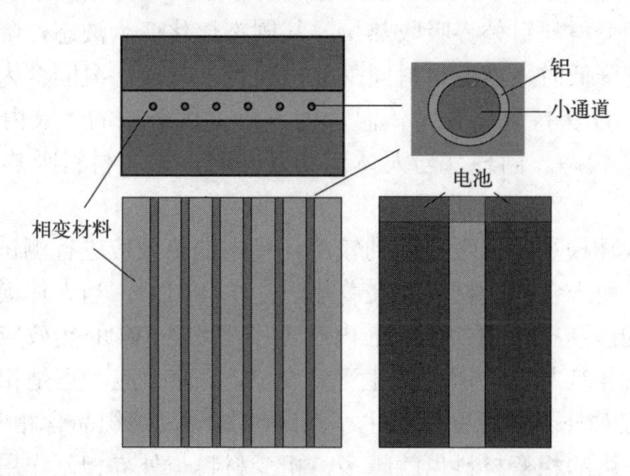

图 9-11 相变材料与水冷通道耦合的电池热管理系统[12,16]

还有一种方法是采用液冷板与相变材料分离的方式，如图 9-12 所示[12,17]。相变材料作为电池与液冷板之间的导热介质，将电池产生的热量储存起来，再通过电池组底部的液冷板将热量散走。这样的结构降低了液冷板与电池电极接触的可能性以及当液体泄漏时发生短路的风险。同时，当单体电池发生热失控时，该结构还能有效地延缓或抑制热失控的蔓延[12,17]。

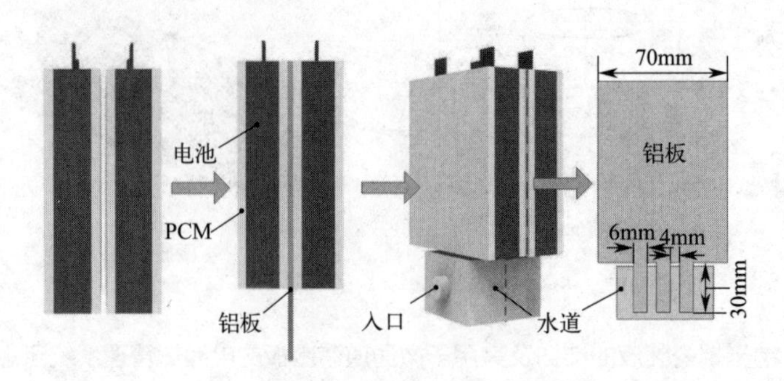

图 9-12 相变材料与液冷板分离的电池热管理装置[12,17]

9.3 纺织服装领域的热储存技术

相变材料和纺织材料结合，制成相变储热调温纺织品/服装，可以在环境温度变化时，维持人体表面微气候区域内的热平衡，满足人体对热舒适性的需求。

9.3.1 相变储热纺织品调温机理[1,18-20]

相变储热调温纺织品是以各种方式把相变材料加入纺织品中，利用相变材料在熔化/凝固相变过程近等温条件下吸收/释放大量潜热使其具备储热调温功能，这不同于普通织物利用滞留静止的空气热导率小而导致的保温/绝热效果。当含有相变材料的纺织品所处外界环境温度升高时，相变材料自外界吸收热量，从固态熔化变为液态，降低了体表温度；反之，当外界环境温度降低时，相变材料向外放出热量，从液态凝固变为固态，减少了人体向周围放出的热量，以保持人体正常体温，为人体提供舒适的“衣内微气候”环境，使人体始终处于热舒适状态。同理，当人体运动发热时，相变材料吸热熔化以维持较恒定体温。

Shim 等[20]对人体模型从较暖环境到较冷环境中的热效应进行测试，含相变材料的衣着热阻是 1.57CLO，而未含相变材料的衣着热阻是 1.48CLO。当人体模型从热环境到冷环境后，含相变材料的服装在最初的 15min 内产生了平均 6.5W 的热效应；人体模型从冷环境到热环境中时，含相变材料的服装产生平均 7.6W 的凉效应。正是相变材料近等温条件下的这种吸放热效应对外界环境变化产生了热缓冲效果，纺织品含相变材料的数量越多，同一时间内，能起作用的相变材料也就越多，相变材料与外界相互作用的过程就越长，引起温度调节的效果越明显，穿着者热舒适感觉时间就越长。图 9-13 示出了相变纺织材料的热调节原理图[21,22]。

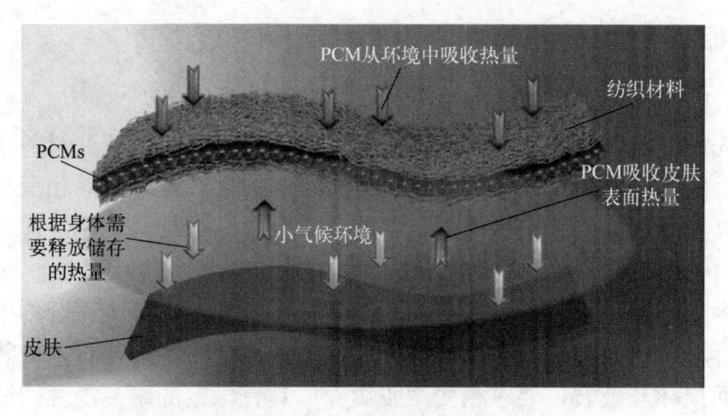

图 9-13　相变纺织材料的热调节原理图[21,22]

9.3.2　储热调温纺织品相变材料的选择[1,18,23-25]

储热调温纺织品相变材料相变温度的确定与人体热舒适温度以及所处环境温度有关。当人体处于热平衡时，感觉舒适的皮肤平均温度是 33.4℃，若温度范围超过 ±4.5℃，人体将有冷暖感[23]。基于此温度范围，在不同气候条件下适合纺织服装使用的相变材料的三种相变温度范围[18,24]：18.33 ～ 29.44℃，用于严寒气候；26.67 ～ 37.78℃，用于温暖气候；32.22 ～ 43.33℃，用于大运动量和炎热气候。在此温度范围的无机相变材料有水合盐如十水硫酸钠、六水氯化钙、十二水磷酸氢二钠等，有机相变材料如石蜡、脂肪酸、醇类等，还有强化传热型复合相变材料。

将相变材料直接应用于纺织材料可有较高焓值，但在使用过程中相变材料易发生泄漏、腐蚀和相分离等问题，降低了其使用价值，故纺织品中的相变材料大多采用微胶囊形式。相变微胶囊（micro-encapsulated phase change material，MEPCM）是通过物理或化学方法在相变材料表面构建一层稳定的壳，制备出具有核壳结构的微尺寸胶囊。纺织服装所用微胶囊的直径一般在 0.001 ～ 0.1mm。相变微胶囊芯材为上述相变材料，囊壁材料为无机或有机高分子材料。无机壁材有无机盐如硅酸钙等，也可以用金属作微胶囊的壁材。有机高分子壁材可以使用脲醛树脂、蜜胺树脂、聚氨酯、聚甲基丙烯酸甲酯和芳香族聚酰胺等[25]。有时为了提高囊壁的密闭性或热、湿稳定性，可将几种壁材联合使用。常用的相变微胶囊制备方法有原位聚合法、溶胶 - 凝胶法、复凝聚法、界面聚合法、喷雾干燥法等，具体可参见第三章介绍。

9.3.3　相变储热调温纺织材料的制备[21]

郭制安等[21]比较全面地综述了相变储热调温纺织材料的制备方法，主要分为相变纤维制备法和后整理法。相变纤维制备法又分为纺丝法和中空纤维填充法，其中纺丝法包括微胶囊熔融纺丝法、微胶囊溶液纺丝法、静电纺丝法和相变材料复合纺丝法。后整理法可分为填充法、表面整理法（涂层法、印花法和浸轧法）和接枝法。下面简要介绍各种方法的制备工艺、特点和相应的纤维材料。

9.3.3.1 相变纤维制备法

（1）纺丝法

纺丝法是先将纤维聚合物熔化为液态或制成溶液态，再加入相变材料或相变微胶囊获得共混物，最后经过纺丝加工制得相变纤维。纺丝法的优点是纤维对相变材料起到了包裹保护作用，提高了纺织品的耐洗涤性。缺点是步骤烦琐，对材料及设备有一定的要求。

① 微胶囊熔融纺丝法

微胶囊熔融纺丝法是将相变微胶囊加入熔体状态下的纺织纤维聚合物中，再经过机器加工制成相变纤维。该方法的优点是方便、环保，无需使用溶剂，技术成熟。缺点是相变微胶囊受高温而损坏与破裂，要求相变微胶囊壳体具有一定的耐高温性，适用于熔点低于分解温度的物质。工艺流程如图 9-14 所示[21]。

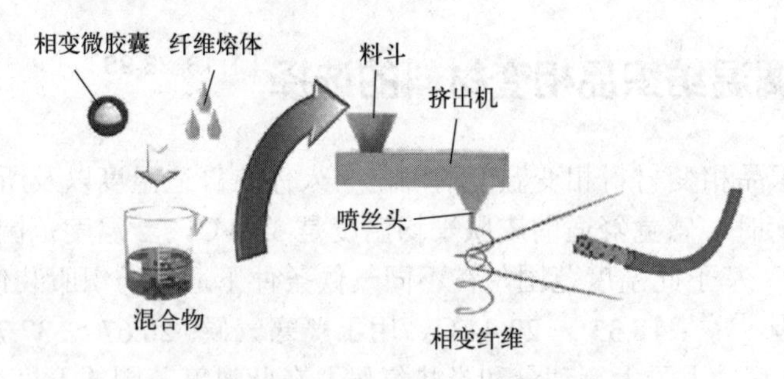

图 9-14　微胶囊熔融纺丝工艺流程[21]

② 微胶囊溶液纺丝法

微胶囊溶液纺丝法是借助溶剂将相变微胶囊和纤维聚合物混合成溶液，再通过纺丝设备制出相变纤维。该方法的优点是制备出的相变纤维聚合物中微胶囊分布均匀。缺点是生产成本高，工艺复杂，溶剂使用后不便回收，易对环境造成污染。工艺流程如图 9-15 所示[21,26]。

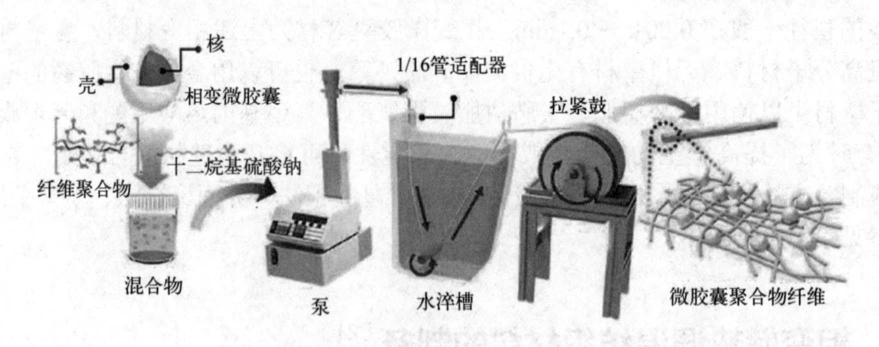

图 9-15　微胶囊溶液纺丝工艺流程[21,26]

③ 静电纺丝法

静电纺丝法是利用静电排斥力在高压电场下将聚合物溶液形成喷射细流，制备出超细纤维（几微米到几十纳米）。该方法的优点是设备操作简单和环保，但是热导率低，可在支撑材料中添加导热性能优异的碳基材料、金属材料及纳米粒子。该方法限于实验室小批量制备，且对溶液电导率有一定的要求，还存在用电安全和生产效率低等问题。工艺流程如图 9-16 所示[21]。

④ 相变材料复合纺丝法

相变材料复合纺丝法是直接将相变材料而非相变微胶囊加入纤维聚合物熔体或溶液中，再通过纺丝工艺，使纤维聚合物在相变材料表面沿纤维轴向形成连续皮层来获得相变纤维。常用离心纺丝工艺来进行纺丝，是通过将纺丝溶液注入旋转的喷丝头之中，借助高速旋转产生离心力，当离心力大于溶液表面张力时，溶液穿孔喷丝固化形成相变纤维。相变材料复合纺丝法的优点是可增加相变纤维中 PCM 的含量，从而提高纤维的储热性能。但 PCM 含量过高会导致可纺性降低，纤维不易成型。此外，相变纤维出现破损或断面时，相变材料易大量泄漏，降低纺织品使用性能。离心纺丝工艺流程如图 9-17 所示[21]。

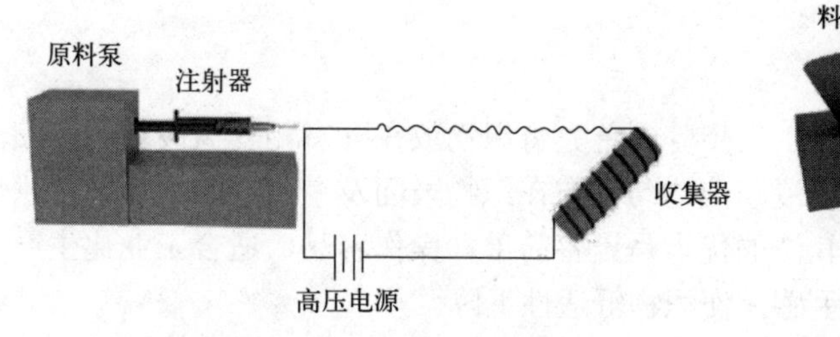

图 9-16 静电纺丝法工艺流程[21]

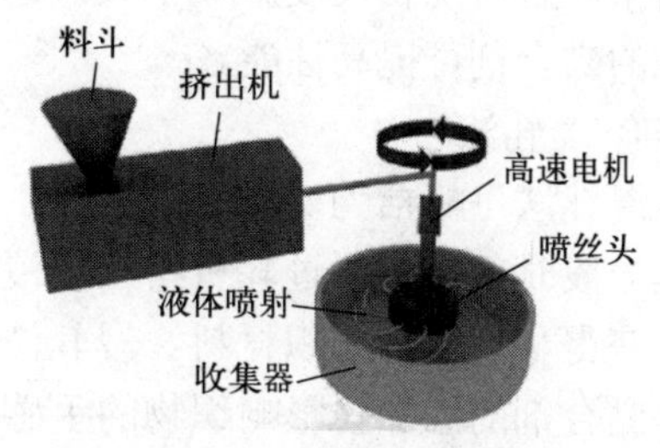

图 9-17 离心纺丝工艺流程[21]

（2）中空纤维填充法

中空纤维填充法是在天然、合成或纺出的中空纤维中填充相变材料，从而赋予纤维储热特性。中空纤维填充法的优点是相变纤维中相变材料分布均匀，且纤维焓值较高，储热性能较好。缺点是不能选用力学性能较差的中空纤维，否则易造成纤维破损而导致相变材料泄漏。一般选用木棉纤维、黏胶纤维和聚丙烯酸酯纤维等，这些纤维具有较高的力学性能，可以有效防止 PCM 泄漏。工艺流程如图 9-18 所示[21]。

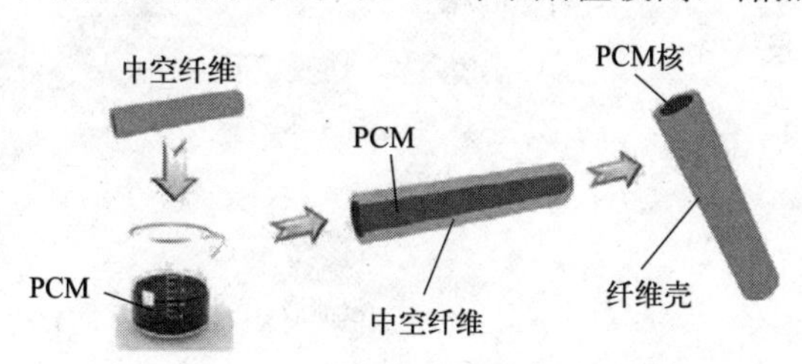

图 9-18 中空纤维填充法工艺流程[21]

9.3.3.2 后整理法

后整理法是借助相变材料对织物进行加工整理，赋予织物调温功能。后整理法可分为填充法、表面整理法和接枝法。

（1）填充法

填充法是将制备好的相变材料或相变微胶囊密封装好，形成相变包或相变袋，再将其添加到织物内层，得到相变调温纺织材料。填充法的优点是方法简单，成本低廉。缺点是局部填充会造成织物表面凹凸不平，降低织物舒适度。此外，密封袋材料对相变材料储热性能影响也很大。

（2）表面整理法

表面整理法是通过常规染整工艺将相变微胶囊与织物结合获得相变调温纺织材料，根据染整工艺可将表面整理法分为涂层法、印花法和浸轧法。

① 涂层法

涂层法是将相变微胶囊加入制备好的涂层液（通常含有黏合剂）中，借助刮刀将液体均匀涂抹在织物表面，通过黏合作用将相变微胶囊固定在织物上，烘干后便可获得相变调温纺织材料。涂层法操作简单便捷，易于实现工业化。但是，经涂层整理后的织物表面性能会有所下降，耐洗涤性能较差。近年来，发泡涂层技术被广泛应用，通过添加发泡剂形成泡沫对织物涂布进行整理，不但降低了工艺成本，还使织物手感和外观均比较好，且透气性强。

② 印花法

印花法是借助丝网、滚筒和数码喷墨机将相变微胶囊整理到织物表面特定的位置，其中丝网印花应用最为广泛。印花法可结合图案制作个性化织物，一次成型，节约能源和降低污染，且对织物硬度影响不大，织物透气性好。缺点是印花织物耐洗涤性能较差，加入复配的黏合剂可提高性能。

③ 浸轧法

浸轧法可概括为“浸→轧→烘”三步骤。首先将织物放在含有相变微胶囊的浸渍液中浸泡一段时间，再通过轧机挤压使浸渍液均匀分布在织物表面及空隙中，最后通过烘焙干燥，获得相变调温纺织材料。浸轧法的优点是设备简单，操作容易，适合工业化生产。缺点是黏合剂的添加会影响织物的手感，使织物舒适性下降。

表面整理法各工艺流程如图 9-19 所示[21]。

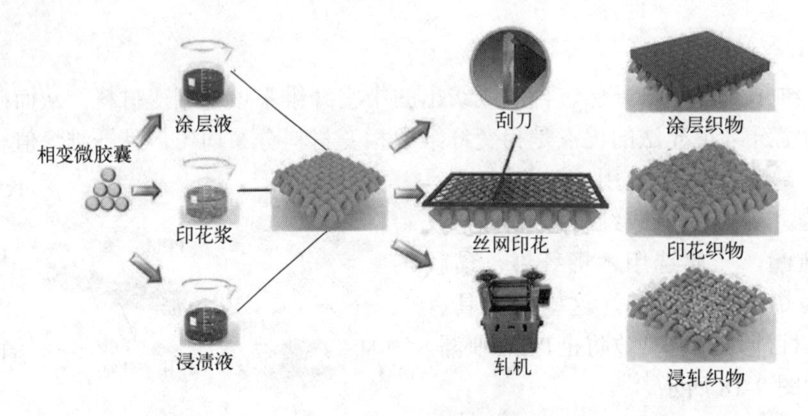

图 9-19　表面整理法工艺流程[21]

（3）接枝法

接枝法是在特殊条件下通过化学改性将相变材料与织物聚合物接枝或交联，从而使相变材料稳定存在于织物聚合物骨架上，获得良好的热稳定性和耐洗涤性，但是制备工艺相对复杂，有时还得加入交联剂来促进反应。

作为示例，图 9-20 给出两个相变微胶囊调温纺织材料的扫描电镜图片[27]。

9.3.4　相变储热调温纺织品 / 服装的应用及性能

相变储热调温纺织材料可被加工成各类纺织品和服装，应用于不同环境条件，起到保暖、降温和防护的作用。本节举例简要介绍其在室内纺织品和户外服装中的应用。

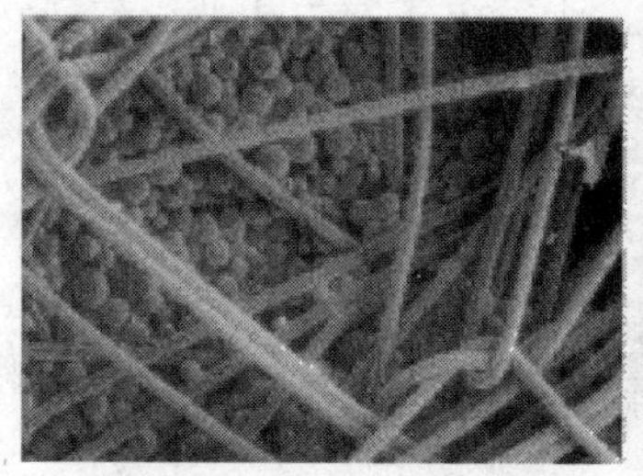
(a) 涂敷在织物表面的相变微胶囊

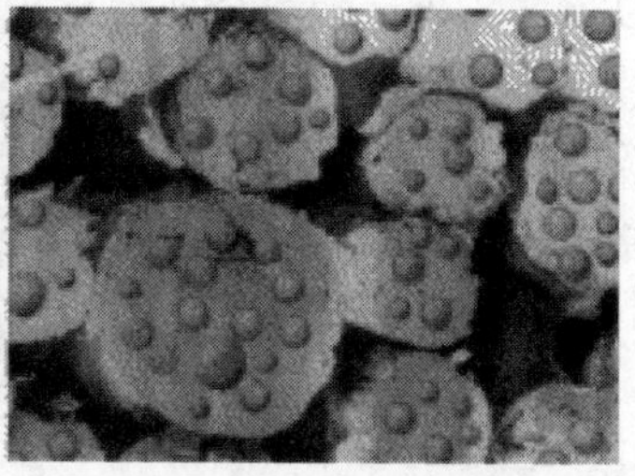
(b) 嵌入纤维中的相变微胶囊

图 9-20 相变微胶囊调温纺织材料扫描电镜图[27]

（1）相变储热调温室内纺织品的应用及性能

相变储热调温纺织品可被做成毯子、羽绒被、床垫、枕套、窗帘和座椅垫等，用于室内和人体温度调节。例如含相变微胶囊的座椅垫可以改善座位的热舒适性。由于人坐在椅子上时从身体通过座位散向环境的热量和水汽减少，体表微环境内温度和湿度上升。在座椅垫中加入相变材料，可以吸收多余的热量，防止温度升高，使微环境保持在恒定的舒适温度。

Pause[28] 比较了有、无相变微胶囊座椅垫的热舒适性，如图 9-21 所示。测试结果表明，在测试开始的 10min 内添加相变材料的座椅垫中微环境的升温显著低于普通座椅垫，随实验时间推移，含相变材料座椅垫微环境温度在较低的温度上保持恒定而普通座椅垫温度持续升高。另外，相变材料的降温效应也引起微环境湿度的降低。不含相变材料座椅垫其湿度在 1h 内上升了 25%，而含相变材料座椅垫的微环境湿度仅提高了 7%。

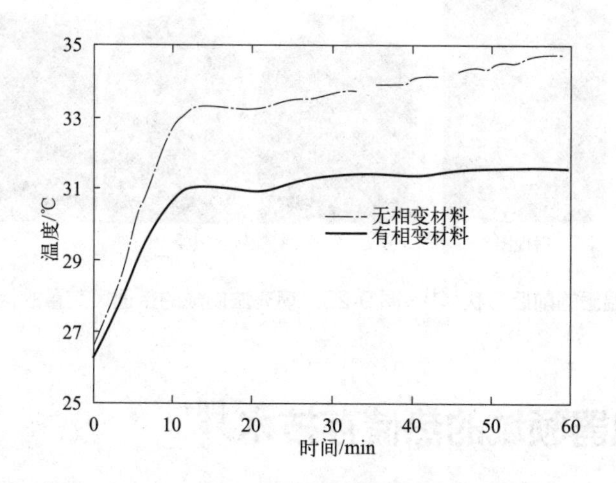

图 9-21 坐在有、无相变微胶囊座椅垫时微环境的温升[28]

还可以把储热（冷）材料封装在棒状或袋状容器内做成储冷棒和取暖袋，调节人体局部温度。储冷棒是将储冷剂封装在一棒状容器内，然后置于冰箱中储冷，用于身体头、胸等部位释冷，可起到防暑降温的作用。取暖袋是将储热剂（三水醋酸钠，$NaC_2H_3O_2 \cdot 3H_2O$）封装在一塑料袋或容器内，于室温下发生相变，放热达半个小时以上。其原理是利用三水醋酸钠溶液的过冷效应储热，使用时触动金属弹片，产生的振动诱发过冷溶液结晶释放潜热。可通过在开水中加热反复使用，是一种取暖的生活用品。

（2）相变储热调温服装的应用及性能

相变储热调温纺织材料可以做成消防、医用、防寒等各类用途的防护服，以及大衣、长裤、背心、夹克、手套、袜帽等户外服饰用品，起到保暖、降温和防护作用，以维持体表微环境温度恒定。

张寅平等[29]利用相变材料研制成功了医用降温服（如图 9-22 所示）。医用降温服采用铠甲式设计，上部设置若干口袋，可根据热舒适性要求灵活放置降温袋，简单、方便和舒适。降温服使用相变温度为 27℃、潜热为 190kJ/kg 的 TH-27 复合相变材料，测试时环境温度为 30℃，相对湿度为 50%。测试 2h 的结果表明由于降温服的作用，受试者的体表温度处于 33 ～ 34℃的区间范围，热感觉保持在 0.5 ～ 2℃之间，医用降温服具有良好的降温效果和热舒适度。

Zhao 等[30]进一步开发了带通风装置的相变调温背心（图 9-23），总重 1.26kg。该背心内层选用了高透气网状间隔布，便于空气在皮肤表面流通，提高了背心的透气性；外层采用尼龙塔夫绸，以防止空气泄漏到外部环境。背心表面经过紫外处理，具有优异的抗紫外性能。8 片相变材料位于胸腹及背部，相变温度 28℃，潜热 131kJ/kg。通过在背心下部添加两个风扇装置（锂电池供电），增强了皮肤表面的蒸发和对流，提高了相变调温背心的降温性能。在温度 37℃、相对湿度 60% 的气候室内测试的结果表明，在高温潮湿的环境下穿戴这种相变调温背心可显著降低工作人员的体温和心血管压力，有效降低热应激效应，对建筑工人免受高温侵害和提高劳动生产率具有实际意义。

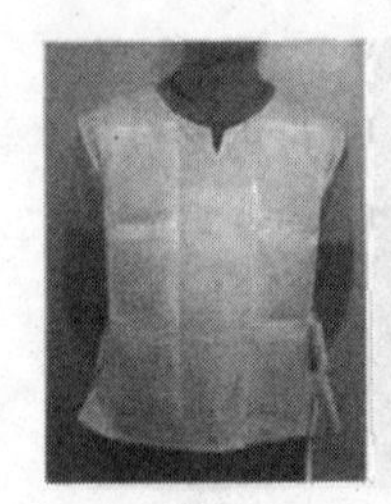
前视图

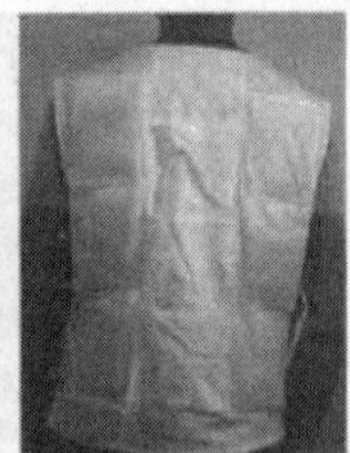
后视图

图 9-22　医用降温服的前后形状[29]

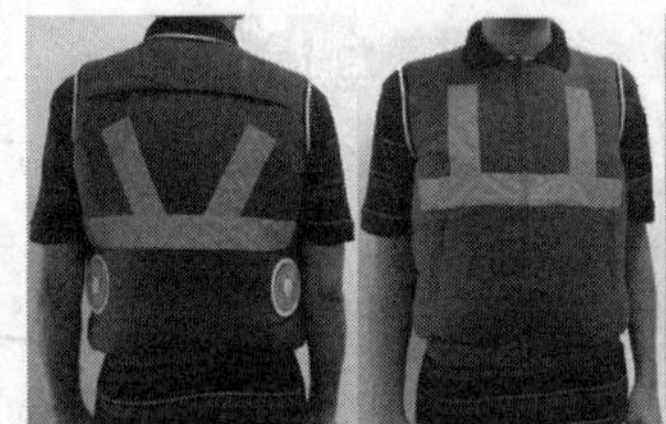

图 9-23　填充法制成的带通风装置的相变调温背心[30]

9.4　家用电器领域的热储存技术[31]

储冷和储热技术在家用电器中的应用日益广泛，本节仅举例介绍储冷冰箱、相变储热电热水器以及相变储热电暖器等应用的原理和方法。

9.4.1 储冷冰箱[31,32]

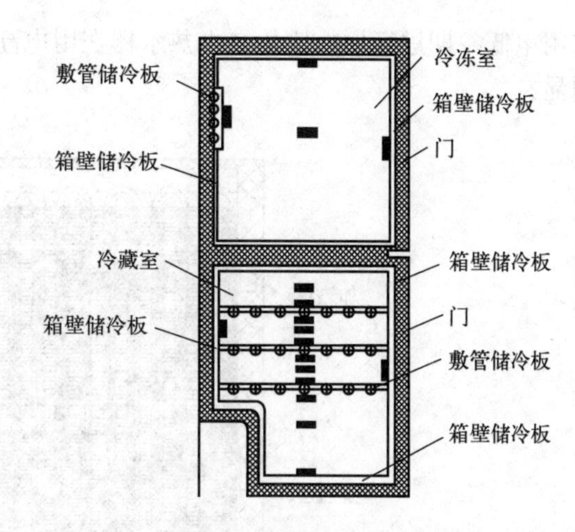

图 9-24 储冷冰箱内部结构（黑色长方形为测试热电偶布点位置）[32]

传统冰箱采用定速压缩机，其制冷起停频率越高，无用功耗越大（启动电流大，是额定电流的4～6倍）。使用变频压缩机，可以降低此损失，但对于冰箱这样的小功率家电成本较高。

如图 9-24 所示[32]，分别在冷藏室和冷冻室的蒸发管上紧贴薄型敷管储冷板，在各自内壁敷设薄型箱壁储冷板，可在不影响冰箱内部温度的情况下降低压缩机启停频率，达到节能的目的。

储冷板由高热导率塑料制成。敷管储冷板与蒸发盘管相接触的一面做成与盘管相贴的凹槽以增大接触面积，敷管储冷板总厚度 8 ～ 10mm，板壁厚 0.5 ～ 1mm。箱壁储冷板总厚度为 4 ～ 5mm，壁厚为 0.5 ～ 1mm。

储冷剂相变温度在冷冻室（冷藏室）温度上、下限之间，且要有 3 ～ 4℃的传热温差。如冷冻室敷管储冷板内充相变温度为 −20 ～ −16℃的储冷剂，箱壁储冷板内充相变温度为 0 ～ 2℃的储冷剂；冷冻室敷管储冷板内充相变温度为 −28 ～ −24℃的储冷剂，箱壁储冷板内充相变温度为 −23 ～ −19℃的储冷剂。储冷剂可以采用 NH_4Cl、NaCl（或 KCl）为主体的水溶液，通过改变 NH_4Cl、NaCl（或 KCl）水溶液的组成配比达到所需相变温度，相变潜热测量值大于 300kJ/kg。

在恒温 25℃测试室的实验结果表明，储冷情况下蒸发器温度波动幅度要比正常运行时波动小 4 ～ 5℃，波动频率降低，并且压缩机启停频率降低，储冷冰箱比普通冰箱节能 5% ～ 13%。

9.4.2 相变储热电热水器[31,33]

电热水器有直热型和储热型。直热型电热水器的功率一般在 6kW 左右，电表负荷大；储热型可减小电加热功率。传统储热型电热水器需要大的存水容器，相变储热电热水器利用低谷电加热储热，有利于缓解电网峰谷负荷差，在实行峰谷电价的地区还可以节省电费开支。

一种形式的相变储热电热水器如图 9-25 所示[33]。该电热水器主要由相变材料、换热管、封装相变材料的内胆、加热器、保温层、外壳及智能控制系统等组成。工作原理是给加热器通电，将封装在容器内的相变材料加热到设定温度，加热过程中管内水温不断升高，进水口安装有单向安全阀，保证热水不会倒流。由于水温升高，管内压力也上升，当压力大于安全阀的泄放压力时，安全阀开启泄压。用水时依靠进水压力，冷水经单向安全阀进入管内，通过换热管吸收相变材料热量，温度上升，热水从管子的出水口排出，再通过混水阀，将热水与冷水混合至适当温度使用。相变储热电加热器可以根据系统识别谷电时间段和监测温度实现自动启停。同等储热量条件下，该储热器体积仅为水箱的 1/3 ～ 1/2，且在用电低谷期进行加热比传统电热水器在用电高峰期加热年运行费用减少 67.3%，经济效益明显。

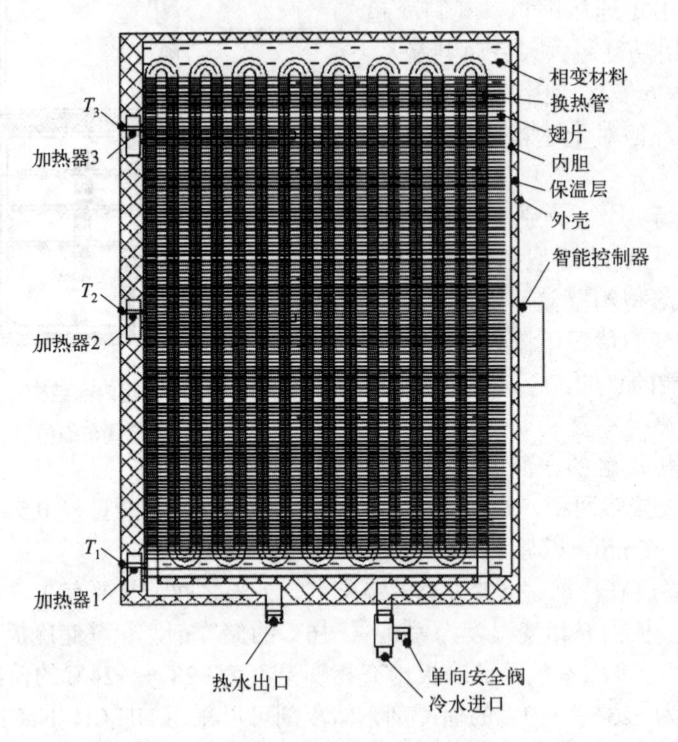

图 9-25 相变储热式电热水器结构及原理图 [33]

另外一种相变储热电热水器有两个容器——相变材料储热容器和水容器。电加热器通电使储热容器内的相变材料熔化储热，用热水时，该相变材料使换热管内水沸腾，形成高温蒸汽进入水容器将水加热以供利用 [31]。

9.4.3 相变储热电暖器 [34, 35]

相变储热电暖器利用高温相变材料储热，将夜间廉价低谷电转换的热量储存起来，以供白天采暖使用。图 9-26 示出了一种相变储热电暖器结构和外形 [34, 35]，主要包括外壳、保温层、电加热器、储热容器、进出风口等。相变储热材料 TH576 相变温度为 576℃，相变潜热为 560kJ/kg。采用陶瓷电加热元件和陶瓷容器克服了相变材料的腐蚀性问题。采用高温条件下热导率较低的纳米孔保温材料在很大程度上减小了相变储热电暖器的尺寸。前侧设有风道，可借助于烟囱效应强化散热。

测试结果表明该电暖器储热效率高，相变材料在相变阶段温度恒定且散热功率基本不变，房间热舒适性好。与显热式储热电暖器相比具有明显的优势，可以实现对电网负荷削峰填谷、降低电采暖费用的目的。

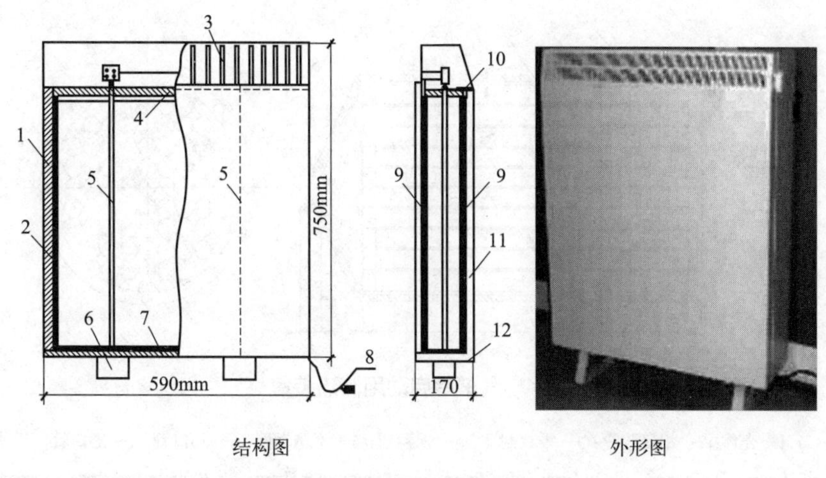

图 9-26 相变储热电暖器[34,35]

1—纤维棉保温层；2—储热容器；3—格栅；4，7—碳酸钙保温层；5—电加热器；6—地脚；8—电源线；9—高效保温层；10—可调节风口；11—风道；12—进风口

9.5 汽车工业领域的热储存技术[36-44]

在汽车工业领域，除了 9.2 节所述的电子设备和电池热管理，利用相变材料热储存可以提升冷启动性能，减小发动机冷却液温度波动，回收排气余热，提升汽车座舱热舒适性，提升冷藏运输车性能。

9.5.1 提升冷启动性能，减小发动机冷却液温度波动

在寒冷环境条件下内燃机冷启动会因不均匀燃烧导致燃料消耗上升，有毒尾气排放浓度增加，润滑油黏度及其流动阻力增大进而增大启动器负荷。另外，大部分（60% ～ 80%）的有害气体是在冷启动的前 300s 内排放的。减少有害气体排放的一个重要手段是利用催化转化器，但其转化效率很大程度上依赖于工作温度，在低温时转化效率下降很快，乃至在冷启动及升温阶段转化效率接近 0。因此需要考虑如何减少在催化剂达到大约 300℃点火温度前的尾气排放。利用相变材料储存发动机冷却液热能用于启动阶段给发动机预热是个可行的办法。Gumus[36] 设计了利用十水硫酸钠胶囊（相变温度 t_m=32.4℃，胶囊直径 22mm，壁厚 0.75mm）作为相变材料的圆筒形储热装置（图 9-27），储热量达 2000kJ。储热装置的两端接管与发动机水套和释热电泵相连，如图 9-28 所示。在发动机正常运行时发动机冷却液加热相变材料储热，在发动机启动阶段相变材料释热以预热发动机。在环境温度 2℃和 1atm 压力测试条件下，储热装置的充、放热时间分别为 500s 和 600s，由于储热装置的预热，发动机启动时平均温度提高了 17.4℃，一氧化碳和碳氢化合物的排放分别降低了 64% 和 15%。

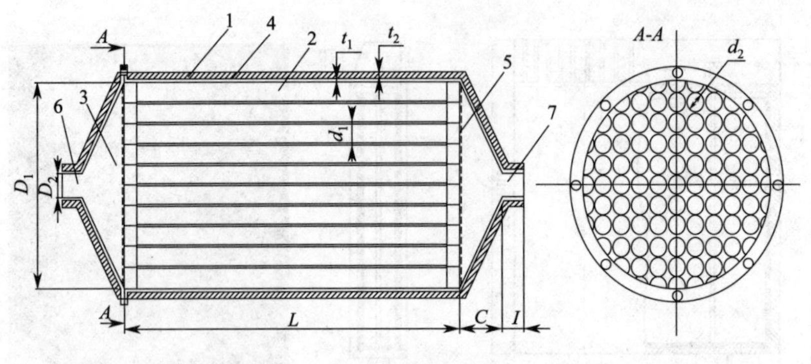

图 9-27 汽车冷启动用储热装置[36]

1—壳体；2—相变胶囊；3—锥状封头；4—保温层；5—不锈钢网；6—入口管；7—出口管

（D_1=220mm；D_2=20mm；d_1=20.5mm；d_2=22mm；L=400mm；C=50mm；I=30mm；t_1=3mm；t_2=8mm）

其他一些适用于冷启动的相变储热材料如六水氯化钙（相变温度 t_m=29℃）、三水硝酸锂（t_m=30℃）、六水硝酸锌（t_m=36℃）、十二水碳酸钠（t_m=32 ～ 36℃）、十二水磷酸氢二钠（t_m=36℃）等。

相变材料用于发动机冷却通过削平冷却系统峰值热负荷消除了发动机在各转速和负荷行驶条件下的温度波动。因为冷却液泵的转速依赖于发动机转速，发动机转速的频繁变化直接导致冷却液温度的突然升降，从而增加有害尾气排放和燃料消耗。利用相变储热装置，削弱了冷却液温度的剧烈波动，使温度波幅维持在 10℃以内[37]。

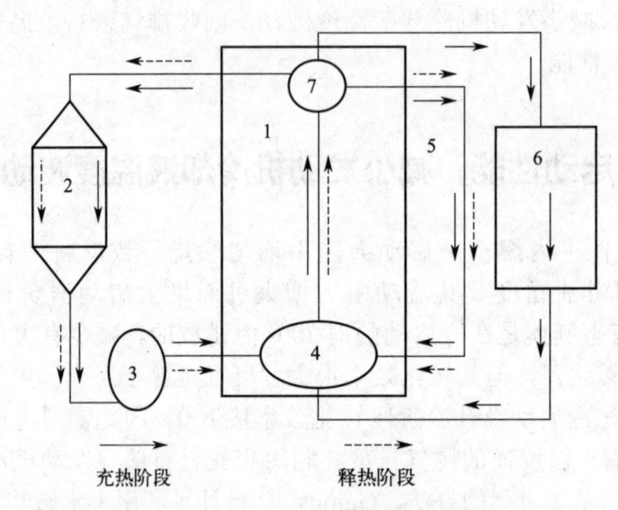

图 9-28 储热装置与发动机冷却系统连接示意图[36]

1—发动机水套；2—储热装置；3—释热电泵；4—发动机水泵；5—管线；6—散热器；7—恒温器

根据相变材料和冷却液的相对布置方式，相变储热装置可分为封装型和管外型，如图 9-29 所示[37]。封装型是将相变材料封装在分层排列的板状或袋状容器中，冷却液在相变材料容器之间通道流过；管外型是将相变材料布置在冷却液管外的壳体中，可以在相变材料侧加肋（翅片）以强化传热。相比于封装型，管外型储热装置具有更高的充、放热速率[37,38]。

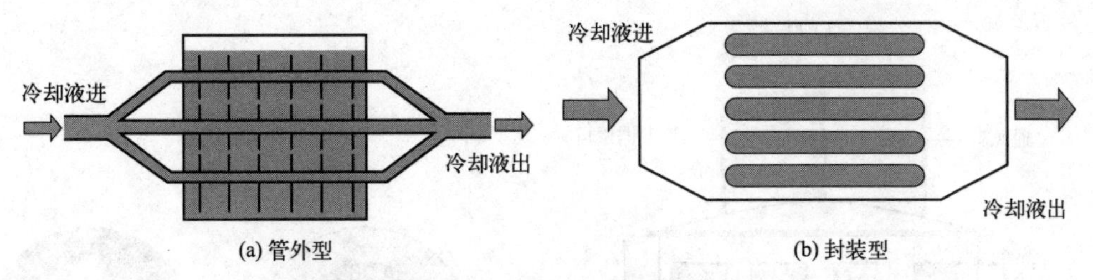

图 9-29　两种相变储热装置结构形式[37]

9.5.2　回收排气余热

尽管现代发动机致力于减少燃料消耗，仍有 60% ～ 70% 的燃料能量通过冷却液和排气散失掉，其中排气热损失约占 30%，回收这些热量有助于提高发动机效率。可以通过传热流体（heat transfer fluid，HTF）回收发动机排气余热，然后流入相变储热装置将热量充入相变材料。在释热阶段可以将储存的热量传递给润滑油或其他系统用于供热。Pandiyarajan 等[39]设计了一套排气余热回收系统（图 9-30），包括翅片管壳式换热器和储热罐，储热罐采用相变材料（石蜡，相变温度 58 ～ 60℃）潜热储热和蓖麻油显热储热，蓖麻油同时用作传热流体在换热器管内吸收排气余热，并将其储存在储热罐中。储热罐采用不锈钢圆筒形容器（内径 450mm，高度 720mm），内装 15kg 相变材料分于 48 个相变材料容器（内径 80mm，高度 100mm）中，如图 9-31 所示。实验结果表明 10% ～ 15% 的热量被回收储存。

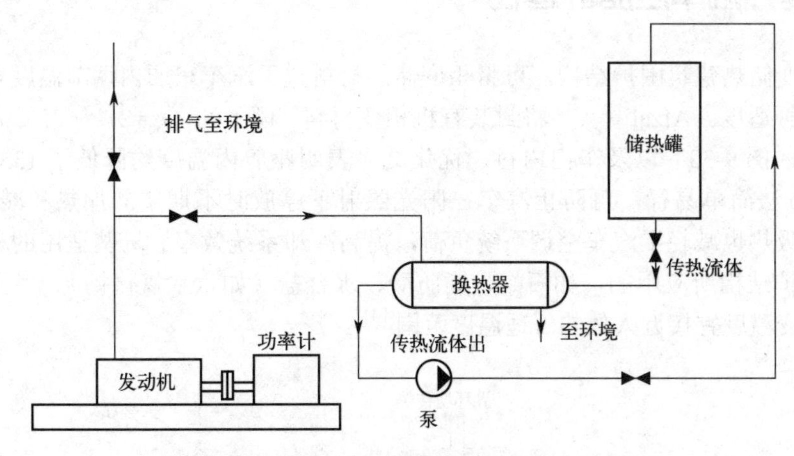

图 9-30　发动机排气余热回收实验系统[39]

相变储热材料除了上述石蜡外，还可采用八水氢氧化钡（t_m=78℃）、水合氢氧化钠（$NaOH·H_2O$，t_m=64.3℃）、硬脂酸（t_m=70.7℃）、棕榈酸（t_m=62.3℃）、月桂酸（t_m=43℃）及其混合物等，对于石蜡等有机相变材料可加入纳米颗粒 Al_2O_3 和 CuO 等以强化传热。

相变储热材料还可以与催化转化器结合，在发动机正常运转时利用排气加热相变材料，当发动机关闭后部分相变材料凝固释热给催化剂使其温度维持在高转化效率所要求的范围内。相变材料与催化转化器接触面积应尽可能大而外部面积应尽可能小以减小散热损失。图 9-32 给出了几种储热罐结构设计形式[38,40]。

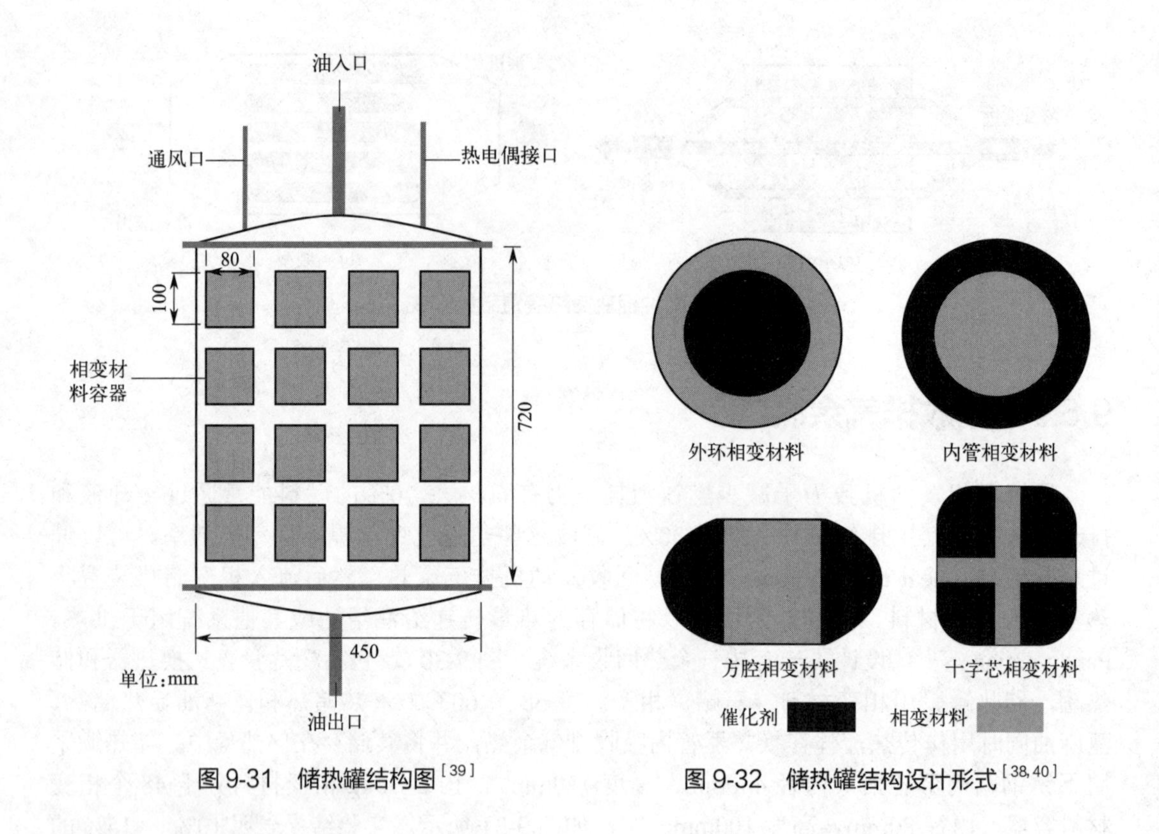

图 9-31 储热罐结构图[39]

图 9-32 储热罐结构设计形式[38,40]

9.5.3 提升汽车座舱舒适性

如同相变储热建筑围护结构，可将相变储热材料置于汽车车厢内调节温度和湿度以提高座舱内的舒适度。Afzal 等[41]将封装有机相变材料 - 椰子油（t_m=21 ～ 25℃）的袋子置于车顶内衬（图 9-33）以及车门内衬，优化结果表明座舱内温度约降低了 13℃，湿度增加 8%。该方法简单易行，可防止汽车在阳光照射下停放时不期望的加热和减湿。另外，相变材料的吸热也减轻了汽车空调系统负荷，提高冷却系统效率。一些适用的相变材料类似于建筑围护结构所应用的，如石蜡、脂肪酸、水合盐（如六水氯化钙）、多元醇等，相变材料的相变温度宜接近人体热舒适温度范围[42]。

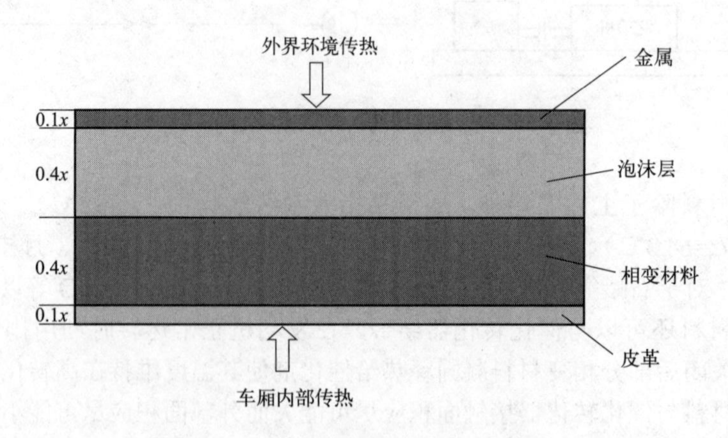

图 9-33 含相变材料车顶内衬结构图[41]

9.5.4 提升冷藏运输车性能

冷藏运输是食品、药品在配送阶段保质保鲜的关键环节。传统的冷藏运输车采用发动机驱动的机械蒸汽压缩制冷系统提供冷量，该系统整体效率较低、费用高，制冷剂泄漏会产生温室效应。基于相变材料储冷的冷藏运输可以作为一种替代技术，该技术高效、可靠、无噪声且减少了燃料消耗，并且避免了制冷剂泄漏对环境的影响。相变材料板可以位于冷藏车厢的顶部或侧面，但仅依靠相变材料板与冷藏车厢内的空气自然对流，车厢内温度分布较差[43]。

Liu 等[44]设计了一种相变储冷单元，将相变材料封装在不锈钢板中并布置于冷藏车厢前端。当冷藏车静止时，使用车载制冷系统在夜间为相变储冷单元充冷（如图 9-34 所示），在充冷过程中，开关 1 打开，开关 2 关闭，温度降至约 -40℃，相变材料完全凝固，将冷量储存在相变储冷单元中。充冷时间主要由制冷系统性能系数（COP）和制冷能力决定。在运输过程中，冷藏车厢由相变储冷单元释冷通过风机提供冷空气进行冷却。在释冷过程中，开关 1 关闭，开关 2 打开，来自相变储冷单元的冷量通过变频风机循环，与冷藏车厢中的热空气混合为车厢降温。相变材料可以是有机、无机及共晶材料，相变温度应低于食品的冷藏 / 冷冻温度。在本例中冷冻温度取 -18℃，相变材料为氯化钠溶液与甘油的共晶混合物，相变温度为 -30℃。冷藏车厢应良好保温，采用 0.12m 厚的高密度硬质聚氨酯泡沫保温层，送、回风口为 2 个直径为 0.25m 的孔，分别从相变储冷单元送风和回风。在平均环境温度为 29℃的炎热夏季条件下测试，与传统的冷藏车厢相比，最低内部温度降低了 3℃，并将冷藏车厢的温控时间延长了 7.4 ～ 9.4h。并且与发动机驱动的传统机械制冷机组相比，相变储冷车厢的能源成本降低了 15.4% ～ 91.4%。

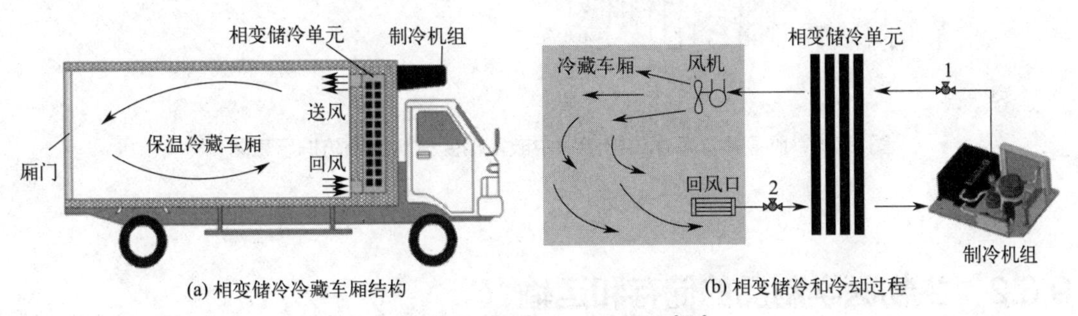

图 9-34 相变储冷冷藏车厢[44]

9.6 生物医学领域的热储存技术[45-49]

相变储热材料在生物医学领域有广泛的应用前景，比如生物组织热防护以及生物医学制品储存或运输的场合。

9.6.1 生物组织热调节 / 热防护

如 9.3 节所述，可以制备医用相变纺织品如绷带或敷料用于烧伤或冷 / 热疗法，使皮肤温度维持在所需范围之内[45]。另外，聚甲基丙烯酸甲酯（polymethyl methacrylate，PMMA）作为骨水泥的注射材料在原位聚合时放热导致的温升对周围宿主组织细胞产生很大的伤害，de Santis 等[46]研究了利用微胶囊石蜡基相变材料与 PMMA 结合以改善热力学性能。结果表明，微胶囊相变材料对 PMMA 基质的玻璃化转变温度的影响可以忽略不计，但通过吸收或释放高达 30J/g 的热能对体温具有良好的热调节能力。相变材料掺入水泥降低了放热反应过程中出现的峰值温度，避免对宿主组织造成热冲击。

Lv 等[47]提出了在冷冻手术期间，利用微胶囊相变材料对癌肿瘤周围的健康组织进行热防护，相变材料具有大潜热和低热导率，使健康组织免受冷冻伤害（图 9-35）。理论结果还表明[47]：相变温度接近人体核心温度、潜热高、相变区间小的相变材料有助于提高热防护效果；相变材料只需嵌入癌肿瘤周围的五个侧面，面向皮肤表面的侧面可以用暖垫保护；用于冷冻手术期间热防护的相变材料和癌肿瘤之间的较佳距离为 5mm；为了在健康组织区域获得高浓度的相变材料，建议直接注射相变材料。

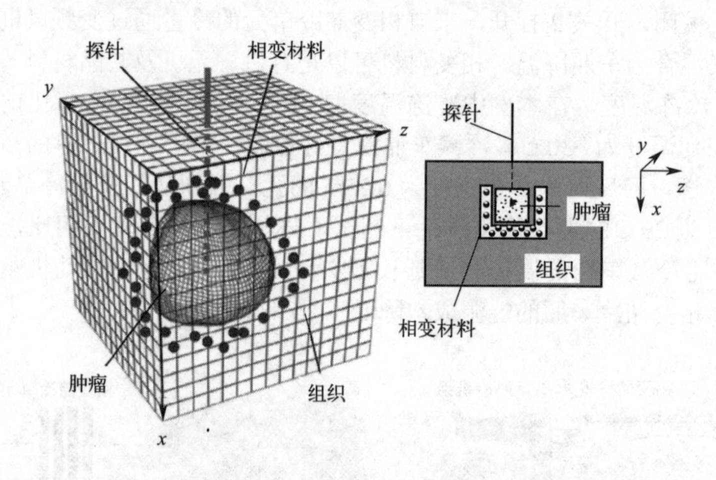

图 9-35　肿瘤冷冻手术生物组织中嵌入相变材料的热防护示意图[47]

9.6.2　生物医学制品的储存和运输

对于温度敏感的生物医学用品，比如血液，在储存和运输中可以利用相变材料储热功能进行热保护。Mondieig 等[48]设计了含有相变材料（烷烃混合物）的双壁袋热保护装置（图 9-36），将血液袋置于其中，6 个这样的防护包放在一个硬质塑料箱体中，可保证在储存和运输过程中血液温度控制在特定范围之内。其工作原理是首先将相变材料袋放置在冷冻室中，使相变材料完全固化。然后，当血液袋在环境温度下通过该相变材料袋储存或运输时，固态相变材料吸收外部热量并熔化。由于相变区间非常窄，在相变材料熔化过程中，容器保持在近恒温状态。这样，容器内的血液受到相变材料潜热效应的热保护。维持近恒温时间的长短是外部环境温度、相变材料潜热和数量等条件的函数。以将血液从医院运送至需求地需维持（4±2)℃为例，配制 330g 三元烷烃混合物为相变材料，相变温度（液相线）为 4.8℃，潜热为 207J/g，在环境温度 22℃下测试，该相变材料热保护装置维持血液袋温度在 10℃以下超过 6h，比无相变材料热保护时间长 8 倍。

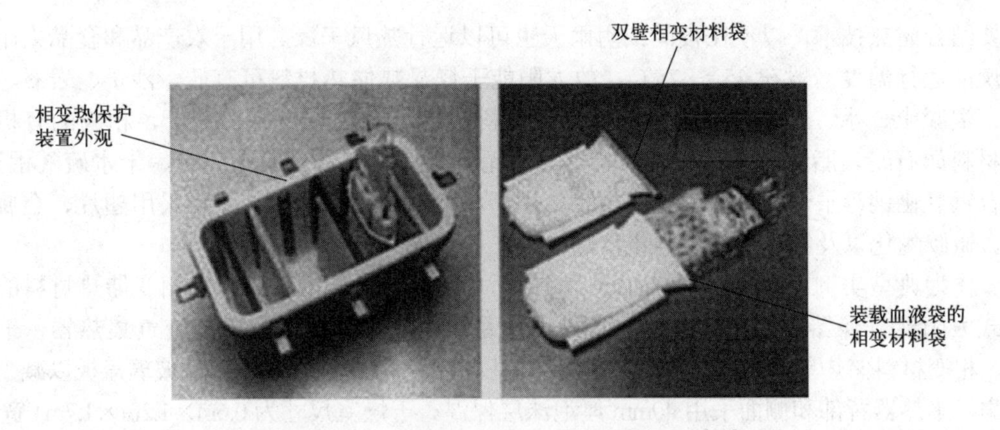

图 9-36　血液储存和运输相变热保护装置[48]

Wang 等[49]还开发了利用核糖核酸（RNA）适配体功能化的相变纳米颗粒作为热探针，对凝血酶进行高灵敏度和选择性检测的方法。其原理（图 9-37）是溶液中凝血酶的存在导致纳米颗粒（铟）附着在用相同适配体修饰的基质（铝或硅纳米柱）上，而固定化后的纳米颗粒从固态到液态的相变吸收热能所产生的熔化峰可扫描检测。熔化峰的位置和面积即反映了凝血酶的存在和浓度。

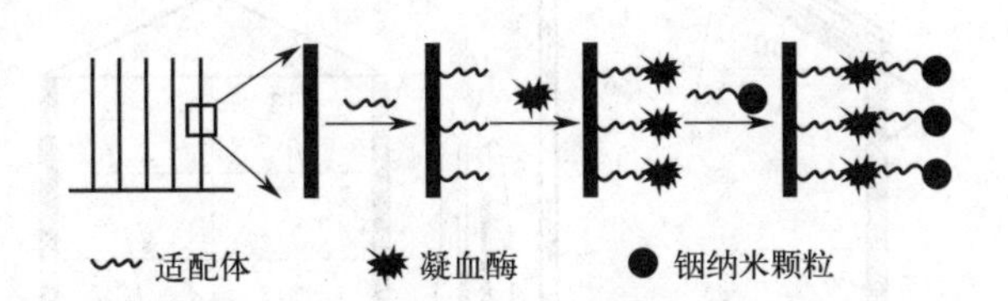

图 9-37　利用适配体功能化的相变纳米颗粒检测凝血酶原理图[49]

9.7　农产品和食品领域的热储存技术[50-54]

热能储存在农业领域的应用已久，除了第六章所述的农业温室外，在农产品和食品的太阳能干燥以及冷藏方面应用日益广泛。

9.7.1　农产品和食品的太阳能干燥

农产品和食品（如谷物、坚果、蔬菜、干果、香料、咖啡、茶、油籽、鱼等）的干燥过程降低了水分含量以提供更长的保质期，并且通过阻止细菌、酵母菌和霉菌的增长防止农产品和食品变质，提高了安全性[50]。太阳能干燥机比传统的露天日光晒干方法具有安全、卫生、品质好、效率高和易于控制等优点，近年来得到广泛应用。太阳能干燥机按空气流动驱动源有自然对流和强制对流之分，结构上有直接式（太阳光穿过透明盖板直接加热干燥箱中物料）、间接式（太阳能集热器加热的空气流过不透明干燥箱中进行物料干燥）和混合式（直接式和间接式的组合形式）之分。由于太阳能的间歇性和不稳定性，干燥机需要结合储热技术，以便在夜间或阴雨天也可以运行热风干燥。用于农产品和食品太阳能干燥的运行温度一般在45～75℃，故太阳能干燥显热储热材料可有砖、沙子、岩石、卵石、混凝土、水、铸铁、铝等。潜热储热材料的熔点应在40～80℃[50]，相应的有机相变材料如石蜡、脂肪酸、乙二醇、酯类等，无机相变材料如六水碘化钙、十水硫酸铝钠、水合氢氧化钠等水合盐以及共晶混合物。由于相变材料传热速率低，可采用翅片、金属泡沫、微胶囊化以及纳米颗粒等强化传热方法。

作为典型实例，本节介绍Shalaby和Bek[51]设计的一种以石蜡作为相变储热材料的间接式太阳能干燥器，如图9-38所示。该干燥系统由2个平板式太阳能空气集热器、干燥室、相变材料储热单元和风机等组成。集热器以铜板为吸热板，采用双层玻璃盖板以减少热损失，集热器背部和侧面采用40mm厚泡沫层保温。干燥室尺寸为0.6m×1.2m×1.7m（宽×长×高），由镀锌铁皮制成，采用40mm厚泡沫层保温。干燥室内布置三组干燥托盘，每组均匀间隔0.3m，托盘由2mm厚不锈钢格架制成，以铝框架支撑。储热装置为两个高度为0.3m、内径为0.15m的塑料圆柱形容器（外壁保温），其内填充相变材料石蜡（熔化温度为49℃）。32根直径为9mm的铜管垂直分布在相变材料中，如图9-39所示，管排并联以减小压降。

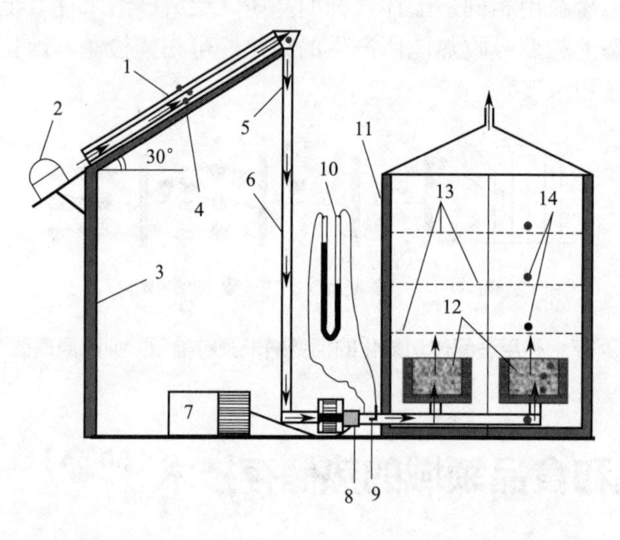

图9-38 结合相变材料储热的间接式太阳能干燥系统[51]

1—太阳能空气集热器；2—太阳辐射计；3—墙壁；4—屋顶；5—气流；6—塑料管；7—变频器；
8—三相感应电动机；9—皮托管；10—U形管压力计；11—干燥室；12—相变材料；13—托盘；14—热电偶测点

为了减少热损失，两个储热容器布置于干燥室底部。空气由风机驱动流过铜管内，与铜管外的相变材料进行热交换，吸热后均匀分布于干燥室中。通过对罗勒叶和苦苣苔的干燥实验，结果表明：使用相变储热材料干燥空气的温度在落日后5h内至少比环境温度高2.5～7.5℃；每天可维持恒定的干燥空气温度达7h，从而可以将罗勒叶和苦苣苔两种农产品的含水量在12～18h内从77%降至13%，有效提高了干燥器的性能。

9.7.2 农产品和食品的冷藏

易腐农产品和食品需要冷冻或冷藏以防止其变质，低温有助于提高微生物安全性和食品质量。由于许多食品中的微生物活性在温度低于8℃时降低，因此维持此温度对于冷链运输至关重要。而对于鱼和肉类食品，则优先选择0℃冷冻运输或在1～2℃冷藏[52]。Tas和Unal[52]将海洛石纳米管（halloysite nanotubes，HNTs）经相变材料聚乙二醇PEG（polyethylene glycol）400和PEG600浸渍，形成稳定的HNT/PCM纳米混合物，掺入聚乙烯（polyethylene，PE）基质中，得到了柔性纳米复合膜，可用于食品包装，并呈现出-17～26℃的宽范围熔融转变，潜热为2.3J/g。纳米复合膜包装的冷冻食品在室温下的解冻速率小于纯PE膜包装食品解冻速率的一半。相对于纯PE膜，纳米复合膜分别延迟冷冻和冷藏样品的熔融达18min和20min。实验结果表明在冷链温度下纳米复合膜具有显著的热缓冲能力，提高了冷链储存和运输中的食品质量和安全性。

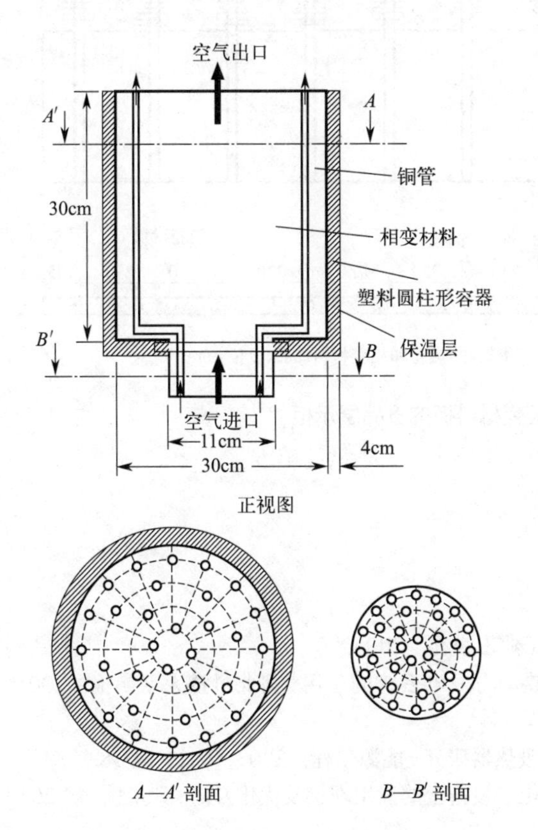

图9-39　储热单元结构示意图[51]

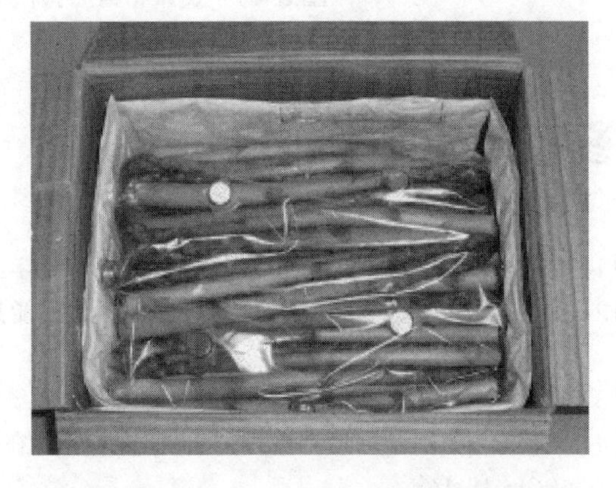

图9-40　含400g纳米硅酸钙复合相变材料的气泡垫（白色层）贴于纸板箱内衬[53]

Johnston等[53]通过将烷烃相变材料（熔点8℃，潜热160～190J/g）加入高度多孔的纳米结构硅酸钙（nano-structured calcium silicate，NCS）基质中，使相变材料与NCS质量比达到约300%，制备复合相变材料。将其结合在纸板包装内侧的气泡包装衬垫中（图9-40，农产品为2kg芦笋），在外部环境温度升高至约23℃后，容器内温度能保持在10℃以下约5h。因此，纳米硅酸钙复合相变材料提供了足够的热缓冲，确保容器内易腐食品在从供应商到市场的运输和临时储存过程中温度保持在10℃以下，从而保持新鲜度。

食品展示柜通过冷空气对流冷却食品，存在食品温度不均匀以及在制冷机除霜期间会有明显温度上升的问题。Lu等[54]提出了在货架布置热管和相变材料板的设计方案（图

9-41），布置热管的货架降低食品温度 3.0 ～ 5.5℃，但在除霜期间仍有较明显的温升。在货架同时布置热管和相变材料［组成（质量分数）：98% 去离子水＋ 2% 硼砂］，使得除霜期间的温升降低了 1.5℃（从 1.8℃降到 0.3℃），改善了食品温度分布的均匀性，同时能耗与原展示柜基本相同。

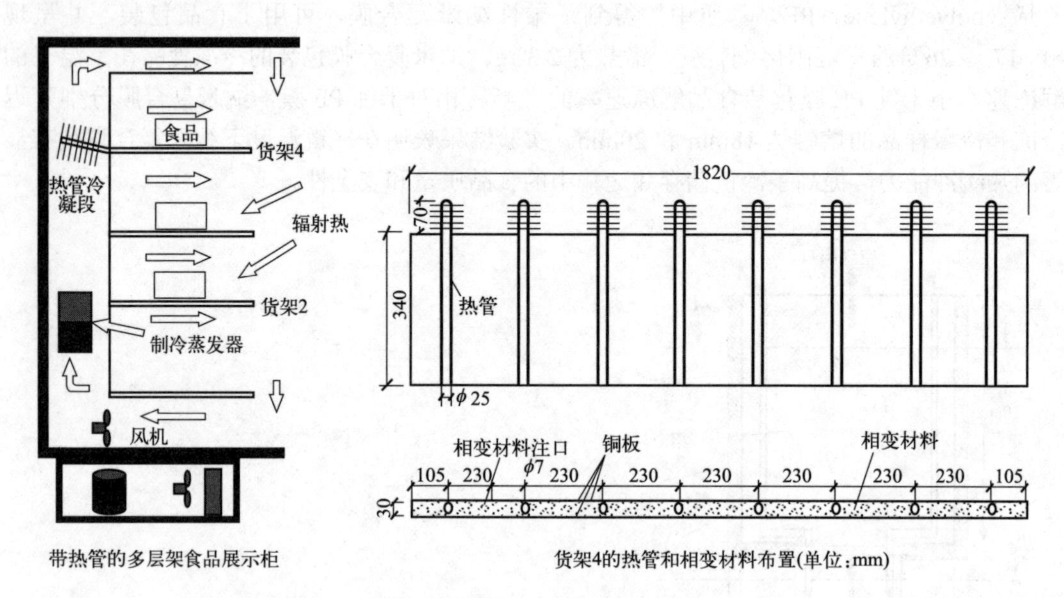

图 9-41 货架布置热管和相变材料板的食品展示柜[54]

参考文献

[1] 崔海亭，杨锋 . 蓄热技术及其应用 . 北京：化学工业出版社，2004.

[2] 侯欣宾，崔海亭 . 高温相变蓄热在空间太阳能热动力发电系统的应用 . 河北科技大学学报，2001，22（2）：1-3，7.

[3] 苏亚欣，何传俊 . 空间站太阳能热动力发电系统吸热器研究 . 能源工程，2003（04）：14-18.

[4] 崔超，肖玉麒，王晓，等 . 相变储能式热管理在电子设备上的应用现状及优化方向 . 计量技术，2014（06）：13-16.

[5] 尹辉斌，郭晓娟，高学农 . 相变温控在电子器件热控制中的应用进展 . 广东化工，2014，41（01）：75-76.

[6] 周伟，张芳，王小群 . 相变温控在电子设备上的应用研究进展 . 电子器件，2007，30（1）：344-348.

[7] 郭亮，吴清文，丁亚林，等 . 航空相机焦面组件相变温控设计及验证 . 红外与激光工程，2013，42（08）：2060-2067.

[8] Yoo D W，Joshi Y K.Energy efficient thermal management of electronic components using solid-liquid phase change materials.IEEE Transactions on Device and Materials Reliability，2004，4（4）：641-649.

[9] Pal D，Joshi Y K.Application of phase change materials to thermal control of electronic modules : a computational study.Journal of Electronic Packaging，1997，119（1）：40-50.

[10] Jaworski M.Thermal performance of heat spreader for electronics cooling with incorporated phase change material.Applied Thermal Engineering，2012，35：212-219.

[11] Liu Y，Zheng R W，Li J.High latent heat phase change materials（PCMs）with low melting temperature for thermal management and storage of electronic devices and power batteries : critical review.Renewable and Sustainable Energy Reviews，2022，168: 112783.

[12] 罗明昀，凌子夜，方晓明，等.基于相变储热技术的电池热管理系统研究进展.化工进展，2022，41（03）: 1594-1607.

[13] Lv Y F，Yang X Q，Li X X，et al.Experimental study on a novel battery thermal management technology based on low density polyethylene-enhanced composite phase change materials coupled with low fins.Applied Energy，2016，178: 376-382.

[14] Li W Q，Qu Z G，He Y L，et al.Experimental study of a passive thermal management system for high-powered lithium ion batteries using porous metal foam saturated with phase change materials.Journal of Power Sources，2014，255: 9-15.

[15] Cao J H，He Y J，Feng J X，et al.Mini-channel cold plate with nano phase change material emulsion for Li-ion battery under high-rate discharge.Applied Energy，2020，279: 115808.

[16] Rao Z H，Wang Q C，Huang C L.Investigation of the thermal performance of phase change material/mini-channel coupled battery thermal management system.Applied Energy，2016，164: 659-669.

[17] Zhang W C，Liang Z C，Yin X X，et al.Avoiding thermal runaway propagation of lithium-ion battery modules by using hybrid phase change material and liquid cooling.Applied Thermal Engineering，2021，184: 116380.

[18] 张萍丽，刘静伟.相变材料在纺织服装中的应用.上海纺织科技，2002（05）: 47-48，66-67.

[19] 石海峰，张兴祥.蓄热调温纺织品的研究与开发现状.纺织学报，2001（05）: 63-65.

[20] Shim H，Mccullough E A，Jones B W.Using phase change materials in clothing.Textile Research Journal，2001，71（6）: 495-502.

[21] 郭制安，隋智慧，李亚萍，等.相变双向调温纺织材料制备技术研究进展.化工进展，2022，41（07）: 3648-3659.

[22] Prajapati D G，Kandasubramanian B.A review on polymeric-based phase change material for thermo-regulating fabric application.Polymer Reviews，2020，60（3）: 389-419.

[23] 张兴祥，朱民儒.新型保温、调温功能纤维和纺织品.产业用纺织品，1996（05）: 2，4-7.

[24] Cox R.Outlast-thermal regulation where it is needed.39th International Man-Made Fibers Congress，Dornbirn，Austria，2000: 13-15.

[25] 高明珠.相变材料微胶囊在纺织服装中的应用.四川纺织科技，2004（02）: 34-36.

[26] Ahn Y H，Dewitt S J A，Mcguire S，et al.Incorporation of phase change materials into fibers for sustainable thermal energy storage.Industrial and Engineering Chemistry Research，2021，60（8）: 3374-3384.

[27] Nelson G.Application of microencapsulation in textile.International Journal of Pharmaceutics，2002，242（1/2）: 55-62.

[28] Pause B. 相变材料用于空调建筑的可能性.钟闻，译.国际纺织导报，2001（02）: 55-58.

[29] 张寅平，王馨，朱颖心，等.医用降温服热性能与应用效果研究.暖通空调，2003，33: 58-61.

[30] Zhao Y J，Yi W，Chan A P C，et al.Evaluating the physiological and perceptual responses of wearing a newly designed cooling vest for construction workers.Annals of Work Exposures and Health，2017，61（7）: 883-901.

[31] 樊栓狮，梁德青，杨向阳.储能材料与技术.北京：化学工业出版社，2004.

[32] 樊栓狮，孙始财，梁德青，等.一种新型蓄冷冰箱及其运行过程研究.制冷，2005，24（01）: 1-4.

[33] 曾云.关于相变蓄热式电热水器的探讨.中国战略新兴产业，2017（24）: 41-42.

[34] 刘靖，王馨，张寅平，等.高温相变蓄热电暖器蓄放热性能试验研究.暖通空调，2006（03）: 62-

65，52.
[35] 刘靖，刘石，王馨，等.一种高温相变蓄热电暖器的研制及其热性能测试.建筑科学，2007（04）：58-61，86.
[36] Gumus M.Reducing cold-start emission from internal combustion engines by means of thermal energy storage system.Applied Thermal Engineering，2009，29：652-660.
[37] Kim K，Choi K，Kim Y，et al.Feasibility study on a novel cooling technique using a phase change material in an automotive engine.Energy，2010，35（1）：478-484.
[38] Omara A A M.Phase change materials for waste heat recovery in internal combustion engines：a review. Journal of Energy Storage，2021，44：103421.
[39] Pandiyarajan V，Pandian M C，Malan E，et al.Experimental investigation on heat recovery from diesel engine exhaust using finned shell and tube heat exchanger and thermal storage system.Applied Energy，2011，88：77-87.
[40] Korin E，Reshef R，Tshernichovesky D，et al.Reducing cold-start emission from internal combustion engines by means of a catalytic converter embedded in a phase-change material.Proceedings of the Institution of Mechanical Engineers，Part D：Journal of Automobile Engineering，1999，213：575-583.
[41] Afzal A，Saleel C A，Badruddin I A，et al.Human thermal comfort in passenger vehicles using an organic phase change material—an experimental investigation，neural network modelling，and optimization.Building and Environment，2020，180：107012.
[42] Nicolalde J F，Cabrera M，Martinez-Gomez J，et al.Selection of a phase change material for energy storage by multi-criteria decision method regarding the thermal comfort in a vehicle.Journal of Energy Storage，2022，51：104437.
[43] 谢如鹤，唐海洋，陶文博，等.基于空载温度场模拟与试验的冷藏车冷板布置方式优选.农业工程学报，2017，33（24）：290-298.
[44] Liu G H，Li Q T，Wu J Z，et al.Improving system performance of the refrigeration unit using phase change material（PCM）for transport refrigerated vehicles：an experimental investigation in South China.Journal of Energy Storage，2022，51：104435.
[45] Pielichowska K，Pielichowski K.Phase change materials for thermal energy storage.Progress in Materials Science，2014，65：67-123.
[46] de Santis R，Ambrogi V，Carfagna C，et al.Effect of microencapsulated phase change materials on the thermo-mechanical properties of poly（methyl-methacrylate）based biomaterials.Journal of Materials Science：Materials in Medicine，2006，17：1219-1226.
[47] Lv Y，Zou Y，Yang L.Feasibility study for thermal protection by microencapsulated phase change micro/nanoparticles during cryosurgery.Chemical Engineering Science，2011，66：3941-3953.
[48] Mondieig D，Rajabalee F，Laprie A，et al.Protection of temperature sensitive biomedical products using molecular alloys as phase change material.Transfusion and Apheresis Science，2003，28：143-148.
[49] Wang C，Hossain M，Ma L，et al.Highly sensitive thermal detection of thrombin using aptamer-functionalized phase change nanoparticles.Biosensors and Bioelectronics，2010，26：437-443.
[50] Srinivasan G，Rabha D K，Muthukumar P.A review on solar dryers integrated with thermal energy storage units for drying agricultural and food products.Solar Energy，2021，229：22-38.
[51] Shalaby S M，Bek M A.Experimental investigation of a novel indirect solar dryer implementing PCM as energy storage medium.Energy Conversion and Management，2014，83：1-8.
[52] Tas C E，Unal H.Thermally buffering polyethylene/halloysite/phase change material nanocomposite

packaging films for cold storage of foods.Journal of Food Engineering，2021，292：110351.
[53] Johnston J H，Grindrod J E，Dodds M，et al.Composite nano-structured calcium silicate phase change materials for thermal buffering in food packaging.Current Applied Physics，2008，8：508-511.
[54] Lu Y L，Zhang W H，Yuan P，et al.Experimental study of heat transfer intensification by using a novel combined shelf in food refrigerated display cabinets（experimental study of a novel cabinets）.Applied Thermal Engineering，2010，30：85-91.

思考题

1. 举例说明太阳能热动力发电系统的相变材料有哪些。
2. 简要说明航天热动力发电系统吸热 / 储热器的结构。
3. 简述电子设备相变储热温控过程与原理。
4. 简述被动式电池热管理装置的结构和特点。
5. 简述主动式电池热管理装置的形式与结构。
6. 简述相变储热纺织品调温机理。
7. 相变储热调温纺织品相变材料选择的原则是什么？
8. 举例说明相变纤维的制备方法。
9. 举例说明相变储热调温纺织品 / 服装的应用及性能。
10. 简述相变储热电热水器的结构及特点。
11. 分析相变储热电暖器的优缺点。
12. 热储存技术在汽车工业领域的应用有哪些？简述其工作原理。
13. 举例说明热储存技术在生物医学领域的应用方式和效能。
14. 简述农产品太阳能干燥中的热储存装置功能和特点。
15. 分析食品冷藏装置中相变材料的作用。

第十章 水合盐稳定过冷储热触发释热技术

本章基本要求

掌　　握：水合盐稳定过冷储热原理和条件（10.1）；过冷触发释热原理和方法（10.2）；稳定过冷水合盐相变材料的选用原则（10.4）。

理　　解：水分、增稠剂及杂质对稳定过冷的影响（10.1）；稳定过冷储热装置结构（10.1）；过冷储热供热系统组成（10.3）。

了　　解：过冷触发释热装置结构（10.2）；过冷储热供热系统性能（10.3）。

第三章介绍了无机相变材料中的水合盐（如三水醋酸钠、五水硫代硫酸钠）一般有比较大的过冷效应，即当材料温度降低到熔点（平衡相变温度）时，水合盐不发生相变，而是当温度继续下降到低于平衡相变温度某一点时才凝固释放热量，平衡相变温度与实际相变温度之差称为过冷度（参见图 3-6）。过冷效应使得水合盐不能及时在熔点处发生凝固相变释热，并且过冷也导致一些显热损失，因此过冷往往被看作水合盐相变材料的一个缺点而应尽量减小。然而，反过来也可以利用水合盐相变材料的这种过冷特性开发特殊应用，如跨季节（长期）太阳能热储存或按需释热系统[1,2]，在夏天将熔化后的水合盐相变材料置于地下室，可降温至熔点以下保持过冷液态储存，至冬季用热时通过某种方式触发相变，在高于室温下凝固放出潜热，如过冷储存温度为所在环境温度则储存时散热损失几乎为零。这一思路变不利因素为有利条件，为低温太阳能热利用提供了新途径，有效缓解供需双方在时间、强度方面不匹配的矛盾。

图 10-1 示出三水醋酸钠和水的储热量随温度变化曲线[3,4]。三水醋酸钠的熔点为58℃，相变潜热为 265kJ/kg。由图中可知，利用三水醋酸钠过冷特性的潜热储热相比于同温度范围水的显热储热，潜热储热密度大且损失较小。

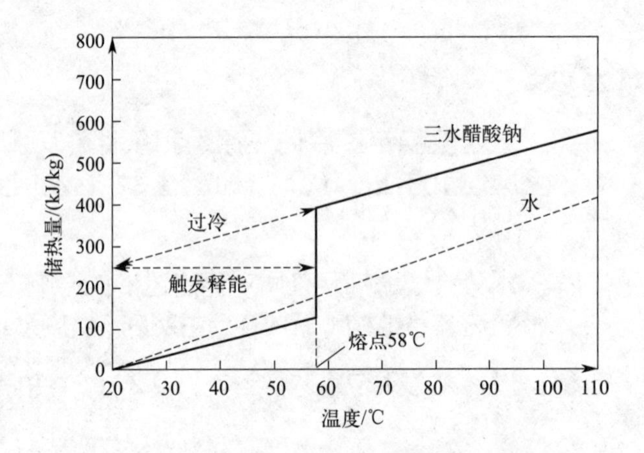

图 10-1　三水醋酸钠和水的储热量随温度变化曲线[3,4]

目前针对利用无机水合盐过冷储热已经有相关研究，本章主要集中于水合盐稳定过冷储热的实现、过冷触发释热方法、过冷储热供热系统性能以及水合盐相变材料的选用等几个方面介绍。

10.1　水合盐稳定过冷储热的实现

保证无机水合盐在储热过程中稳定过冷而不自发凝固是利用其实现长期或灵活储热的首要前提。稳定过冷实现的方法主要是尽量避免或减少促使过冷水合盐溶液成核的因素，包括过冷储热单元的形式与结构、充热过程及条件、冷却过程及速率、水合盐溶液配比、增稠剂及杂质的含量等。

10.1.1 过冷储热单元的形式与结构

储热单元容器的形状结构、大小尺寸、壁面粗糙度和棱角等都会影响加热过程中晶体的熔化，存于容器边角、凹坑等处的一些晶粒在加热过程中熔化不完全，有可能在过冷储存阶段形成晶核，诱导材料自发凝固释放热量，应尽量避免。文献中已开发出的一些可实现稳定过冷的储热单元有平板矩形[5]、圆角矩形[6]、圆柱形[6]、管壳式[7]以及双套罐-螺旋管式[8]等类型，图 10-2 给出上述各种过冷储热单元形式及结构。

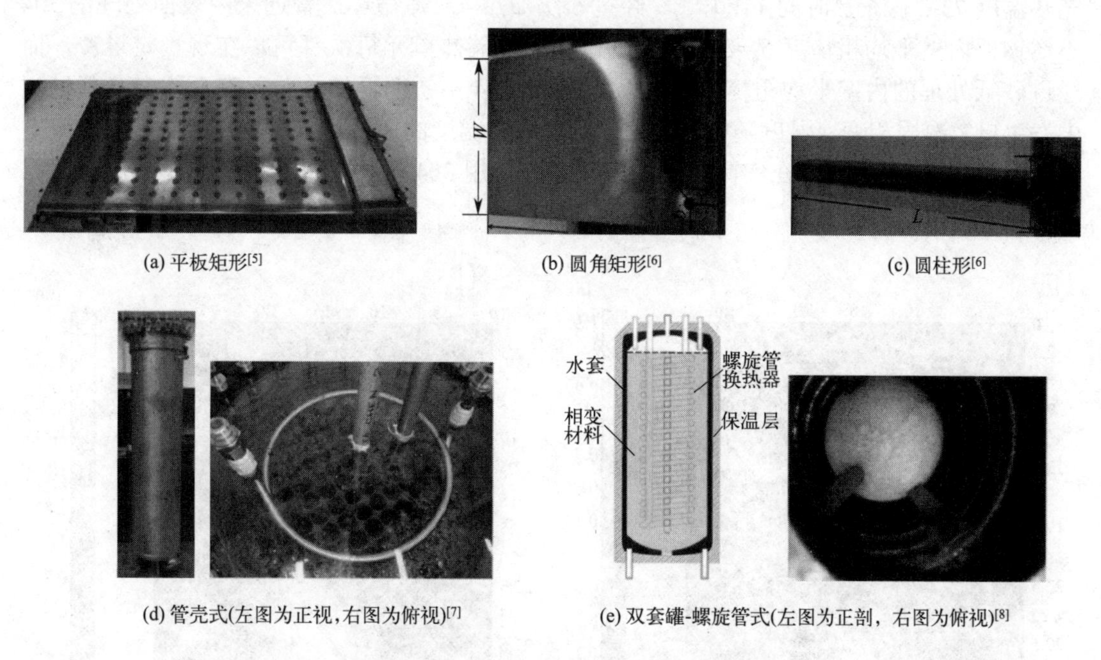

(a) 平板矩形[5]　(b) 圆角矩形[6]　(c) 圆柱形[6]

(d) 管壳式(左图为正视，右图为俯视)[7]　(e) 双套罐-螺旋管式(左图为正剖，右图为俯视)[8]

图 10-2 一些过冷储热单元形式及结构

平板矩形[5]：不锈钢矩形储热单元尺寸为 1200mm×2400mm×50mm，矩形腔室内充注水合盐，板外布置换热流体（水）通道与水合盐进行换热。

圆角矩形和圆柱形[6]：不锈钢圆角矩形储热单元尺寸为 600mm×400mm×20mm，4 个侧壁连接角处为圆角过渡（圆角半径 10mm）；圆柱形储热单元长 600mm，外径 32mm，壁厚 1.2mm，末端圆形封头。这两种储热单元的特点是内表面间光滑过渡，相对于直角矩形单元能使三水醋酸钠更容易实现稳定过冷。

管壳式[7]：圆筒形储热罐，高度为 1.7m，罐体外径为 0.4m（不包括保温层），共有 112 根用于盛放相变材料的钢管垂直安装在罐体内部，每根管的长度为 1.52m，管内径为 0.0276m。钢管顶部固定在罐体上部的不锈钢板上，开口于不锈钢板上方的联箱空间。水合盐相变材料在换热管内部，换热流体（水）从罐内管外空间流过，其进、出口分别位于该储热罐侧壁底部和顶部。

双套罐-螺旋管式[8]：由内径分别为 0.5m 和 0.45m 的大小两个圆筒形钢罐套在一起，中间夹层为水套，在内罐盛装水合盐相变材料以及一个螺旋管换热器，换热流体（水）在螺旋管内以及水套夹层中流动，外罐外壁面布置保温层。

实验结果也已经证实：体积越小，水合盐相变材料中所含杂质越少，越容易实现稳定过冷，可以维持的过冷温度就更低，但是过低的温度也可能导致相变材料进入非晶（amorphous）固态[9]。另外，容器中水合盐溶液较低的高度有利于延缓相分离，建议高度在50mm以下较佳[5]。应该指出，由于储热材料固相和液相之间的密度差异，在储热容器中充注水合盐时应留有一定的体积膨胀空间，以免在加热熔化等过程中导致容器变形甚至损坏。

储热容器内壁面的粗糙度对稳定过冷有一定的影响。采用图10-2所示的圆角矩形储热单元，两种内壁粗糙度下的稳定过冷效果如图10-3所示（实验条件：环境温度20℃，充热温度73℃，充热时间11h）[6]。经过5次加热-冷却循环，普通未经表面处理的304不锈钢板内壁平均粗糙度 S_q=0.103μm 的圆角矩形储热单元每次都可以实现稳定过冷。而经过砂纸处理的内壁平均粗糙度 S_q=0.323μm 的304不锈钢板储热单元有两次在冷却过程中发生自发凝固相变（温度随时间变化曲线中存在温度的飞升意味着过冷水合盐自发凝固释热）。这一结果表明，在实际应用中可以直接使用304不锈钢板作为储热单元的加工材质以实现稳定过冷[6]。

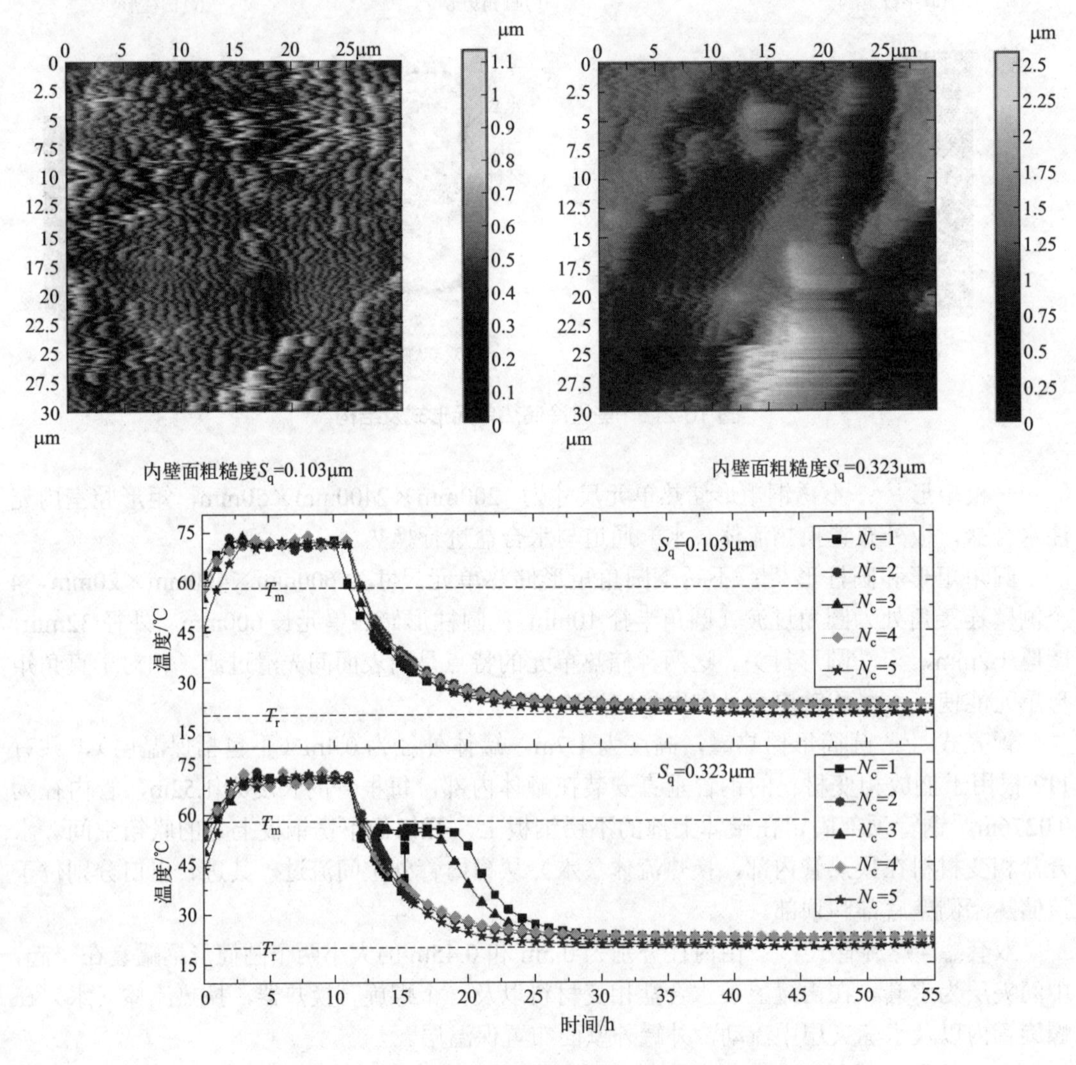

图10-3 储热单元内壁面粗糙度及其对稳定过冷的影响[6]

10.1.2 充热过程与冷却条件

诸多实验结果表明，充热过程水浴温度越高，充热时间越长，晶体熔化越充分，就越有利于稳定过冷的实现。有研究指出，加热温度超过材料相变温度的值与材料稳定过冷性能呈正相关，并指出要保证稳定过冷，应在高出相变温度20℃环境下加热[10]。但应注意加热温度不要超过水合盐相变材料的热分解温度，否则会导致潜热量降低。在圆角矩形储热单元的充热测试中，发现充热温度在73～83℃，充热时间在11～12h比较容易保证稳定过冷。

在充热完毕冷却至环境温度的过程中，其他条件不变的情况下，冷却温度越低，冷却速率越快，越不利于稳定过冷。在实际运行中，盛装三水醋酸钠的圆角矩形储热单元在73℃水箱中充热完毕后，通过敞开式（打开水箱上盖并排空水箱内的水）和封闭式（封闭水箱，分排空水和不排水两种）同样冷却至30℃（室温为18℃），比较两过程，敞开式冷却速率约为6.1℃ /h，而封闭式排空水和不排水条件下的冷却速率低仅有1.8℃ /h和0.4℃ /h（图10-4），实验中发现敞开式易导致水合盐在过冷过程中自发凝固（温度飞升），而封闭式则更易维持过冷液态[6]。

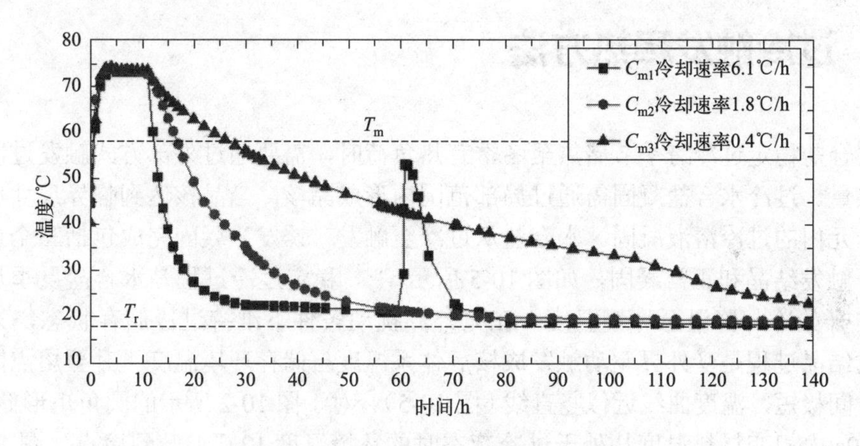

图10-4 三种冷却模式下圆角矩形储热单元壁温随时间变化[6]

（C_{m1}、C_{m2}和C_{m3}分别为敞开式、封闭式排空水和封闭式不排水冷却情形）

10.1.3 水分、增稠剂及杂质

已经知道，增加水合盐溶液中水的含量有助于实现稳定过冷（由于过饱和度降低），但水分过多会导致储热量和释热温度下降以及诱导时间延长。但不同研究者在各自条件下得到的最佳含水量不同。以三水醋酸钠为例，纯水合盐中水的质量分数为40.23%，有研究指出含水量42%的三水醋酸钠溶液可以更好地实现稳定过冷[11]，也有研究报道含水量50%的三水醋酸钠混合体系具有更高潜热值、相变温度以及更好的过冷稳定性[12]。在以半导体制冷局部低温触发三水醋酸钠溶液结晶研究中，随样品含水量增加，整体呈现结晶诱导时间延长、释热温度下降的趋势，含水量44%作为较理想的体系配比，结晶诱导时间较短，释热温度也比较高[13]。

增稠剂的引入是为了缓解水合盐的相分离，但是其种类和含量影响材料的稳定过冷。羧甲基纤维素（CMC）是水合盐体系中常用的一种增稠剂，实验结果表明质量分数为3%的体系无法达到稳定过冷[6]。Dannemand等研究表明1%的CMC是保证溶液混合均匀稳定的最小质量分数，但CMC含量过多不利于晶体全部溶解，从而影响稳定过冷过程[5]。随着增稠剂含量的增加，虽然抑制三水醋酸钠相分离效果越明显，但是体系黏度增加，阻碍了分子的定向排列运动，大过冷度下会形成非晶态物质，不利于晶体完全熔化，不仅使过冷度降低，还会降低体系储热能力[14]。对于维持稳定过冷来说，建议储热体系中CMC质量分数不超过2%。

水合盐储热材料的过冷度也受到其所含杂质种类及其含量的影响，一些组成和性质与水合盐储热材料类似而过冷倾向小的材料起到过冷抑制剂的作用，当储热材料中含有这些杂质材料时，过冷度会明显降低[15]。比如硼砂（$Na_2B_4O_7 \cdot 10H_2O$），是相应于三水醋酸钠的一种良好过冷抑制剂，对三水醋酸钠的稳定过冷不利，应尽量减少这些杂质。如10.1.1小节所述，杂质引起自发成核概率随着体系容积增大而增加，因此含杂质水合盐溶液储热单元体积过大不利于稳定过冷。

10.2 过冷触发释热方法

当水合盐稳定过冷跨季节储热至冬季有热负荷时，需要通过外部方式触发过冷溶液凝固释放热量。过冷水合盐凝固需通过局部范围内形成晶核，当晶核达到临界尺寸后诱发整个储热单元内的过冷溶液凝固。水合盐从过冷至触发（诱发）凝固完成包括三个过程：稳定过冷、触发结晶和正常凝固，如图10-5所示[16]。稳定过冷过程是水合盐夏季加热熔化完成后自开始冷却降温至环境温度，在无外界扰动条件下维持过冷储存状态，为亚稳液态。触发结晶过程是受外界驱动触发成核后体系温度自储存环境温度飞升至熔点附近，这一过程时间极短，温度曲线近似竖直线（图10-5）。对于图10-2所示的圆角矩形储热单元，触发后30s内相变材料温度从处于过冷液态时的环境温度12℃上升到熔点（图10-5中水合盐为五水硫代硫酸钠，熔点48.5℃）且固相率达到0.33，即在触发结晶过程中要耗费部分潜热提高体系温度。正常凝固过程是触发结晶开始后至完全凝固（温度曲线自熔点附近至放热降温至环境温度，包括了潜热释放和显热释放两部分）。

诱发水合盐过冷溶液成核是成功触发释热的关键。目前研究的过冷水合盐触发凝固方法包括加入晶种、局部降温、冲击振动、超声振动、外加磁场、外加电场等。

10.2.1 加入晶种和局部降温

（1）加入晶种

加入晶种是一种直接有效的触发结晶方法。将水合盐储热材料的固态晶粒投入过冷溶液中，可直接诱发晶粒周围过冷溶液结晶进而蔓延至整个体系。但是打开储热容器封盖投入晶粒存在水合盐储热材料被污染的风险，实际应用中需要特殊的投入装置，目前在实验中采用针管投入和步进电机投入装置等方法[17]。

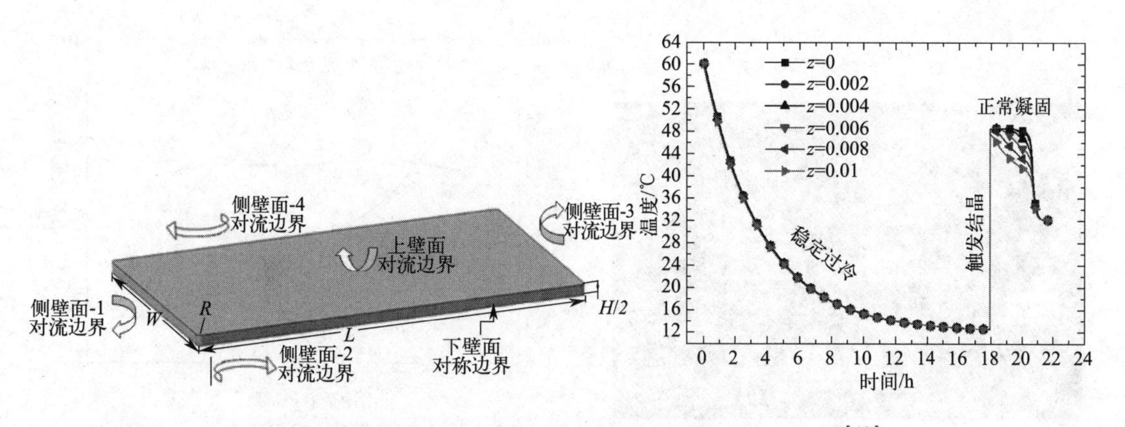

图 10-5　储热单元水合盐过冷触发凝固过程温度变化曲线[16]

（图中下壁面为单元中心面，z=0 ～ 0.01m 代表竖直厚度方向上自中心面至上面）

（2）局部降温

局部降温是在储热容器外壁面局部位置迅速降低温度至临界结晶温度之下，触发容器内过冷溶液结晶。形成局部低温的常用方法有液体氮或二氧化碳释放蒸发制冷[5]和利用帕尔贴效应的半导体制冷[18]。图 10-6 示出用半导体制冷触发不锈钢罐中水合盐过冷溶液结晶的实验装置图[18]。局部降温方法的一个缺点是如果降温时间长或温度过低易导致部分储热量的损失。

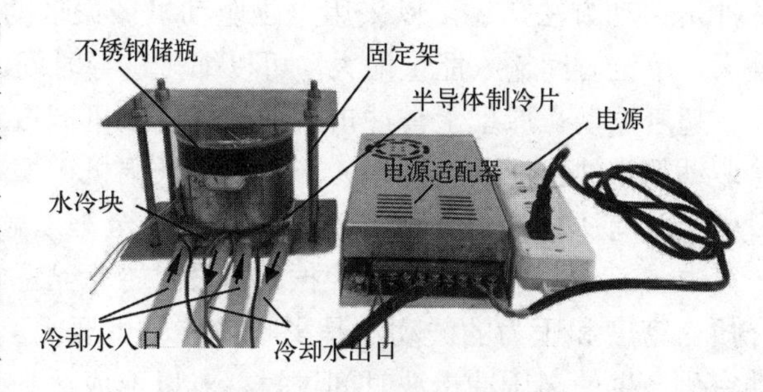

图 10-6　半导体制冷触发过冷水合盐结晶实验装置[18]

10.2.2　冲击振动和超声振动

冲击振动和超声振动都属于机械振动，是通过容器壁面给内部过冷溶液提供外部能量以满足成核结晶驱动力的要求。图 10-7 示出了利用钢球自由落体冲击振动圆角矩形储热单元壁面触发容器内过冷水合盐凝固释热的方法[19]，其触发难易与振动动量有关，振动动量越大（对于自由落体，即更大的钢球质量和更高的下落高度），实现触发所需冲击次数就越少，即结晶诱导时间（从施加振动至结晶开始，即监测到壁面温度飞升）越短，越容易成功实现触发凝固。

冲击振动触发结晶的效果还与冲击壁面位置有关，一般在靠近容器法兰及边角处更容易实现触发，因为这些位置处凹槽、缝隙较多，导致接触角较小，所需临界成核能量较低，容易触发成核结晶。图 10-8 示出了钢球冲击位置在法兰与边角之间的结晶诱导时间随冲击动量增大而减少的趋势[19]，且冲击动量和诱导时间的乘积（冲击有效度）近似维持在一个水平线上（对于所述工况冲击有效度为 6kg · m 左右）。

图 10-7　冲击振动触发实验装置[19]

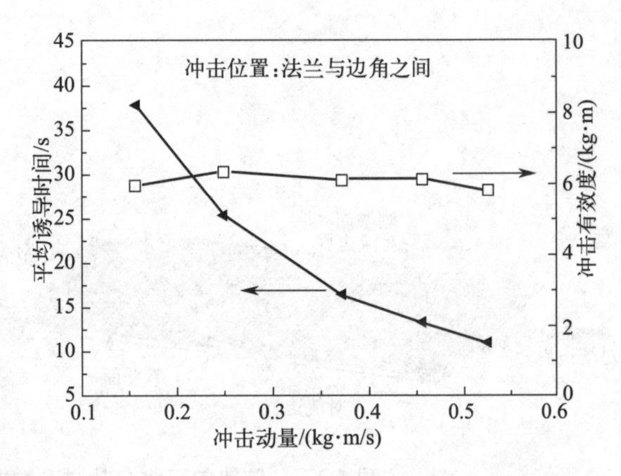

图 10-8　诱导时间和冲击有效度随冲击动量变化[19]

钢球冲击振动存在的问题是在单元同一位置反复冲击易引起容器变形和破坏。除了钢球冲击振动方法，还可以采用电磁驱动机械振动的方式[20]，增大输入电压导致振动功率增大，单位时间输入能量增大，可以缩短诱导时间。

超声振动在原理上与冲击振动一样属于机械振动，是利用超声波发生器产生高频电信号驱动超声波换能器（振子）产生高频低幅机械振动，但超声振动对水合盐过冷溶液的触发效果尚有不确定性，触发诱导时间长甚至难以触发[10,17]。对于振动触发成核机理尚在研究中，Inada 等[21]认为超声振动诱发过冷水结晶过程中，超声波诱导的空化现象，导致介质内密度和压力的波动，是影响成核的主要因素。但 Rogerson 和 Cardoso[22,23]指出振动空化产生的高压冲击波时间过短，难以形成达到临界尺寸的晶核，不是触发水合盐（三水醋酸钠）溶液凝固的主要原因；而认为可能是由于容器狭缝中未熔化的晶粒受振动掉落作为晶种触发凝固。

10.2.3　外加电场和磁场

外加电场和磁场也是给过冷溶液提供外部能量诱发成核结晶的方法。

（1）外加电场

外加电场促使过冷溶液结晶的方法目前有高压电场（kV 量级）和低压电场（2V 以下）两种，对于过冷水合盐溶液主要以低压电场且为伸入电极的方式。目前的研究主要集中于电极材料及规格、电压范围等方面[17,24]。铜、银、铂、铝、铁等常被用作电极材料，其中更以银和铜表现较佳。Dong 等[24]针对三水醋酸钠过冷溶液的外加电场触发进行了实验研究（图 10-9），比较了电极材料和直径以及电压对结晶诱导时间的影响，表明银电极比铜电极触发过冷结晶更稳定和有效。通过比较 0.2mm、0.5mm、1.0mm、2.00mm 电极直径的触发效果，指出 0.2mm 和 0.5mm 的细电极诱发产生的枝晶稀疏难以形成链式反应，推荐电极直径在 1.0mm 以上；随着电压从 0.2V 增至 1.8V，诱导时间趋短。

外加电场触发凝固所需的装置较简单、造价成本低，具有应用前景，但在过冷溶液中伸入电极对长期稳定过冷的影响是实际应用需要考虑的问题。另外，目前针对外加电场触发凝固的成核机理研究还不充分[17]。

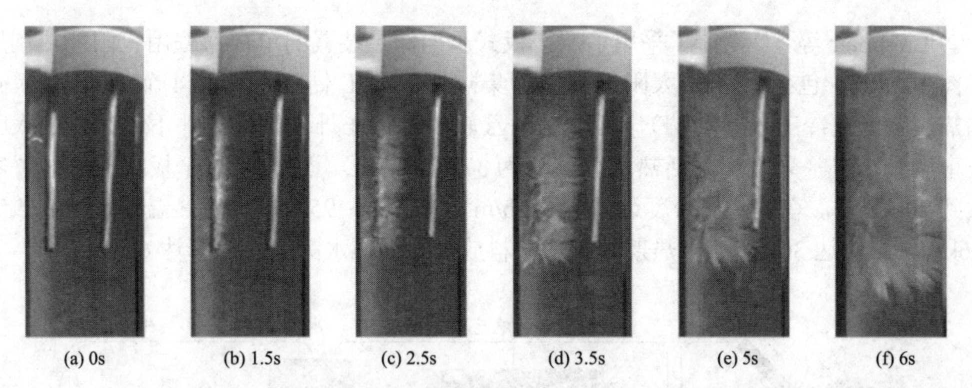

图 10-9　三水醋酸钠过冷溶液外加电场触发结晶过程（开始触发 1s 后在左边阳极长出枝晶）[24]

（2）外加磁场

作为一种非接触作用手段，磁场对过冷溶液结晶性能的影响研究近年来引起关注，然而不同研究者针对不同对象利用各磁场（恒定磁场和交变磁场）得出不同甚至相反的结论（促进成核、抑制成核以及无影响）。磁场对溶液过冷度和成核作用的效果和机理尚不明晰[25-28]，与诸多因素如磁场类型、强度、作用方式和位置、作用对象以及作用时间等有关，还需要更广泛深入的实验和模拟工作加以厘清。

10.3　过冷储热供热系统及性能

利用水合盐相变材料过冷效应结合太阳能集热系统，即夏 / 秋季储热至冬季有热需求时再触发释热，实现长期（跨季节）储热以及按需供热，且储存过程中散热损失几乎为零，可以充分利用太阳能于供暖和生活热水，提高太阳能热利用率。本节介绍结合水合盐过冷储热太阳能热利用系统的形式及性能。

① Dannemand 等[29]设计了利用三水醋酸钠过冷长期储热的太阳能供热系统（图 10-10），包括 $36m^2$ 平板式太阳能集热器、储热罐、180L 生活热水箱和低温热水采暖系统。储热罐装有 7 个 150L 的平板式过冷储热单元。利用 Trnsys 软件进行了丹麦某被动式住宅的太阳能供热系统性能模拟，结果表明三水醋酸钠过冷储热单元热交换速率在 400W/K 时，该系统的太阳能保证率可达 80%。

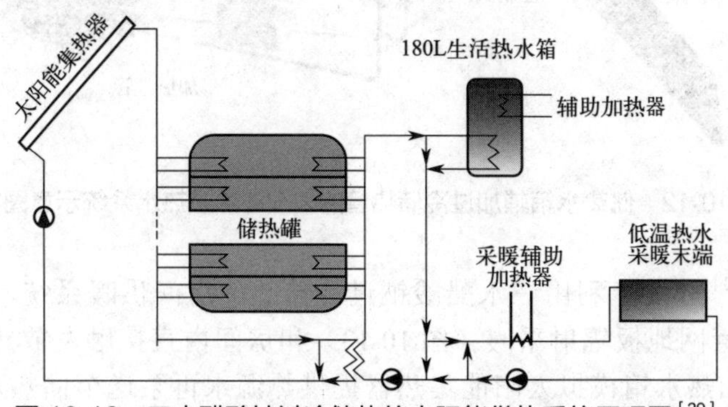

图 10-10　三水醋酸钠过冷储热的太阳能供热系统原理图[29]

② Englmair 等[30] 设计了采用多层平板式长期储热装置的单户家庭用太阳能热利用系统（图 10-11），包括 22.4m^2 太阳能真空管集热器、735L 储热水箱和 4 个 150L 平板式长期储热装置（过冷三水醋酸钠）。利用 Trnsys 软件模拟在丹麦气候条件下该系统的太阳能保证率达到 56%（采暖和生活热水总负荷为 3723kW · h）。进一步将平板式储热装置容量扩大到 200L[31]，有效储热密度达 48kW · h/m^3。在 70 ～ 95℃热水充热温度下，充热速率约 16kW，最高达 36kW；供热期间相变材料放热给循环水的放热速率达 6kW。

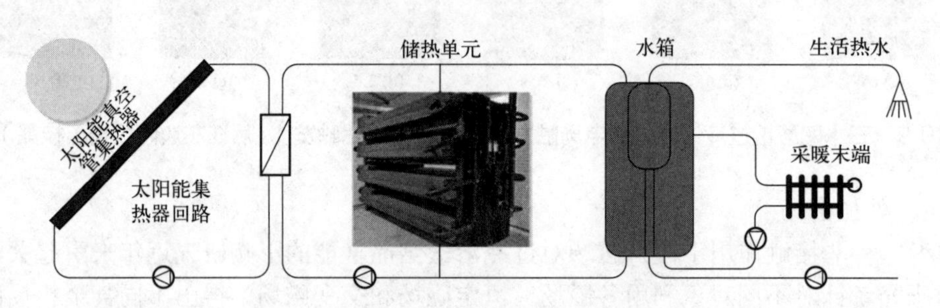

图 10-11 利用三水醋酸钠过冷储热的太阳能热利用系统示意图[30]

③ Kutlu 等[32] 设计了一个结合水合盐过冷储热的太阳能热泵热水系统（图 10-12），包括 4m^2 真空管太阳能集热器、水源热泵和 150L 储热水箱，储热水箱的内部上方布置了利用过冷效应储热的三水醋酸钠过冷储热管。集热器出口通过阀门分别连接热泵蒸发器和储热水箱，二者之间的切换温度为 70℃，即温度高于 70℃时集热器出水直接送至储热水箱，否则作为热泵的低温热源经热泵提升后再送往储热水箱。占水箱容积 10% 的过冷储热管可以增加储热罐的总热容近 30%，能够按需触发释放热量。根据当时英国家庭热水需求，过冷储热管在早上 5 点触发释放热量给水箱供水，7 点用热水，有效地补偿了早高峰热水需求。

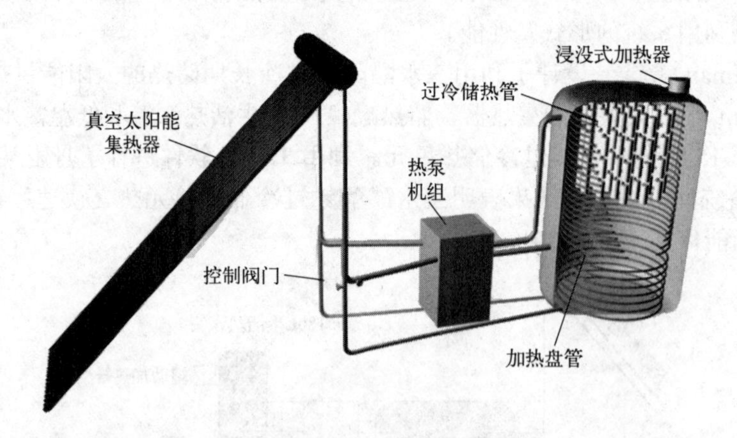

图 10-12 储热水箱辅加过冷储热管的太阳能热泵热水系统示意图[32]

④ Zhou 等[33] 开发了利用三水醋酸钠过冷储热的房间供暖系统，实验考察了两种供暖模式：毛细管网地板辐射采暖（图 10-13）和房间内直接触发放热给室内空气（图 10-14）。利用电加热水箱模拟太阳能集热器提供热源水再泵送至储热水箱，4 块圆角矩

形储热单元在储热水箱内充热并过冷储存热量。毛细管网地板辐射采暖模式是将过冷的储热单元在储热水箱内触发释热给循环水，然后泵送至采暖房间内毛细管网地板末端；而直接触发放热模式是将4块过冷储热单元置于房间内直接触发结晶释热，加热室内空气。

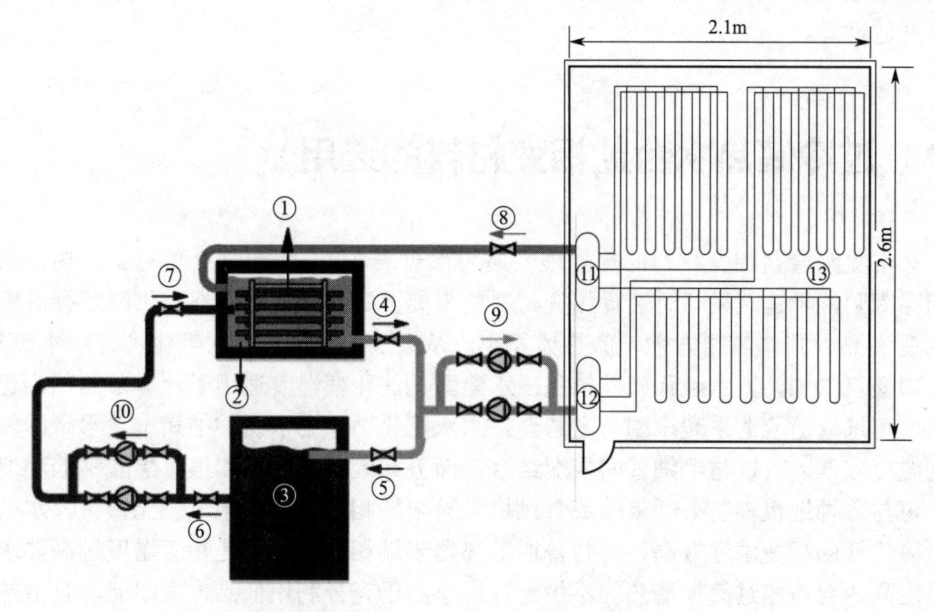

图 10-13 利用三水醋酸钠过冷储热的毛细管网地板辐射采暖系统示意图[33]

①—储热单元；②—储热水箱；③—电加热水箱；④～⑧—阀门；⑨，⑩—水泵；
⑪—集水器；⑫—分水器；⑬—毛细管网采暖末端

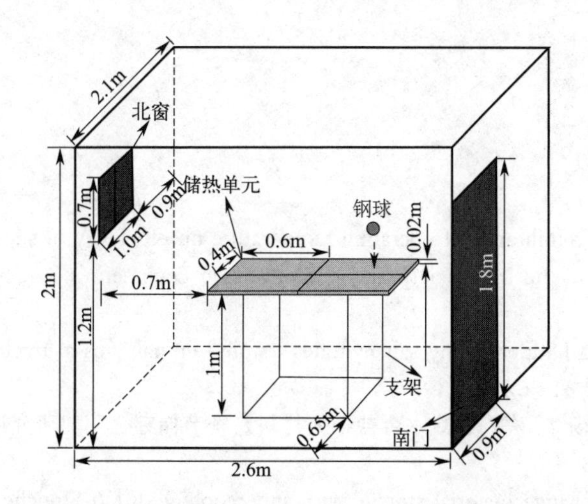

图 10-14 利用三水醋酸钠过冷储热的房间内直接触发放热供暖示意图[33]

实验结果表明，过冷储热单元触发释热后，毛细管网地板辐射采暖末端模式在0.3h内供水温度最高达到35℃，室温在2.8h内从最初的20.3℃（实验房间位于有集中供暖的地下实验室内，故初始室温较高）升高到最高25.8℃。系统运行12h后，室温仍可保持在

24.8℃以上。房间内 0.5m 和 1.5m 高度之间的温度差异在 0.2℃以内。而过冷储热单元在室内直接触发放热模式则室温可在 1.1h 内升高至 27.2℃，比毛细管网地板辐射采暖末端模式升温快，最高室温更高。然而，室温下降也快，12h 后室温约为 20.9℃，且室内 0.5m 和 1.5m 高度之间的温差最大为 2.4℃。两种供热模式均可满足室温需求，毛细管网地板辐射采暖末端地板构造层的储热性导致向室内散热有延迟，但室温波动小且垂直温度梯度小，热舒适性好。

10.4 过冷储热水合盐相变材料的选用[3]

一些常见水合盐相变材料的热物理性质可参见表 3-2。相变温度和相变潜热是利用跨季节储存太阳能于建筑采暖时选择相变材料的重要参数，相变温度要与供暖运行温度相匹配，相变潜热大则储热能力强，储热体积小。从表 3-2 可知，六水氯化钙、十水硫酸钠、十二水磷酸氢二钠、五水硫代硫酸钠和三水醋酸钠的相变温度适用于跨季节储热为建筑冬季采暖，可选取适应的采暖末端与之结合。六水氯化钙、十水硫酸钠和十二水磷酸氢二钠的相变温度较低，可以与毛细管网末端结合；而五水硫代硫酸钠和三水醋酸钠的相变温度适中，可与各种地板辐射采暖末端或者风机盘管末端相结合；八水氢氧化钡、六水硝酸镁和六水氯化镁的相变温度较高，可与普通散热器末端相结合，但是相变温度过高要求储热热源温度高，会造成过渡期储热的不稳定性，不利于充分利用低品位太阳能，且散热损失也大。从储热密度来说，五水硫代硫酸钠、十二水磷酸氢二钠和三水醋酸钠要大于六水氯化钙和十水硫酸钠，有利于减小系统设备体积，降低一次性投资。固相和液相热导率大，有助于热量的储存和取用。相变材料密度影响整个系统体积和耗材成本，密度越大，系统体积越小。

参考文献

[1] Hirano S，Saitoh T S.Influence of operating temperature on efficiency of supercooled thermal energy storage.Proceedings of the Intersociety Energy Conversion Engineering Conference，2002，37: 684-689.

[2] Sandnes B，Rekstad J.Supercooling salt hydrates : stored enthalpy as a function of temperature.Solar Energy，2006，80: 616-625.

[3] 朱茂川，周国兵，杨霏，等 . 过冷水合盐相变材料跨季节储存太阳能研究进展 . 化工进展，2018，37（6）: 2256-2268.

[4] Schultz J M.Phase change material storage with supercooling［C］// Streicher W.IEA SHC–Task 32–Advanced storage concepts for solar and low energy buildings．Austria : Graz University of Technology Austria，2008: 68-84.

[5] Dannemand M，Dragsted J，Fan J，et al.Experimental investigations on prototype heat storage units utilizing stable supercooling of sodium acetate trihydrate mixtures.Applied Energy，2016，169: 72-80.

[6] Zhou G B，Xiang Y T.Experimental investigations on stable supercooling performance of sodium acetate

trihydrate PCM for thermal storage.Solar Energy，2017，155：1261-1272.
[7] Wang G，Dannemand M，Xu C，et al.Thermal characteristics of a long-term heat storage unit with sodium acetate trihydrate.Applied Thermal Engineering，2021，187：116563.
[8] Englmair G，Furbo S，Dannemand M，et al.Experimental investigation of a tank-in-tank heat storage unit utilizing stable supercooling of sodium acetate trihydrate.Applied Thermal Engineering，2020，167：114709.
[9] Shamseddine I，Pennec F，Biwole P，et al.Supercooling of phase change materials：a review.Renewable and Sustainable Energy Reviews，2022，158：112172.
[10] Wei L L，Kenichi O.Supercooling and solidification behavior of phase change.ISIJ International，2010，50（9）：1265-1269.
[11] Furbo S，Dragsted J，Fan J，et al.Towards seasonal heat storage based on stable super cooling of sodium acetate trihydrate［C］//EuroSun 2010 Congress Proceedings.2010：1469-1476.
[12] 袁维烨，章学来，华维三，等.不同盐水比对三水醋酸钠混合体系稳定过冷影响的研究.化工新型材料，2019（4）：158-161，166.
[13] 王慧丽，周国兵.局部低温诱发过冷三水醋酸钠释能特性实验研究.化工学报，2019，70（9）：3346-3352.
[14] 朱冬生，剧霏，刘超，等.相变材料 $CH_3COONa \cdot 3H_2O$ 的研究进展.中国材料科技与设备，2007（1）：30-34.
[15] 徐伟亮．水合乙酸钠相变蓄热研究．科技通报，1999，15（4）：288-291.
[16] Zhou G B，Han Y W.Numerical simulation on thermal characteristics of supercooled salt hydrate PCM for energy storage：multiphase model.Applied Thermal Engineering，2017，125：145-152.
[17] Wang G，Xu C，Kong W，et al.Review on sodium acetate trihydrate in flexible thermal energy storages：properties，challenges and applications.Journal of Energy Storage，2021，40：102780.
[18] Wang H L，Zhou G B.Experimental investigation on discharging characteristics of supercooled $CH_3COONa \cdot 3H_2O$-$Na_2S_2O_3 \cdot 5H_2O$ mixtures triggered by local cooling with Peltier effect.Solar Energy，2021，217：263-270.
[19] Zhou G B，Zhu M，Xiang Y.Effect of percussion vibration on solidification of supercooled salt hydrate PCM in thermal storage unit.Renewable Energy，2018，126：537-544.
[20] 杜海翔，周国兵.机械振动诱发过冷三水醋酸钠蓄热单元释能特性实验研究.电力科学与工程，2021，37（3）：64-71.
[21] Inada T，Zhang X，Yabe A，et al.Active control of phase change from supercooled water to ice by ultrasonic vibration 1.Control of freezing temperature.International Journal of Heat and Mass Transfer，2001，44：4523-4531.
[22] Rogerson M A，Cardoso S S S.Solidification in heat packs：Ⅱ.Role of cavitation.AIChE Journal，2003，49（2）：516-521.
[23] Rogerson M A，Cardoso S S S.Solidification in heat packs：Ⅲ.Metallic trigger.AIChE Journal，2003，49（2）：522-529.
[24] Dong C S，Qi R H，Yu H，et al.Electrically-controlled crystallization of supercooled sodium acetate trihydrate solution.Energy and Buildings，2022，260：111948.
[25] Dalvi-Isfahan M，Hamdami N，Xanthakis E，et al.Review on the control of ice nucleation by ultrasound waves，electric and magnetic fields.Journal of Food Engineering，2017，195：222-234.
[26] Otero L，Rodríguez A C，Pérez-Mateos M，et al.Effects of magnetic fields on freezing：application to biological products.Comprehensive Reviews in Food Science and Food Safety，2016，15：646-667.
[27] Zhao Y，Zhang X，Xu X，et al.Research progress in nucleation and supercooling induced by phase

change materials.Journal of Energy Storage，2020，27，101156.
[28] Wu Y，Zhang X，Xu X，et al.A review on the effect of external fields on solidification，melting and heat transfer enhancement of phase change materials.Journal of Energy Storage，2020，31：101567.
[29] Dannemand M，Schultz J M，Johansen J B，et al.Long term thermal energy storage with stable supercooled sodium acetate trihydrate.Applied Thermal Engineering，2015，91：671-678.
[30] Englmair G，Moser C，Schranzhofer H，et al.A solar combi-system utilizing stable supercooling of sodium acetate trihydrate for heat storage：numerical performance investigation.Applied Energy，2019，242：1108-1120.
[31] Englmair G，Kong W，Berg J B，et al.Demonstration of a solar combi-system utilizing stable supercooling of sodium acetate trihydrate for heat storage.Applied Thermal Engineering，2020，166：114647.
[32] Kutlu C，Zhang Y，Elmer T，et al.A simulation study on performance improvement of solar assisted heat pump hot water system by novel controllable crystallization of supercooled PCMs.Renewable Energy，2020，152：601-612.
[33] Zhou G B，Li Y，Zhu M C.Experimental investigation on space heating performances of supercooled thermal storage units with sodium acetate trihydrate.Energy and Buildings，2022，271：112329.

思考题

1. 什么是过冷效应和过冷度？
2. 过冷储热的原理是什么？
3. 影响稳定过冷的因素有哪些？
4. 为什么边角比较多的储热容器不易实现稳定过冷？
5. 简述水合盐相变材料从过冷液态触发至凝固经历哪三个过程。
6. 过冷触发结晶的方法有哪些？
7. 比较分析触发结晶的几种方法，你认为哪一种最有可能在工业中应用？
8. 举例说明过冷储热在太阳能热利用系统中的方法和工艺流程。
9. 举例说明用于太阳能过冷储热的水合盐有哪几种，分别适于哪种采暖末端。